高职高专"十三五"规划教材

冶金热工基础

主　编　包丽明　吕国成
副主编　杨　林　季德静　王铁富
　　　　张秀华　姜国庆　魏　芳

北　京
冶金工业出版社
2024

内 容 简 介

本书系统介绍了冶金生产过程中所涉及的流体流动、燃料燃烧、热量传递等。全书共分5章，主要内容包括冶金常用炉简介，流体流动的基础知识、基本方程及计算，燃料燃烧及传热的基础知识及计算，耐火材料的相关知识等。根据实际生产要求，本书还编入了相关的技能实训，以提高学生的动手操作能力。

本书可作为高职高专冶金技术专业的教材和企业在职人员的培训教材（配有教学课件），也可作为本科院校相关专业的教学参考书，并可供从事钢铁冶金生产的工程技术人员参考。

图书在版编目(CIP)数据

冶金热工基础/包丽明，吕国成主编. —北京：冶金工业出版社，2018.1（2024.7重印）
高职高专"十三五"规划教材
ISBN 978-7-5024-7667-0

Ⅰ.①冶… Ⅱ.①包… ②吕… Ⅲ.①冶金炉—热工学—高等职业教育—教材 Ⅳ.①TF061.2

中国版本图书馆CIP数据核字（2017）第287225号

冶金热工基础

出版发行	冶金工业出版社	**电　话**	(010)64027926
地　址	北京市东城区嵩祝院北巷39号	**邮　编**	100009
网　址	www.mip1953.com	**电子信箱**	service@mip1953.com

责任编辑 俞跃春 杜婷婷 美术编辑 彭子赫 版式设计 孙跃红
责任校对 郭惠兰 责任印制 窦 唯
北京印刷集团有限责任公司印刷
2018年1月第1版，2024年7月第5次印刷
787mm×1092mm 1/16；14.25印张；344千字；218页
定价 39.00元

投稿电话 (010)64027932 投稿信箱 tougao@cnmip.com.cn
营销中心电话 (010)64044283
冶金工业出版社天猫旗舰店 yjgycbs.tmall.com
（本书如有印装质量问题，本社营销中心负责退换）

前 言

钢铁工业是国民经济的重要支柱产业，为国民经济持续、稳定、健康发展做出了重要贡献。科学技术的不断发展，特别是冶金新技术的不断涌现，对冶金过程及其热工理论的研究，提出了更高的要求，为满足现代冶金技术专业人才培养和工程技术人员培训的需要，我们编写了本书。

本书是高职高专冶金技术专业教材。教材在编写过程中依据教学大纲的要求，合理确定教材的深度和广度，并结合冶金工业的生产实际和发展要求，精选教材内容，既阐明必要的理论知识，也结合生产实际，介绍了相关的方程应用计算，加入了相关的技能训练，并力求简明、易懂，便于自学。

本书共分为5章。主要内容包括绪论、流体力学、燃料及燃烧、传热和耐火材料。在章节中还编入了相关的复习思考题，注重学生创新能力和计算能力的培养，目的是加深学生对重点知识的掌握与计算。本书中还编入了9项技能训练，通过各技能训练的完成，进一步提高学生的动手操作能力，学生不但学会了知识技能，同时培养了学习和工作的方法，培养了团结协作的社会能力。

本书由吉林电子信息职业技术学院包丽明、吕国成担任主编，吉林电子信息职业技术学院杨林、季德静、王铁富、张秀华，昆明工业职业技术学院姜国庆，白银矿冶职业技术学院魏芳担任副主编，全书由包丽明统稿。其中第1章由王铁富、姜国庆编写，第2章由吕国成编写，第3章由杨林、季德静编写，第4章由包丽明编写，第5章由张秀华、魏芳编写。参加本书编写的还有吉林电子信息职业技术学院孙建波、秦绪华、刘洪学、毕俊召，甘肃有色冶金职业技术学院马忠旭，兰州资源环境职业技术学院尹文艳，桂林理工大学南宁分校李超。

在本书的编写过程中，参考了相关图书、资料，在此对其作者一并表示衷心的感谢！

本书配套教学课件读者可在冶金工业出版社官网（www. cnmip. com. cn）搜索资源获得。

由于编者水平有限，书中不妥之处，恳切希望有关专家及读者批评指正，以便进一步修订。

编者

2017 年 8 月

目　录

1 绪　　论

【学习目标】

(1) 了解炉子的种类及基本要求。

(2) 了解常见的冶金炉的作用及特点。

(3) 了解常见冶金炉的结构。

【相关知识】

1.1 炉子的分类及基本要求

1.1.1 炉子的分类

由于各种工业炉窑所完成的工艺过程不同，加热物料种类和形状的不同，故在炉型结构、炉内温度的高低和炉内温度分布等方面也各不相同，为了便于研究和掌握炉子，根据炉子的某些主要特征将其分类是非常必要的，分类方式有如下几种。

(1) 按炉子的工艺特点分类。

1) 熔炼炉。在其中完成物料的加热和熔炼。在物料内部进行着一定的物理化学反应，并伴随有热量的吸收和放出，这些不仅改变了物料的物理化学性质，而且物料的状态也发生变化，即由固态变为液态，冶金企业的熔炼炉一般有以下几种：

①物料加热和熔炼的目的是为了从矿石中得到金属，如炼铁高炉。

②对金属（如铁水、废钢）进行精炼，去除其中的杂质如 C、Si、S、P 等，或进行合金化，在钢中加入合金元素如 Ni、Cr、Si、Mn 等以得到各种性能和用途的钢，如炼钢转炉和电弧炉等。

③物料加热和熔炼的主要目的是为了把固态金属变为液态，如铸造用的化铁炉等。

2) 加热炉。在加热炉内完成物料的加热，提高物料的温度，改变物料的力学性能，但并不改变物料的物态。由于加热目的不同，加热炉的种类繁多，一般有以下几种。

①用于金属压力加工前的加热，如轧制和铸造前的加热，其目的是提高其可塑性，减少压力加工的变形抗力。这类加热炉在冶金和机械工业中用得较为普遍，如用于钢锭开坯前加热的均热炉，用于热轧和锻造前加热的推钢式连续加热炉、步进炉等，用于锻造前加热的台车式加热炉等。

②金属加热的目的是改变其结晶组织，获得所需要的力学性能，这种工艺就是金属热处理，完成热处理工艺的加热炉就是通常所称的热处理炉。由于热处理工艺不同，所处理材料的形状和尺寸大小不同，这类炉子的炉型结构种类较多，如用来处理板卷的罩式炉，

用于处理钢板的辊底式炉，用于处理长形工件的井式炉以及用于处理各种钢材和工件的台车式炉等。

③加热的目的是排除被加热物料或工件中的水分，这种炉子一般称为干燥炉。如铸造车间的砂型干燥炉等。

④物料加热的目的是获得新产品，如石灰石、白云石的焙烧炉等。

（2）按炉子所用能源种类分类。

1）燃料炉。是以各种燃料燃烧放热为炉子热能来源的炉子，在各种工业炉窑中这类炉子用得最多。

2）电炉。电炉的热能来源是由电能转换而来的，如电弧炉、电阻炉、感应炉等。

（3）按炉子工作温度的高低分类。

1）高温炉。炉子工作温度在1000℃以上，在高温火焰炉内，物料与周围介质的热交换以辐射传热为主，这是这类炉子的热工特点。钢铁冶金企业中的各种熔炼炉和加热炉多属于这类炉子。

2）中温炉。炉子工作温度在650～1000℃之间，在中温炉内物料与周围介质的热交换、辐射和对流各占一定的比例。这类炉子多用于钢铁热处理。

3）低温炉。炉子工作温度低于650℃，在这类炉子里物料与周围介质的热交换以对流换热为主。这类炉子多用于干燥以及有色金属、铝及其合金的加热、钢铁及有色金属的回火处理等。

（4）按炉子热工操作特点分类。

1）连续操作的炉子。这类炉子炉温沿炉长方向连续变化，在正常生产情况下，炉子各点温度不随时间变化，料坯在炉内运动，从装料门进入炉内，通过炉子不同的温度区域完成加热过程，从出料门出炉。如推钢式连续加热炉、步进炉、环形炉、链式炉等。也有的炉子炉温在长度方向上基本不变，如直通式炉。

2）周期操作（或间歇操作）的炉子。这类炉子是成批装料，装完料以后进行加热或熔炼，在炉内完成加热和熔炼工艺之后，成批出料。炉料在炉内不运动，炉温随时间变化。如均热炉、台车炉、罩式炉、井式炉、反射炉等。

（5）按炉子工作制度分类。这种分类方法是以炉内热交换特点为基础，按炉子工作制度分为：

1）炉子的辐射式工作制度。是指辐射传热起主要作用的炉子的工作制度，钢铁企业绝大部分高温火焰炉如转炉、均热炉、加热炉等都属于这种工作制度的炉子，这类工作制度的炉子火焰黑度和炉墙在热交换中的作用不容忽视。

2）炉子的对流式工作制度。是指对流传热起主要作用的炉子的工作制度。650℃以下的低温炉，炉内传热方式以对流为主。这类炉子的特点是燃烧室和炉膛要分开，组织好炉内气体再循环对炉子工作有重要意义。

3）炉子的层式工作制度。当加热块状散料时，炉料充满整个炉膛空间，热气体在块状散料间通过，散料加热表面的大小是变化的，而且辐射层又非常薄，在温度变化较大范围内很难严格区分辐射和对流传热各占多少比例，把这种热气体通过散料的炉子工作制度称为层式工作制度。其中包括竖炉和流态化炉，而后者又可以分为沸腾料层炉和悬浮料层炉两种，炼铁高炉就是属于层式工作制度中的竖炉。

从以上炉子的分类不难看出，各种炉子都是根据炉子的某方面特点进行分类。对某一个炉子来说，不只具有一个特点，所以对同一个炉子由于分类的角度不同，它可以隶属于多种类型，如连续加热炉既属于加热炉，又属于火焰炉、高温炉、连续操作的炉子等。通常根据哪种分类方法称呼一个炉子也不完全相同，一般采用习惯叫法，根据炉子的结构特点称呼一个炉子的较多，如高炉、转炉、环形炉、辊底炉、车底炉、链式炉，也有根据炉子的用途来称呼的，如退火炉、渗碳炉、干燥炉等。

1.1.2 对炉子的基本要求

炉子是完成某一工艺过程的热工设备，在满足工艺要求的前提下还应满足下列要求：

(1) 炉子生产率要高。

(2) 能保证热加工产品质量达到工艺要求。

(3) 热效率高，单位产品能耗低。

(4) 使用寿命长，砌筑和维护方便，筑炉材料消耗少。

(5) 机械化自动化程度高。

(6) 基建投资少，占车间面积小而且便于布置。

(7) 对环境造成的污染少。

炉子应该全面地达到上述基本要求，为此就需要从设计、施工、生产操作和维护管理等各个方面作出努力才能实现。

1.2 常用冶金炉简介

1.2.1 冶炼炉

1.2.1.1 高炉

炼铁一般是在高炉里连续进行的。高炉又称为鼓风炉，这是因为要把热空气吹入炉中使原料不断被加热。炼铁原料主要是铁矿石、石灰石及焦炭。因为碳比铁的性质活泼，所以它能从铁矿石中把氧夺走，而把金属铁留下。

高炉由以下几部分组成。

(1) 高炉炉壳。现代化高炉广泛使用焊接的钢板炉壳，只有极少数最小容积的土高炉才用钢箍加固的砖壳。炉壳的作用是固定冷却设备，保证高炉砌体牢固，密封炉体，有的还承受炉顶载荷。炉壳除承受巨大的重力外，还要承受热应力和内部的煤气压力，有时要抵抗崩料、坐料甚至可能发生的煤气爆炸的突然冲击，因此要有足够的强度。炉壳外形尺寸应与高炉内型、炉体各部厚度、冷却设备结构形式相适应。

(2) 高炉内型。高炉是一个两头小中间大的竖立圆筒形炉子，其内部由炉墙形成的几何形状称为高炉的炉型或内型。高炉设计时的炉子内型称为设计炉型，而高炉投产后，炉墙表面受损所形成的炉型则称为操作炉型。现代高炉的内型从下往上一般由炉缸、炉腹、炉腰、炉身和炉喉五段组成，如图 1-1 所示。

(3) 炉底。高炉炉底砌体不仅要承受炉料、渣液及铁水的静压力，而且受到 1400~

1600℃的高温、机械和化学侵蚀，其侵蚀程度决定着高炉的一代寿命。只有砌体表面温度降到它所接触的渣铁凝固温度，并且表面生成渣皮（或铁壳），才能阻止其进一步受到侵蚀，所以必须对炉底进行冷却。通常采用风冷或水冷。目前我国大中型高炉大都采用全炭砖炉底或炭砖和高铝砖综合炉底，大大改善了炉底的散热能力。

（4）炉基。炉基的作用是将它集中承担的重量按照地层承载能力均匀地传给地层，因而其形状都是向下扩大的。高炉和炉基的总重量在数值上常为高炉容积的10~18倍。炉基不许有不均匀的下沉，一般炉基的倾斜值不大于0.1%~0.5%。高炉炉基应有足够的强度和耐热能力，使其在各种应力作用下不会产生裂缝。炉基常做成圆形或多边形，以减少热应力的不均匀分布。

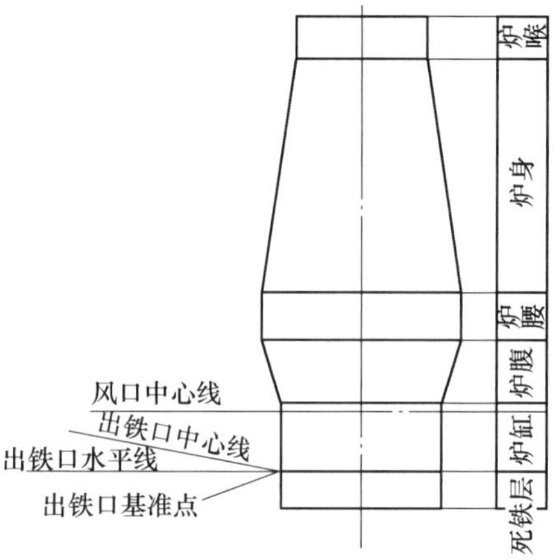

图1-1　高炉内型

（5）炉衬。高炉炉衬组成高炉的冶炼空间及炉型，并起到减少高炉热损失、保护炉壳和其他金属结构免受冶炼过程中机械、热应力和化学侵蚀的作用。炉衬是用能够抵抗高温作用的耐火材料砌筑而成的。炉衬的损坏受多种因素的影响，各部位工作条件不同，受损坏的机理也不同，因此必须根据部位、冷却和高炉操作等因素，选用不同的耐火材料。

（6）高炉冷却装置。按结构不同，高炉冷却设备大致可分为外部喷水冷却、风口渣口冷却、冷却壁和冷却水箱以及风冷（水冷）炉底等装置。高炉炉体的合理冷却，对保护砖衬和金属构件、维护合理的炉型有决定性作用，在很大程度上决定着高炉寿命的长短，并对高炉技术经济指标有重要影响。其主要作用表现在：降低炉衬温度，使砖衬保持一定的强度，维护炉型，延长寿命，形成保护性渣皮；保护炉壳、支柱等金属结构，免受高温影响；有些冷却设备还可以起到支撑部分砖衬的作用。

（7）风口装置。从热风炉来的热风先通过呈环状围绕着高炉的围管，再经风口装置进入高炉。风口装置由热风围管以下的送风支管、弯管、直吹管、风口水套等组成。对其要求是：接触严密不漏风，耐高温，隔热且热量损失少，耐用，拆卸方便，易于机械化。

（8）渣口装置。渣口装置是由4个水套及其压紧固定件组成。渣口是用青铜或紫铜铸成的空腔式水套，渣口二套也是青铜铸成的中空水套，渣口二套和大套是铸有螺旋形水管的铸铁水冷套。现代大型高炉已不设渣口。

（9）铁口装置。铁口是在炉缸耐火砖墙上砌筑的孔道内填以耐火泥浆做成的，每次出铁后要用堵口泥堵塞。铁口周围的炉壳，因频繁地受到出铁时的热力作用，很容易被破坏，这部分炉壳用无冷却的铸钢框架加固。框架与炉壳之间一般采用铆接，中小高炉也有用焊接的。现在国外高炉铁口炉皮也用喷水冷却。

（10）高炉除尘器。高炉除尘器是用来收集高炉煤气中所含灰尘的设备。高炉用除尘器有重力除尘器、离心除尘器、旋风除尘器、洗涤塔、文氏管、洗气机、电除尘器、布袋除尘器等。粗粒灰尘（大于60~90μm）可用重力除尘器、离心除尘器及旋风除尘器等除尘；细粒灰尘则需用电除尘器等设备除尘。

（11）高炉鼓风机。高炉鼓风机是高炉最重要的动力设备。它不但直接提供高炉冶炼所需的氧气，而且提供克服高炉料柱阻力所需的气体动力。现代大中型高炉所用的鼓风机，大多用汽轮机驱动的离心式鼓风机和轴流式鼓风机。近年来使用大容量同步电动鼓风机。这种鼓风机耗电虽多，但启动方便，易于维修，投资较少。高炉冶炼要求鼓风机能供给一定量的空气，以保证燃烧一定的碳，其所需风量的大小不仅与炉容成正比，而且与高炉强化程度有关，一般按单位炉容 2.1~2.5m^3/min 的风量配备。但实际上不少的高炉考虑到生产的发展，配备的风机能力都大于这一比例。

1.2.1.2 转炉

贝塞麦于 1856 年发明了梨形可动式转炉，将熔化的生铁放入转炉内，吹进高压空气，使生铁中所含的 Si、Mn、C、P 燃烧掉，只用 10min 就可将 10~15t 铁水炼成钢。

氧气转炉炼钢依靠铁水为原料，就是利用氧气将铁水中的 C、Si、Mn、P 等元素快速氧化到吹炼终点，氧化反应放出的热量，将铁水（1200~1300℃）加热到 1560~1660℃。在吹氧的全部时间内（冶炼周期约 20min），熔池中始终进行着强烈的氧化反应，吹氧结束后很短的脱氧和合金化时间里，熔池中的反应才是还原反应。氧气转炉吹氧冶炼产量高，获得了比电炉高的生产率和生产速率。

氧气顶吹转炉（见图 1-2）由炉体、托圈、耳轴和倾动机械等组成。炉体为钢板焊接体，可分为炉帽、炉身和炉底三个部分。炉帽一般和炉身焊成一体。炉底有的与炉身焊成一体，称为死炉底；有的可以拆卸，称为活炉底。绝大多数转炉都有支承炉身的托圈。以前也有把炉体直接固定在耳轴上的转炉。这种不带托圈的结构容易引起炉壳变形，造成耳轴上翘，影响倾动。通常，耳轴均通水冷却，也有连托圈一起冷却的。早期的转炉倾动设备为了自锁，采用蜗轮蜗杆机构传动，传动效率较低。近年来新建的转炉，一般均用齿轮传动系统。这种传动系统的类型很多，大致可分成全悬挂和半悬挂两种。倾动速度一般为 0.8~1.5r/min。全悬挂系统的所有传动设备包括电动机在内，都放置在二次（末级）减速机箱壳上，并一起吊挂在耳轴上，具有布置紧凑、设备轻的优点。半悬挂传动系统的特点，主要在于电动机和一次（初级）减速机采取落地布置。两种形式均具有适应耳轴变形的优点。

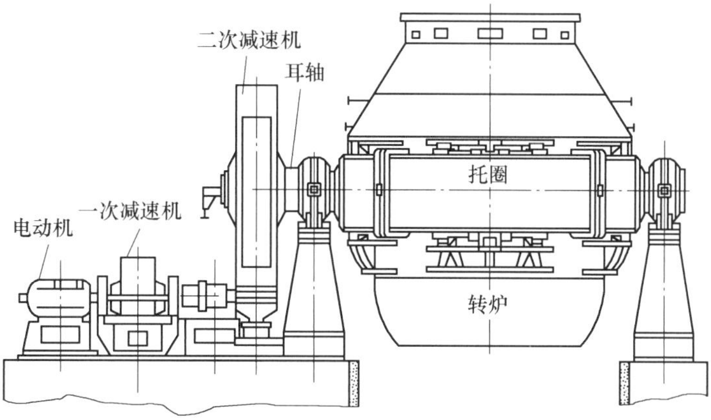

图 1-2 氧气顶吹转炉（装备半悬挂式传动系统）

1.2.1.3　电弧炉

20世纪初赫劳特等发明了电弧炉（见图1-3）炼钢，主要用于熔炼高合金钢和特殊钢，由于速度慢、能耗低，在20世纪60年代后，首先采用吹氧代替矿石，使之可以利用废钢较低成本地生产线材、棒材用钢。目前世界上95%以上的电炉钢是电弧炉生产的，还有少量电炉钢是由感应炉、电渣炉等生产的。

图1-3　电弧炉（EAF）

A　电弧炉构造

（1）电弧炉炉体。电弧炉炉体由炉壳、炉门、出钢口与流钢槽、炉盖圈和电极密封圈组成。

（2）电弧炉炉衬。电弧炉炉衬由炉底、炉壁和炉盖三部分组成。

B　电弧炉炼钢法

（1）直流电弧炉的优点：对电网冲击小，无需动态补充装置；石墨电极消耗低，是交流电炉的1/2；与交流电弧炉相比冶炼周期短，熔化时间短10%～20%，电耗低50%；耐材与金属消耗低，环境污染小，投资回收周期短。

电弧炉炼钢至今有百年历史，最先使用的电弧炉为直流电弧炉，由于炉容的扩大，当时很难提供大功率整流电源，因此出现了三相交流电弧炉，并长期占据主导地位。

（2）直流电弧炉的缺点：稳定性差、噪声大、功率因素低、引起电网闪烁；三相负荷不均匀，形成热点，造成耐火材料损失严重。

因此，随着大功率闸管技术发展，目前重新开始对直流电弧炉进行研究。

1.2.1.4　炉外精炼炉（LF炉）

A　LF炉的组成

LF炉主要由以下部分组成：加热电力系统，钢包，吹气系统，测温取样系统，控制系统，合金料和合成渣料添加装置，适应一些初炼炉需要的扒渣工位，适应一些低硫及超低硫钢种需要的喷粉工位，适应脱气钢种需要的真空工位，用于较大炉体的水冷系统。LF炉的组成如图1-4所示。

B　LF炉的功能

LF炉的加热同电弧炉一样，以石墨电极与钢水之间产生的电弧热为热源，分为交流钢包炉和直流钢包炉，目前国内基本上是用交流钢包炉。LF炉的工作条件要比电弧炉好一些，因为LF炉没有熔化过程，而且LF炉大部分加热时间都是在埋弧下进行的。由于LF炉熔化的都是渣料和合金固体料，因此应选用较高的二次电压。

1.2.2　加热炉

随着科技的不断进步，轧钢生产技术也得到了迅猛发展，连铸连轧一火成材已经成为轧钢车间的主要生产工艺。因此加热炉必须适应轧钢生产的需求，于是一些生产率高的机械化炉底连续加热炉，如步进式炉、环形加热炉、辊底式炉、链式加热炉以及节能型蓄热

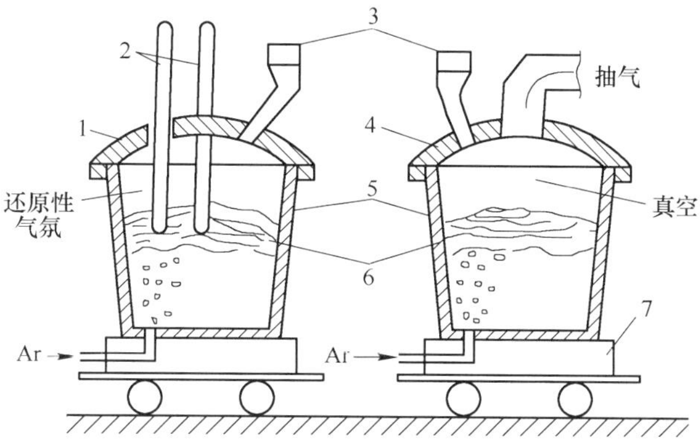

图 1-4　LF 炉的组成

1，4—炉盖；2—电极；3—装料口；5—炉体；6—物料；7—车

式加热炉等应运而生，加上计算机技术的应用，加热炉的自动化控制技术得到了进一步的发展。

1.2.2.1　蓄热式加热炉

随着全球性能源危机的日益严重，节能工作得到各个国家的重视，蓄热式燃烧技术在轧钢加热炉中得到广泛应用。各个国家都在研究各种蓄热式烧嘴和高效蓄热式燃烧技术，以及高风温燃烧技术，以便充分利用所有可利用的一切能源。

我国自 20 世纪 80 年代开始有国外译文介绍，80 年代中后期国内热工界也开始研究新型蓄热式技术。1998 年 9 月萍乡钢铁有限责任公司率先在棒材公司轧钢加热炉上应用，首次实现了蓄热式技术燃烧高炉煤气在连续式轧钢加热炉上的应用，此炉成为国内第一座蓄热式轧钢加热炉。此后，国内有多家公司开展蓄热式燃烧技术的研究和推广应用，蓄热式燃烧技术逐渐成熟，基本实现了高产、优质、低耗、少污染和高自动化水平，达到了燃烧加热炉三高一低（高炉温、高烟温、高余热回收和低惰性）的要求。

从 1999 年至今，国内蓄热式燃烧技术的发展基本分为两大系列：一是以北京北岛能源技术有限公司为代表的内置通道式加热炉（即北岛炉）；二是以北京神雾热能技术有限公司为代表的蓄热式烧嘴加热炉。通过这两种炉型的对比分析可以看出，两种蓄热式加热炉虽然各有优、缺点，且在国内冶金行业都有实际应用的实例，但总的发展趋势是朝着蓄热式烧嘴加热炉方向发展，有以下几个原因。

（1）蓄热式烧嘴加热炉和原普通加热炉相比，都是靠调整烧嘴热负荷来调节炉内温度，对于工人来讲易于接受。

（2）每个烧嘴可单独调节的特点和上下加热烧嘴能力的合理搭配，使加热炉各段上下加热温度的调节非常方便。

（3）炉墙两侧留有便于检修的入孔门和扒渣门，这是唯有采用烧嘴结构形式才能做到的。

（4）对于高热值气体燃料，可直接冷炉点火升温，不需要单独的点火烧嘴。

（5）烧嘴式结构可以采用集中换向和分散换向，分散换向由于换向阀靠近烧嘴，换向阀与烧嘴之间的连接管道短而小，燃烧间断时间短，因此换向时管道内残留煤气损失较少，更有利于节能。

(6) 维护工作量稍大，但检修时间短，停炉时间短。

(7) 对于现在讲品种、讲效益的时代，一个加热炉自动化水平的高低和燃烧器形式的多样性，决定了该加热炉适应的品种、燃料及行业的多样性。

国内蓄热式加热炉发展到现在，还不能确定哪一种形式是最先进、最成熟的，都存在一些问题，还有待探索，如各热工参数之间和设计结构之间的定量关系、控制系统和调节系统的最优化、燃气质量与蓄热体之间的关系、蓄热体的寿命、蓄热式加热炉的寿命等，但蓄热式烧嘴加热炉是一种发展方向。

1.2.2.2 典型三段式连续加热炉

(1) 三段式连续加热炉的温度制度。三段式连续加热炉在加热制度上采取预热期、加热期、均热期三段温度制度。在炉子的结构上也相应地分为预热段、加热段、均热段。一般有三个供热点，即上加热、下加热与均热段加热。断面尺寸较大的钢料和合金钢料的加热，多采用三段式炉温制度的三段连续加热炉。

(2) 三段式连续加热炉的炉型。炉型的变化很多，但结构上仍有一些共同的基本点。炉顶轮廓曲线的变化是很大的，它大致与炉温曲线相一致，即炉温高的区域炉顶也高，炉温低的区域炉顶也相应低。在加热段与预热段之间，有一个比较明显的过渡，炉顶向预热段压下，这是为了避免加热段高温区域有许多热量向预热段的低温区域辐射，加热段是主要燃烧区间，空间较大，有利于辐射换热；预热段是余热利用的区域，压低炉顶缩小炉膛空间，有利于强化对流给热，如图1-5所示。但有的炉子着眼于强化加热，使加热段相对延长，加热段与预热段之间的界限也不再明显。

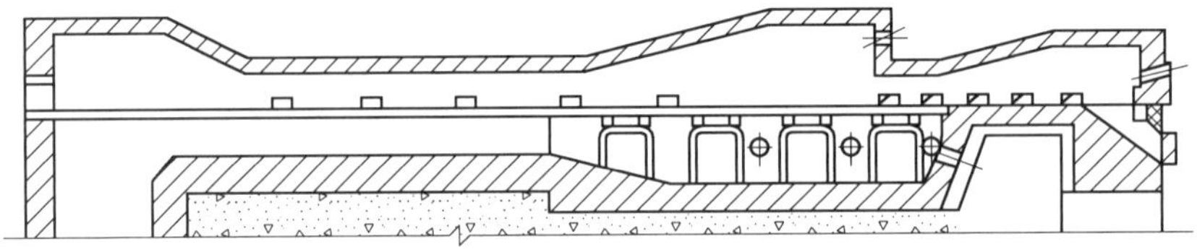

图1-5　三段式连续加热炉

在加热高合金钢和易脱碳钢时，预热段温度不允许太高，加热段不能太长，而预热段比一般情况要长一些，才不致在钢内产生危险的温度应力。为了降低预热段的温度并延长预热带的长度，采用了在炉子中段加中间烟道的办法，如图1-6所示，以便从加热段后面引出部分高温炉气，不让其通过预热段。有的炉子还采取加中间隔墙的措施，也是为了达到同样的目的。

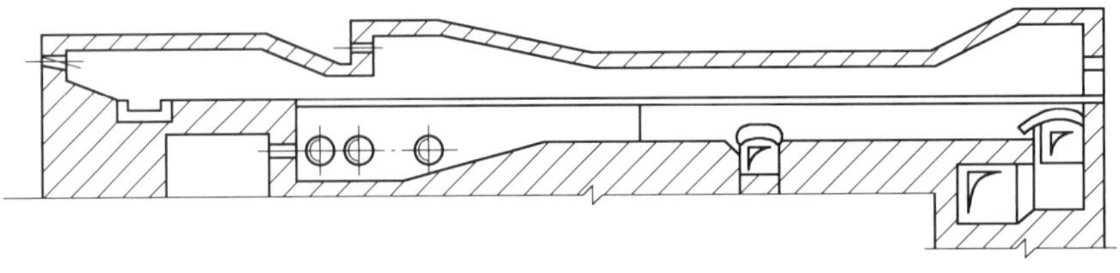

图1-6　带中间烟道的三段式连续加热炉

在炉子的均热段和加热段之间将炉顶压下，是为了使端墙具有一定高度，以便于安装烧嘴。因此如果全部采用炉顶烧嘴及侧烧嘴，也可以使炉子结构更加简化，即炉顶完全是平的，上下加热都用安装在平顶和侧墙上的平焰烧嘴。炉温制度可以靠调节烧嘴的供热量来实现，根据供热的多少可以相当严格地控制各段的温度分布。例如产量低时，可以关闭部分烧嘴，缩短加热段的长度。由于炉子的烧嘴数目很多，用人工调节不便，因此这种炉子都是实行温度自动调节。这种炉型如图 1-7 所示。

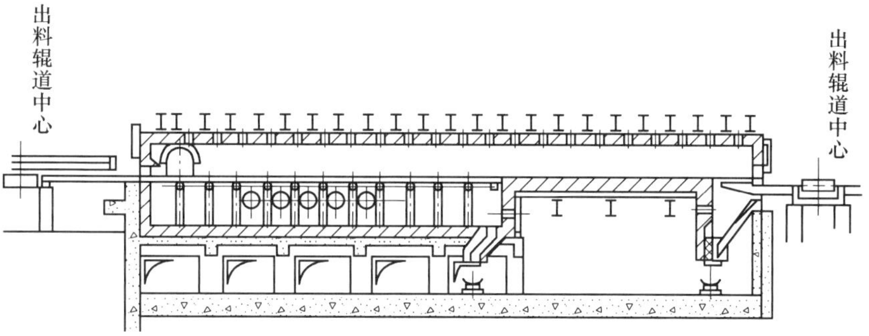

图 1-7　平顶式连续加热炉

多数推钢式连续加热炉炉尾烟道是垂直向下的，这是为了让烟气在预热段能紧贴钢坯的表面流过，有利于对流换热。由于炉气的惯性作用，炉气经常会从装料门喷出炉外，出现冒黑烟或冒火现象，造成炉尾操作条件恶劣，污染车间环境，并容易使炉后设备变形。为了改变这种状况，采取使炉尾部的炉顶上翘并展宽该处炉墙的办法，其目的是使气流速度降低，部分动压头转变为静压头，也使垂直烟道的截面加大，便于烟气顺利向下流动，从而减少了烟气的外逸。但近年来连续加热炉使用金属器和余热锅炉的较多，这些附属设备配置在炉顶上面，便于操作和维护，因此一些炉子采用上排烟的方案。上排烟可以减少大量的地下工程，便于施工，在地下水位高的地方更为有利，但上排烟需要较多的钢材。

1.2.2.3　多点供热的连续加热炉

由于轧机产量的不断增加，要求连续加热产量相应增加，原有三段式连续加热炉供热不能满足炉子要求，于是出现了多点供热的大型连续加热炉，这种炉子从炉温制度的特点上看，仍属于三段式温度制度，只是供热点增多。例如，五点供热式的供热点为：均热段、第一上加热、第二上加热、第一下加热、第二下加热。六点供热式则又多了一个下均热供热点。有时也把这种炉子称为多段式连续加热炉。图 1-8 所示为六点供热式的大型加热炉。

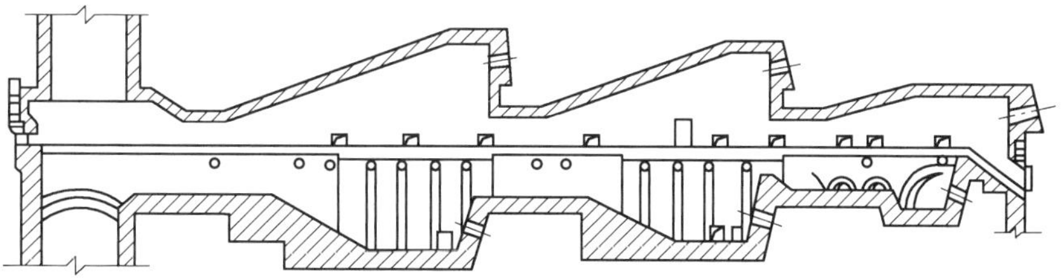

图 1-8　六点供热式大型连续加热炉

这种炉子可以根据钢材的品种不同，灵活地调整各段的供热分配，满足不同加热制度的需要。表 1-1 是一个多点供热的连续加热炉各段供热分配比例。

表 1-1　多点供热的连续加热炉的各段供热分配比例　（%）

供热点	上加热	下加热	合计
均热段	6.18	10.2	16.38
第一加热段	7.00	11.3	18.3
第二加热段	12.7	16.96	29.66
均热段	15.26	20.4	35.66
合计	41.14	58.86	100.00

这类炉子的特点是在进料端的有限长度内（即预热段和第二加热段）供给大部分热量，约占总供热量的 65%，而第一加热段和均热段供给的比例只有 35%。在某种意义上预热段已经不是传统的概念，钢坯一入炉就以大的热流量供热，因为低碳钢允许快速加热，不致产生温度应力的破坏，加强预热段的给热就改变了传统炉子只有半截炉膛供热的观念。当需要在低生产率条件下工作时，可以减少预热段的供热量。

在这种炉温制度下，废气带走的热量约占总供热量的 60% 以上，必须有可靠的换热装置，才合理。目前这种大型炉子主要发展金属换热器，可以安置在炉子上方，即炉子采取上排烟的轻型结构，如果采用黏土换热器，体积势必十分庞大，地下工程量大，整个结构比较复杂。

多点供热连续加热炉由于炉温分布更加均匀、钢坯所接受的热量大部分是来自后半段，此时钢表面的温度还不致造成大量氧化，而在前半段高温区停留的时间相应缩短，烧损也因而下降，还减少了黏钢的现象，所以多点供热的炉子加热质量也比三段式炉子好。

1.2.2.4　机械化炉底连续加热炉

为适应高速连续轧钢生产工艺的需求，在轧钢生产车间一些老式加热炉基本已经被改造，新建轧钢生产车间更多为多点供热的步进式加热炉、环形加热炉等。

步进式加热炉是各种机械化炉底加热炉中使用最广、发展最快的炉型，是取代推钢式加热炉的主要炉型。20 世纪 70 年代以来，世界各国新建的热连轧机等大型轧机，几乎都采用了步进式炉，就是中小轧机也有不少采用这种炉型的。

（1）步进式加热炉钢料的运动。步进式加热炉与推钢式加热炉相比，其基本的特征是钢坯在炉底上的移动靠炉底可动的步进梁做矩形轨迹的往复运动，把放置在固定梁上的钢坯一步一步地由进料端送到出料端。图 1-9 所示是步进式炉内钢坯运动轨迹的示意图。

炉底由固定架和移动梁（步进梁）两部分组成。最初钢坯放置在固定梁上，这时移动梁位于钢坯下面的最低点 1。开始动作时，移动梁由 1 点垂直上升到 2 点的位置，在到达固定梁平面时把钢坯托起；接着移动梁载着钢坯沿水平方向移动一段距离从 2 点到 3 点；然后移动架再垂直下降到 4 点的位置，当经过固定梁水平面时又把钢坯放到固定梁上。这时钢坯实际已经前进到一个新的位置，相当于在固定梁上移动了从 2 点到 3 点这样一段距离；最后移动架再由 4 点退回到 1 点的位置。这样移动梁经过上升→前进→下降→

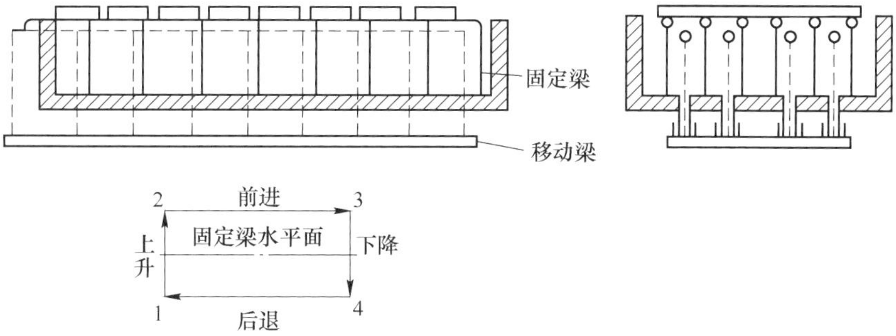

图 1-9　步进式炉内钢坯的运动

后退四个动作，完成了一个周期，钢坯便前进（也可以后退）一步，然后又开始第二个周期，不断循环使钢料一步步前进。移动梁往复一个周期所需要的时间和升降进退的距离，是按设计或操作规程的要求确定的。可以根据不同钢种和断面尺寸确定钢材在炉内的加热时间，并按加热时间的需要，调整步进周期的时间和进退的行程。

移动梁的运动是可逆的，当轧机故障要停炉检修，或因其他情况需要将钢料退出炉子时，移动梁可以逆向工作、把钢坯由装料端移出炉外。移动梁还可以只做升降运动而没有前进或后退的动作，即在原地踏步，以此来延长钢料的加热时间。

（2）步进式加热炉的结构。从炉子的结构看，步进式加热炉分为上加热步进式炉、上下加热步进式炉、双步进梁式步进式炉等。

上加热步进式炉顾名思义只有上部有加热装置，固定梁和移动梁是耐热金属制作的，固定炉底是耐火材料砌筑的。这种炉子基本上没有水冷构件，所以热耗较低；只能上单面加热，一般用于中小型钢坯的加热。图 1-10 所示是上加热步进式炉的剖面图。

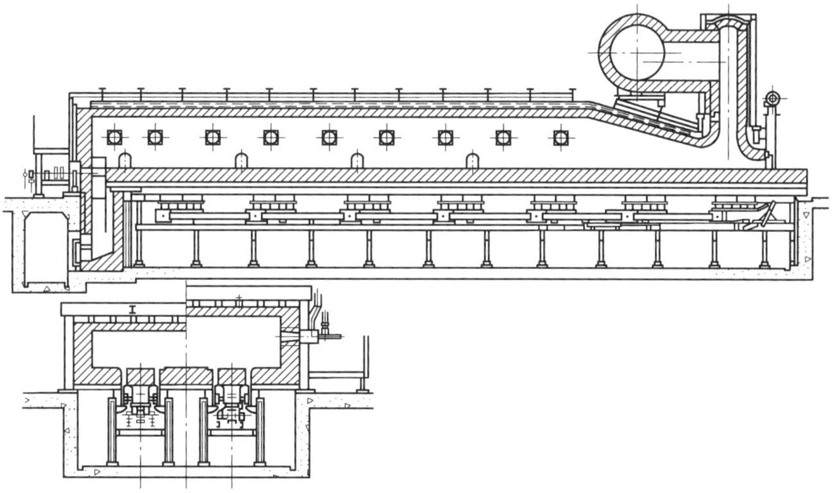

图 1-10　上加热步进式加热炉

与推钢式加热炉一样，由于加热大型钢坯的需要，步进式炉也逐步发展了下加热的方式，出现了上、下加热的步进式加热炉。这种炉子相当于把推钢式炉的炉底水管改成了固定梁和移动梁。固定架和移动梁都是用水冷立管支撑的。梁也由水冷管构成，外面用耐火塑料包扎，上面有耐热合金的鞍座式滑轨，类似推钢式加热炉的炉底纵水管。炉底是架空的，可以实现双面加热（步进式炉钢坯与钢坯不是紧靠在一起，中间有空隙，所以也可以认为是四面受热）。下加热一般只能用侧烧嘴，因为立柱挡住了端烧嘴火焰的方向，如果要采用端烧嘴，需要改变立柱的结构形式。上加热可以用轴向端烧嘴，也可以用侧烧嘴或炉顶烧嘴供热。考虑到轴向烧嘴火焰沿长度方向的温度分布和各段温度的控制，某些大型步进式炉在上加热各段之间的边界上有明显的炉顶压下，而下加热各段间设有端墙，以免各段之间温度的干扰。因此这样的步进式炉沿炉子长度方向上温度调节有更大的灵活性，如果炉子宽度较大，火焰长度又较短时，可以在炉顶上安装平焰烧嘴。

图 1-11 所示是用于板坯加热的上下加热步进式炉。这种炉型主要用于大型热连轧和中厚板板坯的加热。

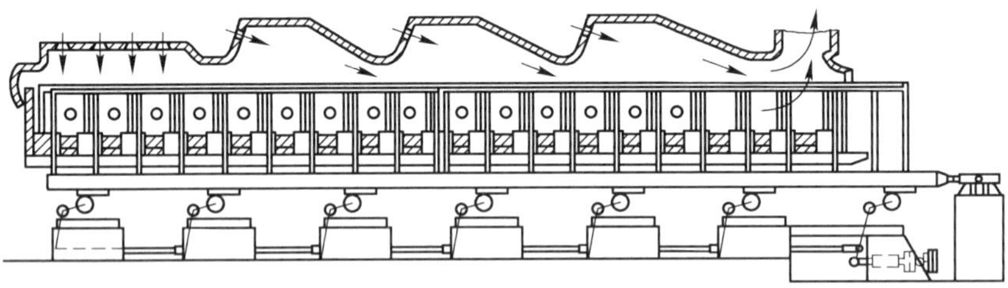

图 1-11　上下加热的步进式加热炉

还有一种不常见的双步进梁式加热炉，主要用于厚板的热处理。这种炉子没有固定梁而有两组独立的移动梁，当第一组移动梁上升前进期间，第二组移动梁就开始上升，接过钢坯，使其继续前进。两组梁交替使钢坯前进，好像钢坯在辊底炉上前进一样。这种炉子同样也可以逆向运动。

复习思考题

1-2-1 按工艺特点，炉子分为哪两大类？并举例说明。

1-2-2 按工作温度的高低，炉子分为哪几类？

1-2-3 炉子作为一种热工设备，应满足哪些基本要求？

1-2-4 常用的冶炼炉有哪几种？以其中的任意一种为例说明其结构组成。

1-2-5 根据钢料在炉内运动的方式不同，加热炉包括哪几种形式？

2 流体力学

【学习目标】

(1) 掌握流体的概念，流体的主要性质。
(2) 掌握气体平衡方程式及其计算。
(3) 了解流体流动的两种状态及各自的特点。
(4) 能够利用连续性方程及伯努利方程求解流体流动过程的实际问题。
(5) 掌握流体流动过程的压头损失形式及减少压头损失的措施。

【相关知识】

在论述流体的力学规律之前，必须首先对流体建立明确的概念，并对决定流体平衡和运动规律的内部原因——流体的力学性质进行分析和探讨。

2.1 流体的主要概念

2.1.1 流体的定义

自然界中常见的物质有三种状态，即固态、液态和气态，处在这三种状态下的物质分别称为固体、液体和气体。从它们的外部特征上看：固体有一定的形状，而气体和液体不能像固体那样保持一定的形状，任何微小的外力都可以促使气体和液体产生很大的变形。

通常说能流动的物质为流体，液体和气体易流动，把液体和气体称为流体。但这样说是不严格的，严格地说应该用力学的语言来叙述：在任何微小剪切力的持续作用下能够连续不断变形的物质，称为流体。

2.1.2 固体、液体与气体

固体的分子排列紧密，分子间的引力和斥力都较大，分子被束缚在平衡位置附近，只能做微小的振动而不能相对移动。因此分子间的距离和相对位置都较难改变，可以抵抗压力、拉力和切力三种力，在所受作用力不大时，可以保持自身体积和形状固定不变。

液体和气体与固体相比，分子排列松散，分子间引力较小，分子运动强烈，除可在平衡位置附近做振动外，还可离开平衡位置做无规则的相对移动，使分子间距离和相对位置发生较大改变，不能抵抗拉力和切力，因而不易保持一定的形状，表现出较大的流动性，所以液体和气体统称为流体。这就是流体同固体在力学性质上存在显著区别的根本原因。

液体和气体具有的共同特性是流动性，但它们还存在以下不同特性：

液体分子间的距离比固体分子（或离子）间的距离大，但比气体分子之间的距离小，分子之间的引力尚能使液体保持一定的体积。故在重力作用下有边界（自由）液面，有比较固定的体积，而在受到压缩时因分子之间的斥力较大，故有一定抗力，因而在实用意义上具有不可压缩的特性。

然而，气体由于其分子之间的距离很大，引力很弱，因此，既不能保持一定的形状也不能保持一定的体积，总是完全地充满所占容器的空间，没有自由面，表现出较大的膨胀性。同时由于气体分子之间的斥力很弱，因而很容易被压缩，被认为是可压缩流体。

因此，只要所研究的问题不涉及压缩性时，所建立的流体力学规律，对气体和液体均是适用的；否则，气体和液体应分别处理。

复习思考题

2-1-1 何为流体，流体包括哪两种物体？

2-1-2 流体与固体的最大区别是什么？

2-1-3 液体与气体的共同点与不同点分别是什么？

2.2　流体的主要性质

2.2.1　基本参数

在研究流体运动时常遇到温度、压力、体积、密度等一些物理参数，这说明这些物理参数的变化反映了流体物理性质常随流体的存在状态而变化。

因此，要了解流体的性质，必须了解这些参数的物理意义及其影响因素。本书中主要研究的是气体的物理参数及性质。

2.2.1.1　温度

气体的温度常用各种测温仪表来测量。要测出气体的温度，首先必须确定温标。温标是指衡量温度高低的标尺，它规定了温度的起点（零点）和测量温度的单位。

目前国际上常用的温标有摄氏温标和绝对温标两种。

（1）摄氏温标。又称百度温标，是我国使用最广泛的一种温标。这种温标规定：在标准大气压下（760mmHg）把纯水的冰点定为零度，沸点定为 100 度，在冰点与沸点之间等分为 100 个分格，每一格的刻度就是摄氏温度 1 度，用符号 t 表示，其单位符号为℃。此外，还可以用同样的间隔继续标示 0℃以下和 100℃以上的刻度。本书都采取摄氏温度（℃），作为温度的单位。

（2）绝对温标。即热力学温标，又称开尔文温标，用符号 T 表示，其单位符号为 K。这种温标是以气体分子热运动平均动能超于零的温度为起点，定为 0K，并以水的三相点温度为基本定点，定为 273.16K，于是 1K 就是水三相点热力学温度的 1/273.16。

绝对温标 1K 与摄氏温标 1℃的间隔是完全相同的。在一个标准大气压下，纯水冰点的热力学温度为273.15K，它比水的三相点热力学温度低0.01K，水的沸点为373.15K。绝对温标与摄氏温标的关系是

$$T = 273.15 + t \tag{2-1}$$

在不需要精确计算的情况下，可以近似地认为，同一流体的绝对温度比摄氏温度高273度，即

$$T = 273 + t \tag{2-2}$$

气体在运动过程中有温度变化时，气体的平均温度常取其始端温度 t_1 和终端温度 t_2 的算术平均值，即

$$t_{均} = \frac{t_1 + t_2}{2} \tag{2-3}$$

2.2.1.2　压力

由于气体自身的重力作用和气体内部的分子运动作用，气体内部都具有一定的对外作用力，这个力称为气体的压力。显然，气体压力是一种内力，它是表示气体对外作用力大小的一个物理参数。物理学上常把单位面积上气体的对外作用力称为压强，工程上却常把压强简称为压力。冶金炉上所说的压力也是指单位面积上气体的对外作用力，在物理意义上相当于物理学上的压强。

A　压力的单位

在工程单位制中，压力大小有以下两种表示方法：

（1）用液柱高度来表示，例如米水柱（mH_2O）、毫米水柱（mmH_2O）和毫米汞柱（mmHg）。

（2）用大气压来表示。地球表面包围着一层厚达几百千米的大气层，大气重量对地球表面上造成的压力称为大气压力，常用单位是Pa。大气压力的数值随着所在地区海拔高度的升高而降低，也就是说，海拔越高，大气压力就越低，空气越稀薄。就是在同一地区，大气压力的数值也因季节、晴雨等气候变化而稍有差异。

在国际单位制中，压力的单位是帕斯卡，简称帕，其代号为Pa。1Pa是指 $1m^2$ 表面上作用1N的力。

工程单位制与国际单位制压力换算关系如下：

1个标准大气压（atm）$= 1.0332kgf/cm^2 = 101325Pa = 101.325kPa = 0.101325MPa$

1个工程大气压（at）$= 1.0kgf/cm^2 = 98066Pa = 98.066kPa = 0.098066MPa$

$$1mH_2O = 9806.6Pa = 9.8066kPa$$

$$1mmH_2O = 9.8066Pa \approx 9.81Pa$$

应当注意，“标准大气压”和“工程大气压”都是压力的计量单位，不要与所在地区的实际大气压相混淆。在高压容器中，气体的压力相当高，往往是几倍或几十倍于大气压的，因此，这些设备中气体的压力计量单位通常用工程大气压表示。通风机的送风压力、风道和烟道中气体的压力较小，通常用毫米水柱表示。在实际工程中提到的大气压，除了特别注明是物理大气压外，一般都是指工程大气压。

B　压力与温度的关系

气体的压力与温度密切相关，实验研究指出：当一定质量的气体其体积保持不变

（即等容过程）时，其压力随温度呈直线变化，即

$$p_t = p_0(1 + \beta t) \tag{2-4}$$

式中，p_t，p_0 分别为温度为 t℃和 0℃时气体的压力；β 为体积不变时气体的压力温度系数。根据实验测定，一切气体的压力温度系数都近似地等于 $\frac{1}{273}$。

C　绝对压力和表压力

气体的压力有绝对压力和表压力两种表示方法。以真空为起点所计算的气体压力称为绝对压力，通常以符号 $p_{绝}$ 表示。通常所说的标准大气压（大气压力为 101325Pa）和实际大气压（该地该时的实际大气压）都是指大气的绝对压力。设备内气体的绝对压力与设备外相同高度的实际大气压的差称为气体的表压力，常用符号 $p_{表}$ 表示。显然表压力和绝对压力的关系为

$$p_{表} = p_{绝} - p_{大气} \tag{2-5}$$

式中，$p_{绝}$ 为设备内气体的绝对压力；$p_{大气}$ 为设备外同高度的实际大气压；$p_{表}$ 为设备内气体的表压力。

当气体的表压为正值时，称此气体的表压为正压。当气体的表压为负值时，称此气体的表压为负压，负压那部分的数值，称为真空度。当气体的表压为零值时，称此气体的表压为零压。具有零压的面常称为零压面。

实际生产中常用 U 形液压计测量气体的表压力，U 形压力计的一端和大气相通，另一端和被测的气体相接，当气体压力高于大气压力时如图 2-1 所示，当气体压力低于大气压力时如图 2-2 所示。因此，实际所测的为相对压力。压力计上所指示的液体高度差 h 可以表示气体表压力的大小。

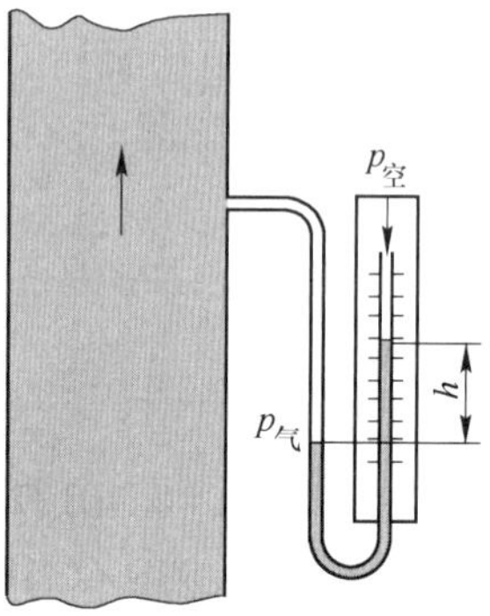

图 2-1　气体压力高于大气压

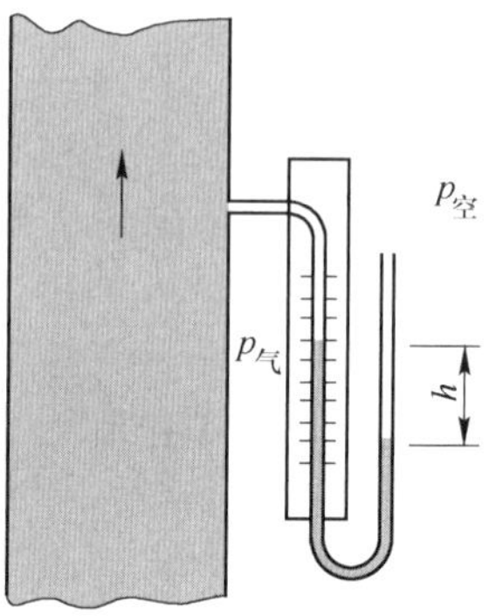

图 2-2　气体压力低于大气压

2.2.1.3　体积

气体的体积是表示气体所占据的空间大小的物理参数。冶金炉内常以每千克质量气体所具有的体积表示气体体积的大小。每千克气体具有的体积称为气体的比体积或质量体积，用符号 v 表示，单位是 m^3/kg。

A　体积与温度的关系

1kg 质量的气体，在恒压条件下，其体积与绝对温度成正比，即

$$\frac{v_0}{T_0}=\frac{v_t}{T_t} \tag{2-6}$$

式中，T_0为0℃时气体的绝对温度，K；T_t为t℃时气体的绝对温度，K；v_0为标准状态下1kg气体的体积，m^3；v_t为压力为101325Pa温度为t℃时1kg气体的体积，m^3。

设V代表$m$kg质量气体的体积，上式两端同乘以m，则可得

$$\frac{V_0}{T_0}=\frac{V_t}{T_t} \tag{2-7}$$

显然，当压力不变时，气体的体积随温度升高而增大，随温度降低而减小。为了计算方便，上式常写成

$$V_t=V_0\left(\frac{T_t}{T_0}\right)=V_0\left(\frac{273+t}{273}\right)=V_0\left(1+\frac{t}{273}\right) \tag{2-8}$$

式中，$\frac{1}{273}$常用符号β表示，称为流体的温度膨胀系数。因此，上式可写成

$$V_t=V_0(1+\beta t) \tag{2-9}$$

应当指出，当压力变化不大时，也可用上式计算不同温度下的气体体积。

B 体积与压力的关系

1kg质量的气体，在恒温条件下，其体积与绝对压力成反比，即

$$p_1v_1=p_2v_2=\cdots=pv \tag{2-10}$$

式中，p_1，p_2，…，p分别为相同温度下气体的绝对压力，Pa或N/m^2；v_2，v_1，…，v分别为各相应压力下气体的比体积，m^3/kg。

同理对m kg质量气体可得

$$p_1V_1=p_2V_2=\cdots=pV \tag{2-11}$$

式中，V_1，V_2，…，V分别为各相应压力下$m$kg气体的体积，m^3。

显然，气体的体积或比体积随压力的增大而降低，随压力的降低而增大。

C 气体的状态方程式

表明气体的温度、压力、体积的综合关系式称为气体的状态方程式。1kg理想气体的状态方程式为

$$\frac{p_1v_1}{T_1}=\frac{p_2v_2}{T_2}=\cdots=\frac{pv}{T}=R \tag{2-12}$$

式中，T_1，T_2，…，T分别为气体的各绝对温度，K；p_1，p_2，…，p分别为气体的各绝对压力，Pa或N/m^2；v_2，v_1，…，v分别为气体在各相应温度和相应压力下的比体积，m^3/kg；R为气体常数，J/kg·K。

在国际单位制中，压力的单位是Pa，比体积的单位是m^3/kg，温度T的单位是K，功的单位是J，即1J=1N·m。所以，气体常数R的单位是J/kg·K。

R的物理意义是1kg质量的气体在定压下，加热升高1K时所做的膨胀功。各种气体常数值见表2-1。

如果气体的质量不是1kg，而是m kg，式（2-12）可变为

$$\frac{p_1V_1}{T_1}=\frac{p_2V_2}{T_2}=\cdots=\frac{pV}{T}=mR \tag{2-13}$$

表 2-1　常用气体的气体常数 R

气体名称	符号	$R/J\cdot kg^{-1}\cdot K^{-1}$	气体名称	符号	$R/J\cdot kg^{-1}\cdot K^{-1}$
空气		287.0	水蒸气	H_2O	461.5
氧气	O_2	259.8	一氧化碳	CO	296.8
氮气	N_2	296.8	二氧化碳	CO_2	188.9
氢气	H_2	4124.0	甲烷	CH_4	511.6

【例 2-1】 某压缩空气储气罐，压力表读数为 7at、温度计读数为 25℃，储气罐的体积为 $3m^3$，当地大气压力取为 1at，试求罐内空气的重量。

解： 根据式（2-13），压缩空气的质量为

$$m=\frac{pV}{RT}=\frac{(7+1)\times 10^4\times 9.81\times 3}{287\times(273+25)}=27.53\text{kg}$$

则罐内空气的重量为　$G=mg=27.53\times 9.81=270\text{N}$

【例 2-2】 某封闭容器内储有压缩空气，用压力表测得当大气压为 745mmHg 时，压力表上读数为 2 气压（at）。若大气压改变为 770mmHg 时，压力表上读数为多少？

解： 由式（2-5）得 $p_{表}=p_{绝}-p_{大气}$，由于大气压力改变时容器内压缩空气的状态没有发生变化，即容器内空气的绝对压力 $p_{绝}$ 是个常数，仅仅是由于 $p_{大气}$ 不同而使压力表上的读数发生变化。现将 $p_{表1}$ 和 $p_{表2}$ 表示压力表示值在变化前后的读数，则

$$p_{表1}+p_{大气1}=p_{表2}+p_{大气2}$$

即

$$p_{表2}=p_{表1}+p_{大气1}-p_{大气2}=2+\frac{745}{735.6}-\frac{770}{735.6}=1.97\text{at}$$

【例 2-3】 在一煤气表上读得煤气的消耗量是 $683.7m^3$。在使用期间煤气表的平均表压力是 $44mmH_2O$，其温度平均为 17℃。大气压力平均为 100249Pa。求：

（1）相当于消耗了多少煤气（标态下）？

（2）如煤气压力降低至 $30mmH_2O$，此时同一煤气耗用量的读数相当于多少？

（3）煤气温度变化，对煤气流量的测量有何影响？试以温度变化 30℃ 为例加以说明。

解： 由式（2-13），已知 $V_1=683.7m^3$，$p_{表1}=44mmH_2O$，$T_1=17+273=290K$，$p_{大气}=100249Pa$

（1）$V_0=V_1\dfrac{p_1}{p_0}\cdot\dfrac{T_0}{T_1}=683.7\times\dfrac{(100249+44\times 9.81)}{101325}\times\dfrac{273}{290}=639.53m^3$

（2）已知 $p_{表1}=30mmH_2O$，$T_1=290K$

$$V_0=V_1\frac{p_1}{p_0}\cdot\frac{T_0}{T_1}=683.7\times\frac{(100249+30\times 9.81)}{101325}\times\frac{273}{290}=638.66m^3$$

（3）已知 $p_{表1}=44\ mmH_2O$，$t_1=30℃$（即 $T_1=303K$）

$$V_0=V_1\frac{p_1}{p_0}\cdot\frac{T_0}{T_1}=683.7\times\frac{(100249+44\times 9.81)}{101325}\times\frac{273}{303}=612.09m^3$$

通过上述计算看出，温度变化，对流量的测量影响比较大，而压力变化时则影响比较小。

2.2.1.4 密度

单位体积气体具有的质量称为气体的密度，用符号 ρ 表示，单位是 kg/m^3。气体密度是表示气体轻重程度的物理参数。

当气体的质量为 $m$kg，其标准状态下的体积为 $V_0 m^3$时，则气体在标准状态下的密度 ρ_0为

$$\rho_0 = \frac{m}{V_0} \tag{2-14}$$

显然，比容与密度互为倒数，即

$$v = \frac{1}{\rho_0} \tag{2-15}$$

常用气体在标准状态下的密度 ρ_0见表 2-2。

表 2-2 常用气体在标准状态下的 ρ_0值和 γ_0值

气体名称	符号	ρ_0 /kg · m^{-3}	γ_0 /N · m^{-3}	气体名称	符号	ρ_0 /kg · m^{-3}	γ_0 /N · m^{-3}
空气		1.293	12.684	一氧化碳	CO	1.251	12.272
氧气	O_2	1.429	14.019	二氧化碳	CO_2	1.997	19.591
氮气	N_2	1.251	12.272	二氧化硫	SO_2	2.927	28.714
氢气	H_2	0.0899	0.882	甲烷	CH_4	0.7168	7.032

冶金生产中常见的气体（如煤气、炉气等）都是由几种简单气体组成的混合气体。混合气体在标准状态下的密度可用下式计算

$$\rho_{混} = \rho_1\alpha_1 + \rho_2\alpha_2 + \cdots + \rho_n\alpha_n \tag{2-16}$$

式中，ρ_1，ρ_2，…，ρ_n分别为各组成物在标准状态下的密度，kg/m^3，α_1，α_2，…，α_n 分别为各组成物在混合气体中的比例，%。

【例 2-4】 某煤气的成分为：CO 27.4%、CO_2 10%、H_2 3.2%、N_2 59.4%。试求此煤气在标准状态下的密度。

解：由表 2-2 中查得各组成物在标准状态下的密度，将所查数值及各组成物成分代入式（2-16），则得此煤气在标准状态下的密度为

$$\begin{aligned}\rho_{煤气} &= \rho_{CO}\alpha_{CO} + \rho_{CO_2}\alpha_{CO_2} + \rho_{H_2}\alpha_{H_2} + \rho_{N_2}\alpha_{N_2} \\ &= 1.251 \times 0.274 + 1.997 \times 0.1 + 0.0899 \times 0.032 + 1.251 \times 0.594 \\ &= 1.286 kg/m^3\end{aligned}$$

气体的密度随其温度和压力的不同而有较大的变化，此为气体区别于液体的特性之一。下面分析这种变化。

（1）气体密度随温度的变化。在标准大气压时，气体在 t℃下的质量和体积分别为 m 和 V_t时，则在 t℃下气体的密度为

$$\rho_t = \frac{m}{V_t} \tag{2-17}$$

将式（2-9）和式（2-14）代入式（2-17）可得

$$\rho_t = \frac{\rho_0}{1 + \beta t} \tag{2-18}$$

应当指出，此式也可用于低压气体。

显然，对 ρ_0 一定的气体而言，其密度 ρ_t 随着本身温度 t 的升高而降低。各种热气体的密度都小于常温下大气的密度，即设备内的热气体都轻于设备外的大气。此为设备内热气体的一个重要特点，对研究气体基本方程有重要作用。

（2）气体密度随压力的变化。将式（2-15）代入式（2-10），则得在恒温条件下的气体密度与绝对压力的关系式为

$$\frac{p_1}{\rho_1} = \frac{p_2}{\rho_2} = \cdots = \frac{p}{\rho} \tag{2-19}$$

式中，ρ_1，ρ_2，…，ρ_n 分别为在各相应压力下的气体密度，kg/m^3。

显然，气体密度随气体绝对压力的增加而增大，随绝对压力的降低而减小。

（3）气体密度随气体温度和压力的变化。将式（2-15）代入式（2-12）得气体密度随温度和压力的变化关系式为

$$\frac{p_1}{\rho_1 T_1} = \frac{p_2}{\rho_2 T_2} = \cdots = \frac{p}{\rho T} = R \tag{2-20}$$

式中，ρ_1，ρ_2，…，ρ_n 分别为在各相应温度和各相应压力下的气体密度，kg/m^3。

上述分析表明，气体密度随气体温度和压力的不同都发生变化。气体密度随气体压力而变化的特性称为气体的可压缩性。气体都具有可压缩性，此为气体的特性之一。

应当指出，冶金炉上的低压气体在流动过程中的压力变化一般不超过 9810Pa，在此压力变化下的密度变化不超过 10%。工程上常忽略这个变化，认为冶金炉上的低压气体属于不可压缩性气体。对被认为是不可压缩性气体的低压气体而言，气体密度不随压力而变，气体密度只随温度按式（2-18）的关系变化。

但是也应当指出，冶金炉上的高压气体在流动过程中的压力变化常超过 9810Pa，在此压力变化下的密度变化较大，因此，这些气体仍属于可压缩性气体。对于可压缩性气体而言，气体密度同时随气体温度和气体压力按式（2-20）的关系变化。

【例 2-5】　某气罐内压缩空气的表压为 7 个大气压（at），实际温度为 30℃。当实际大气压为 1 个大气压（at）时，此压缩空气的实际密度为多少？

解：压缩空气的绝对压力和绝对温度可分别按式（2-5）和式（2-2）计算如下

$$p_{绝} = p_{表} + p_{大气} = 7+1 = 8\ 个大气压 = 784800\text{Pa}$$

$$T = 273 + t = 273 + 30 = 303\text{K}$$

按式（2-20）可得压缩空气在实际温度和实际压力下的密度为

$$\rho = \frac{p}{TR} = \frac{784800}{303\times287} = 9.03\text{kg/m}^3$$

2.2.1.5　重度

单位体积气体具有的重量称为气体的重度，用符号 γ 表示，单位是 N/m^3。气体重度也是表示气体轻重程度的物理参数。

当气体重量为 GN，在标准状态下的体积为 V_0m^{3}时，则此气体在标准状态下的重度 γ_0（N/m^3）为

$$\gamma_0 = \frac{G}{V_0} \tag{2-21}$$

当重力加速度 $g=9.8$m/s^{2}时，气体的重量 G(N) 与气体的质量 m(kg) 间存在如下的关系

$$G = mg \tag{2-22}$$

根据式（2-14）、式（2-21）和式（2-22）可得气体在标准状态下密度和重度的关系为

$$\gamma_0 = \rho_0 g \tag{2-23}$$

显然，当 ρ_0 已知时，可用上式计算气体在标准状态下的重度 γ_0。

气体的重度也随气体的温度和气体的压力而变。将式（2-18）、式（2-19）和式（2-20）中的密度 ρ 代以重度 γ，则可求出气体重度随气体温度和压力的变化关系式。

2.2.2　黏性

黏性（也称黏滞性）是流体的主要物理性质，它是引起运动流体产生能量损失的根本原因。自然界中的流体都具有黏性。黏性的存在，使得对流体运动的研究变得十分复杂。

2.2.2.1　黏性的定义

在日常生活中，可以观察到水比油流得快；河里流动的水，靠岸边的水流得缓慢，越到中心流得越快；这些都是因为流体有黏性，致使流层间发生摩擦，流动速度由管轴中心线向管壁逐渐减小。

现在，以流体在两块平板间的流动为例加以说明，如图 2-3（a）所示。平板 A 固定不动，平板 B 以速度 v 做等速直线运动。若两平板的尺寸足够大，平板边缘效应可以忽略不计。紧贴两块平板的流体，由于流体与固体分子的附着力的作用，总是黏附在平板上，流速分别为 0 和 v。在与流速相垂直的 y 方向上，假定各点的流速分布如图 2-3（a）所示。整个流动可以看成是许多不同流速的流层组成的，类似一本书，由许多很薄的书页构成一样。但每一层流体与其相邻的一层流体存在着相对运动。

在无数的流层中取相距 dy 的相邻两个 a、b 流层来看，如图 2-3（b）所示。假定两个流层的速度分别为 v 及 $v+\mathrm{d}v$，即两层流体以速度差 dv 做相对滑动。由于流体分子之间的相互吸引而形成的内聚力的作用，速度较快的流层 b 对速度较慢的流层 a 产生一个拖力 T。根据作用力与反作用力相等的原理，速度慢的流层 a 对流速快的流层 b 也有一个反作用力 T'，其方向与 T 相反，是阻碍流层 b 运动的力，因而是阻力。阻力 T' 与拖力 T 是大小相等，方向相反的一对力，分别作用在两层流体上，作用的结果是阻碍或拖动流层间的相对运动，这种情况类似于固体的摩擦。因为它发生在流体的内部，故称为内摩擦。内摩擦中出现的一对力称为内摩擦力和黏性力。当流体流动时，在流体层与层之间产生内摩擦力的特性，称为流体的黏性。

流体在流动过程中，为了克服内摩擦力，机械能不断转换成热能而散失，结果造成了

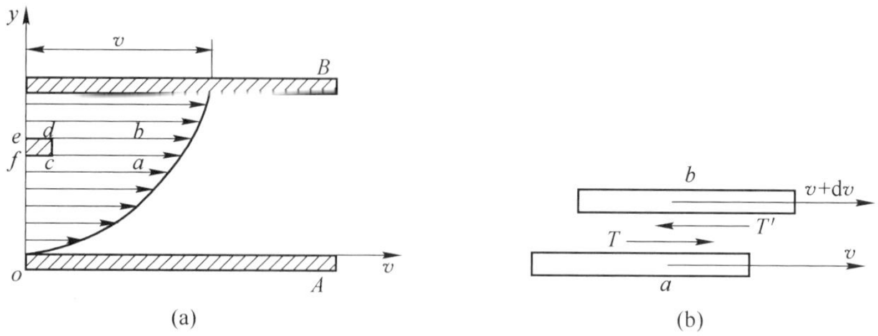

图 2-3　速度分布图

流体的能量损失，因此流体的黏性是流体流动时造成能量损失的根本原因。

2.2.2.2　牛顿内摩擦定律

通过大量的实验研究，牛顿在 1686 年提出了确定流体内摩擦力大小与影响因素的牛顿内摩擦力定律，用公式表示为：

$$T = \mu A \frac{dv}{dy} \tag{2-24}$$

式中，T 为流体的摩擦力，N；A 为流层间的接触面积，m^2；μ 为表征流体种类及温度影响的一个比例常数，称为流体的动力黏度（又称为黏度），Pa · s；dv/dy 为流体的速度梯度，表示与流速相垂直的 y 方向上速度的变化率，s^{-1}。

式（2-24）表明，内摩擦力的大小与两流层的速度变化量 dv 成正比，与流层间的距离 dy 成反比，与流层间的接触面积 A 成正比，与流体的种类、温度有关，与流体受到的压力无关。

若式（2-24）两端除以面积 A，则

$$\tau = \mu \frac{dv}{dy} \tag{2-25}$$

式中，τ 为切应力，即单位面积上的内摩擦力，Pa。

2.2.2.3　流体的黏度

流体的黏度有动力黏度和运动黏度两种。

（1）动力黏度。流体动力黏度的物理意义及单位可由式（2-25）得到，即

$$\mu = \tau/(dv/dy) \tag{2-26}$$

当 $dv/dy = 1$ 时 $\mu = \tau$ 。即流体速度梯度为 1 单位时，流体相互接触面上的切应力等于动力黏度的数值。μ 值大，表明内摩擦力的作用强，黏性对流动的影响大。

（2）运动黏度。在流体力学中将流体动力黏度 μ 与密度 ρ 的比值称为运动黏度，用字母 ν 表示，单位是 m^2/s，即

$$\nu = \frac{\mu}{\rho} \tag{2-27}$$

【例 2-6】　一平板距另一固定平板 $\delta = 0.5mm$ ，两板水平放置，其间充满流体，上板在单位面积上为 τ = 2Pa 的力作用下，以 $v = 0.25m/s$ 的速度移动，求该流体的动力黏度。

解：由牛顿内摩擦定律有 $\tau = \mu \dfrac{dv}{dy}$。由于两平板间隙很小，速度分布可认为是线性分布，可用增量来表示微分。所以：

$$\mu = \tau \frac{dy}{dv} = \tau \frac{\delta}{u - 0} = 2 \times \frac{0.5 \times 10^{-3}}{0.25} = 0.004\text{Pa} \cdot \text{s}$$

2.2.2.4　黏性的影响因素

黏性也是流体的自然属性，流体动力黏度的大小由实验测得。与密度一样，影响黏性的因素有流体种类、压力和温度。但一般忽略压力对黏性的影响，这是因为普通的压力对流体的黏性几乎没有什么影响，水的压力增加到 10MPa 时，黏性增大至约为一个标准大气压的 2 倍。

（1）流体的种类。流体的种类不同，黏性也不同。表 2-3 和表 2-4 给出了水和空气在不同温度时的动力黏度。从表中可以看出，在 20℃时，水的动力黏度 $\mu = 1.002 \times 10^{-3}\text{Pa} \cdot \text{s}$，而空气的动力黏度 $\mu = 1.83 \times 10^{-5}\text{Pa} \cdot \text{s}$，水的黏度大约是空气的 55 倍。

表 2-3　不同温度时水的黏度

温度 t/℃	动力黏度 μ/Pa·s	运动黏度 ν/m^2·s^{-1}	温度 t/℃	动力黏度 μ/Pa·s	运动黏度 ν/m^2·s^{-1}
0	1.781×10^{-3}	1.785×10^{-6}	40	0.653×10^{-3}	0.658×10^{-6}
5	1.518×10^{-3}	1.519×10^{-6}	50	0.547×10^{-3}	0.553×10^{-6}
10	1.307×10^{-3}	1.306×10^{-6}	60	0.466×10^{-3}	0.474×10^{-6}
15	1.139×10^{-3}	1.139×10^{-6}	70	0.404×10^{-3}	0.413×10^{-6}
20	1.002×10^{-3}	1.003×10^{-6}	80	0.354×10^{-3}	0.364×10^{-6}
25	0.890×10^{-3}	0.893×10^{-6}	90	0.315×10^{-3}	0.326×10^{-6}
30	0.798×10^{-3}	0.800×10^{-6}	100	0.282×10^{-3}	0.294×10^{-6}

表 2-4　不同温度时空气的黏度

温度 t/℃	动力黏度 μ/Pa·s	运动黏度 ν/m^2·s^{-1}	温度 t/℃	动力黏度 μ/Pa·s	运动黏度 ν/m^2·s^{-1}
0	0.0172×10^{-3}	13.7×10^{-6}	90	0.0216×10^{-3}	22.9×10^{-6}
10	0.0178×10^{-3}	14.7×10^{-6}	100	0.0218×10^{-3}	23.6×10^{-6}
20	0.0183×10^{-3}	15.7×10^{-6}	120	0.0228×10^{-3}	26.2×10^{-6}
30	0.0187×10^{-3}	16.6×10^{-6}	140	0.0236×10^{-3}	28.5×10^{-6}
40	0.0192×10^{-3}	17.6×10^{-6}	160	0.0242×10^{-3}	30.6×10^{-6}
50	0.0196×10^{-3}	18.6×10^{-6}	180	0.0251×10^{-3}	33.2×10^{-6}
60	0.0201×10^{-3}	19.6×10^{-6}	200	0.0259×10^{-3}	35.8×10^{-6}
70	0.0204×10^{-3}	20.5×10^{-6}	250	0.0280×10^{-3}	42.8×10^{-6}
80	0.0210×10^{-3}	21.7×10^{-6}	300	0.0298×10^{-3}	49.9×10^{-6}

（2）流体的温度。温度是影响流体黏性的另一重要因素。从表 2-3 和表 2-4 可发现，

温度对液体和气体黏度的影响不一样。温度升高时，液体的黏度减小，而气体的黏度则加大。

温度对液体和气体黏度的影响之所以不同，是因为引起黏性的主要因素不同。液体的黏性主要是由分子间的吸引力造成的，当温度升高时，液体分子间的距离拉大，分子间的吸引力减小，使液体的黏度降低；气体的黏性主要是由气体内部运动质点的动量交换而产生的，温度增加，分子的碰撞增多，不同流层的质点动量交换加剧，从而导致黏度升高。

2.2.2.5 理想流体与实际流体

自然界中存在的具有黏性的流体都是实际流体。黏性的存在使得流体的流动变得十分复杂。为了建立基本方程式，必须简化理论分析的复杂性，才能得到反映运动规律的方程式，然后再对基本结论进行修正和补充，使实际问题得以解决。为此，引进了理想流体的概念。理想流体就是假想的没有黏性的流体。虽然理想流体并不存在。但正是因为用了理想流体的概念，才找到了流体运动的基本规律。理想流体的假设是流体力学中最重要的假设之一。另外，在很多流体流动中，黏性的影响很小，可以忽略不计，运用理想流体的概念仍然可以得到符合实际的结果。

流体力学中提到的理想液体和理想气体概念均指没有黏性的液体和气体，这和热力学里定义的理想气体的概念不同，所以热力学中的理想气体（气体分子不占体积、分子间无作用力的气体）称为完全气体。

无论是理想流体、不可压缩流体还是连续性的假定，都是一种力学模型。在分析与研究流体平衡与运动规律时，抓住影响问题最主要的因素，忽略次要因素，建立起相应的力学模型，就可以得到流体平衡与运动的数学方程式，找出各个基本物理量的变化关系，这是工程流体力学最常用的一种研究方法。

复习思考题

2-2-1 流体的主要物理性质有哪些？

2-2-2 国际上常用的温标有哪两种，二者的关系是什么？

2-2-3 工程制单位与国际制单位的压力换算关系如何？

2-2-4 压力有哪两种表示方法，二者之间的关系是什么？

2-2-5 气体的体积与比体积之间有何联系？

2-2-6 写出气体的状态方程式，气体常数 R 的物理意义是什么？

2-2-7 什么是密度？

2-2-8 气体的压力、体积（比容）、密度随温度的变化关系是什么？

2-2-9 什么是流体的黏性，流体的动力黏度与运动黏度在意义上有哪些不同，影响流体黏性的因素有哪些，温度升高气体和液体的黏性如何变化，为什么？

2-2-10 试述流体力学中理想流体与实际流体的区别。

2-2-11 试比较流体的内摩擦定律与固体的摩擦定律的差异，有何本质区别，在什么情况下没有内摩擦力？

2-2-12 某低压煤气的温度为 $t = 527℃$，表压力为 $p_{表} = 10mmH_2O$，煤气成分为 CO70%、$CO_2$13%、$N_2$17%。试求：

（1）煤气的绝对温度为多少？

（2）当外界为标准大气压时，煤气的绝对压力为多少？
（3）标准状态下煤气的密度和比体积为多少？
（4）实际状态下煤气的密度和比体积为多少？

2-2-13 重油喷枪以空气做雾化剂时，将空气压缩至绝对压力为 7 个大气压，并预热至 300℃。求这时空气的密度。

2-2-14 今有一台离心式通风机，在工业标准状态下即压力为 760mmHg，温度为 20℃ 时，其风量为 $30000m^3/h$，如果这台风机在空气温度为 27℃ 和大气压力为 745mmHg 下工作，试求此时风机输送空气的质量比它在工业标准状态下改变了多少？

2-2-15 一容积为 $4m^3$ 的容器充有绝对压力为 1 个工程大气压，温度为 20℃ 的空气，抽气后容器的真空度为 700mmHg，当时当地大气压为 1 个工程大气压，求：
（1）抽气后容器内气体的绝对压力为多少？
（2）抽气后容器内空气的质量是多少？
（3）必须抽走多少千克的空气，才能保证容器中真空度为 700mmHg？

2-2-16 水银压力计中混进了一个空气泡，因此它的读数比实际的气压小，当精确的气压计的读数为 768mmHg 时，它的读数只有 748mmHg，此时管内水银面到管顶的距离为 801mm，当气压的读数为 734mmHg 时，求实际气压。（设空气的温度保持不变）

2-2-17 进入锅炉空气预热器的风量为 $2000m^3/h$，温度 $t_1=20℃$，设在定压条件下将空气加热至 $t_2=800℃$，试求每小时由空气预热器流出的风量。

2-2-18 有一台鼓风机，当外界处于标准状态时，每小时能输送 $300m^3$ 的空气，如果外界空气温度上升至 27℃，大气压力仍为 760mmHg，此时鼓风机送风仍为 $300m^3/h$，求此鼓风机输送空气的质量变化了多少。

2-2-19 某工厂有一条新安装的煤气管道，为了检查其是否漏气，需要进行密封试验。其方法是，将 $p_1=15at$、$t_1=50℃$ 的空气送入系统，然后将管道封死，过一天后，测得温度 $t_2=27℃$，如无漏气现象，试问系统压力降低到多少？

2-2-20 引风机入口处流过的烟气量为 $4\times10^5m^3/h$，此处负压为 $300mmH_2O$，烟气的温度为 130℃，试求此烟气量在标准状态下的体积（当地大气压力为 755mmHg）。

2-2-21 有一根长度 $L=50m$，直径 $d=300mm$ 的输水管道要进行水压试验。在压力 $p_1=9.8\times10^4Pa$ 下灌满了水。求为使压力升高到 $p_2=490\times10^4Pa$，需向管道里补充多少水？已知水的压缩系数 $\beta=0.5\times10^{-9}\ m^2/N$。

2-2-22 原油的密度为 890 kg/m^3，动力黏度 $\mu=0.025Pa\cdot s$，求原油的运动黏度。

2-2-23 求空气在 150℃ 时的密度。已知它的动力黏度 $\mu=23.9\times10^{-6}Pa\cdot s$，求运动黏度 ν。

2-2-24 一块平板浮在油面上，平板下底面距固体表面的高度 $h=0.3m$，如图 2-4 所示，平板以 $v=3m/s$ 的速度运动，若油的动力黏度为 $0.02Pa\cdot s$，求此平板单位面积上所受到的阻力。

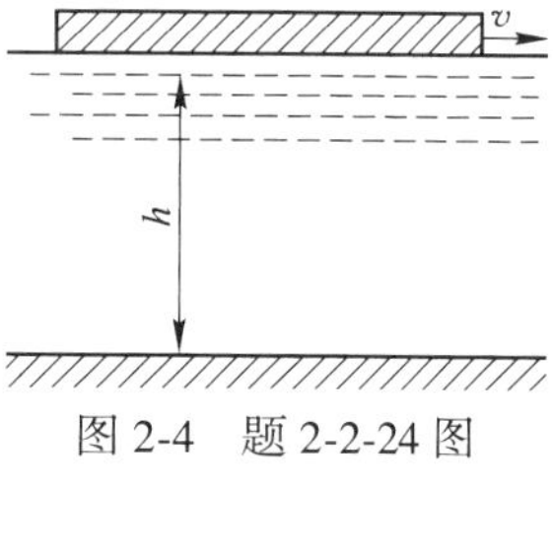

图 2-4 题 2-2-24 图

2.3 静力学基本定律

2.3.1 阿基米德原理

对固体和液体而言，阿基米德原理的内容可表达如下：固体在液体中所受的浮力，等于所排开同体积该液体的重量。此原理同样适用于气体。

设有一倒置的容器，如图 2-5 所示，高为 H，截面积为 f，容器内盛满热气体（密度为 ρ），四周皆为冷空气（密度为 ρ'），热气的重量为

$$G_{气} = \rho g f H$$

同体积空气的重量为　　$G_{空} = \rho' g f H$

热气在空气中的重力应为 $G = G_{气} - G_{空} = (\rho - \rho') g f H$

因为 $\rho < \rho'$，所以热气在空气中的重力必是负值，也就是说热气在冷气中实际上具有一种上升力。

若上式的两边各除以 f，则单位面积上的气柱所具有的上升力可写成下面的形式

$$h = (\rho' - \rho) g H \tag{2-28}$$

上式说明，单位面积上气柱所具有的上升力取决于气柱的高度和冷、热气体的密度差。

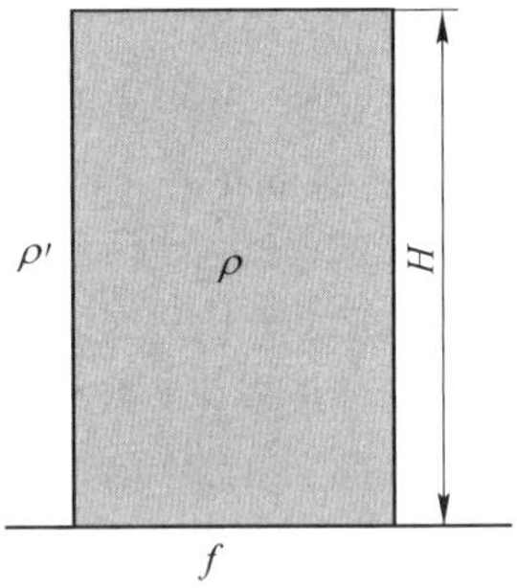

图 2-5　阿基米德原理

2.3.2　气体平衡方程式

气体平衡方程式是研究静止气体压力变化规律的方程式。

自然界内不存在绝对静止的气体，但是可认为某些气体（如大气、煤气罐内的煤气、炉内非流动方向上的气体等）是处于相对静止的状态。下面分析相对静止气体的压力变化规律。

2.3.2.1　气体绝对压力的变化规律

如图 2-6 所示，在静止的大气中取一个底面积为 f、高度为 H 的长方体气柱。如果气体处于静止状态，则此气柱的水平方向和垂直方向的力都应该分别处于平衡状态。

在水平方向上，气柱只受到其外部大气的压力作用，气柱在同一水平面上受到的是大小相等方向相反的压力。这些互相抵消的压力使气柱在水平方向上保持力的平衡而处于静止状态。

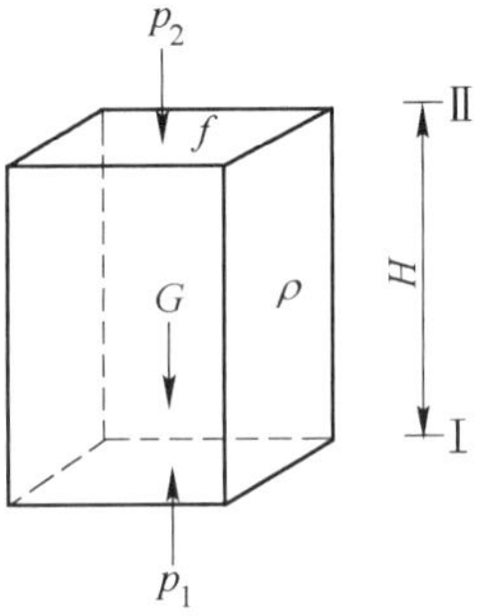

图 2-6　气体绝对压力的分布

在垂直方向上，对气柱进行受力分析：

（1）向上的Ⅰ面处大气的总压力 $p_1 f$，N；

（2）向下的Ⅱ面处大气的总压力 $p_2 f$，N；

（3）向下的气柱总重量 $G = \rho g f H$，N。

气体静止时，这些力应保持平衡，即 $p_1 f = p_2 f + \rho g f H$。

当 $f = 1\text{m}^2$ 时，得

$$p_1 = p_2 + \rho g H \tag{2-29}$$

式中，p_1 为气体下部的绝对压力，Pa；p_2 为气体上部的绝对压力，Pa；H 为Ⅰ面和Ⅱ面间的高度差，m；ρ 为气体的密度，kg/m³；g 为重力加速度，取 9.81m/s²。

式（2-29）为气体绝对压力变化规律的气体平衡方程式。该方程式不仅适用于大气，而且适用于任何静止气体或液体。

式（2-29）说明：静止气体沿高度方向上绝对压力的变化规律是下部气体的绝对压力

大于上部气体的绝对压力，上下两点间的绝对压力差等于此两点间的高度差乘以气体在实际状态下的平均密度与重力加速度之积。

【例 2-7】 某地平面为标准大气压，当该处平均气温为 20℃，大气密度均匀一致时，距地平面 100m 的空中的实际大气压为多少？

解： 当认为大气为不可压缩性气体时，大气的实际密度为

$$\rho_t = \frac{\rho_0}{1 + \beta t} = \frac{1.293}{1 + 20/273} = 1.21\text{kg/m}^3$$

根据式（2-29）计算 100m 处的实际大气压为

$$p_2 = p_1 - \rho_t g H = 101325 - 1.21 \times 9.81 \times 100 = 100138\text{Pa}$$

计算表明，空中的大气压低于地面的大气压，高山顶上的气压低即为此道理。

2.3.2.2 气体表压力的变化规律

生产中多用表压力表示气体的压力。下面分析静止气体内表压力的变化关系。

如图 2-7 所示，炉内是实际密度为 ρ 的静止炉气，炉外是实际密度为 ρ' 的大气。炉气在各面处的绝对压力分别为 p_1、p_2 和 p_0，表压力分别为 $p_{表1}$、$p_{表2}$ 和 $p_{表0}$ 。下面分析炉气表压力沿高度方向上的变化情况。

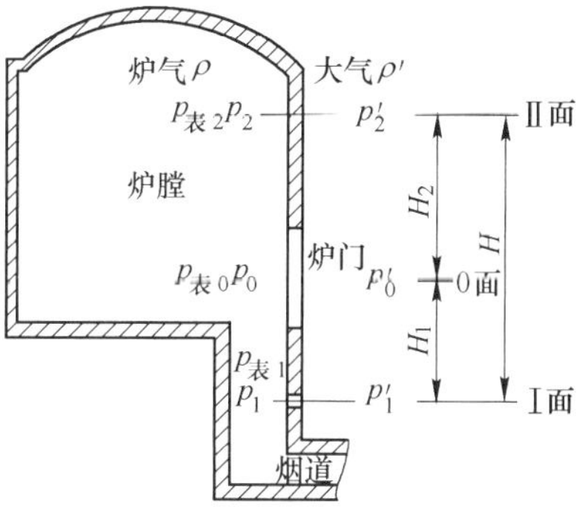

图 2-7 气体表压力的分布

炉气在Ⅰ面和Ⅱ面处的表压力分别为

$$p_{表1} = p_1 - p_1' \tag{2-30}$$

$$p_{表2} = p_2 - p_2' \tag{2-31}$$

因此，Ⅰ面与Ⅱ面的表压差应为

$$p_{表2} - p_{表1} = (p_2 - p_1) + (p_1' - p_2') \tag{2-32}$$

根据式（2-29）可得Ⅰ面和Ⅱ面的炉气和大气的绝对压力差分别为

$$p_2 - p_1 = -\rho g H \tag{2-33}$$

$$p_1' - p_2' = \rho' g H \tag{2-34}$$

将式（2-33）和式（2-34）代入式（2-32）则得

$$p_{表2} - p_{表1} = (\rho' - \rho) g H \tag{2-35}$$

或

$$p_{表2} = p_{表1} + (\rho' - \rho) g H \tag{2-36}$$

式中，$p_{表1}$，$p_{表2}$ 分别为下部和上部炉气的表压力，Pa；ρ' 为大气的实际密度，kg/m^3；H 为两点之间的高度差，m。

式（2-36）是气体平衡方程式的又一种形式。此式适用于任何与大气同时存在的静止气体。

此气体平衡方程式表明：当气体密度 ρ 小于大气密度 ρ'（热气体皆如此）时，静止气体高度方向上，表压力的变化是上部气体的表压力大于下部气体的表压力，上下两点间的表压力差等于此两点间的高度差乘以大气与气体的实际密度差与重力加速度之积。此两点间的压力差等于气柱的上升力。

由图 2-7 看出，如果炉门中心线 0 面处的炉气表压力为零（生产中常这样控制），则

按式（2-36）的关系可得Ⅱ面和Ⅰ面的表压力分别为

$$p_{表2}=p_{表0}+(\rho'-\rho)gH_2=(\rho'-\rho)gH_2$$
$$p_{表1}=p_{表0}-(\rho'-\rho)gH_1=-(\rho'-\rho)gH_1$$

如果炉内是高温的热气体，其实际密度 ρ 小于大气密度 ρ'，则由上式不难看出：（1）零压面以上各点的表压力 $p_{表2}$ 为正压，当该点有孔洞时会发生炉气向大气中的溢气现象；（2）零压面以下各点的表压力 $p_{表1}$ 为负压，当该点有孔洞存在时，会发生将大气吸入的吸气现象。这个规律存在于任何与大气同时存在的密度小于大气的静止气体中。炉墙的缝隙处经常向外冒火，烟道和烟囱的缝隙处经常吸入冷风就是这个规律的具体表现。

【例 2-8】　某加热炉炉气温度为 1300℃，由燃烧计算得知该炉气在标准状态下的密度为 $\rho_0=1.3\text{kg/m}^3$。车间温度为 15℃，零压线在炉底水平面上。求炉底以上 1m 高度处的炉膛压力（指表压 Δp 值）。

解：炉气密度　$\rho_t=\dfrac{\rho_0}{1+\beta t}=\dfrac{1.3}{1+1300/273}=0.225\text{kg/m}^3$

空气密度　$\rho_t'=\dfrac{\rho_0'}{1+\beta t'}=\dfrac{1.293}{1+15/273}=1.225\text{kg/m}^3$

把基准面取在炉底水平面上，则 1m 高度处的炉膛压力为

$$\Delta p=-Hg(\rho_t'-\rho_t)=9.81\times(1.225-0.225)=9.81\text{Pa}$$

例 2-8 大体上符合于高温炉的实际条件。它说明，在不考虑气体流动的影响时，在高温炉内，每 1m 高度上 Δp 值的变化约为 10Pa。这一数值概念对估计炉内上下炉压的分布是有帮助的。

复习思考题

2-3-1 气体的温度升高时，是否气体的压力都升高？为何大气中的气体温度升高时，气压反而降低？为何冶金炉气体温度升高时，气体压力可增大？

2-3-2 密度小于大气的静止气体在高度方向上表压力变化规律如何，这些规律有何现实意义？

2-3-3 设有一个热气柱，其高度为 100m，在 100m 高处气柱上部所受的压力是 100100Pa，若它的密度是 0.4kg/m^3，求热气柱下部地面上所受的压力是多少？

2-3-4 某炉膛内的炉气温度为 $t=1638$℃，炉气在标准状态下的密度 $\rho_0=1.3\text{kg/m}^3$，炉外大气温度 $t'=27$℃。试求当炉门中心线为零压力时，距离炉门中心线 2m 高处炉顶下部炉气的表压力为多少？

2-3-5 某连续加热炉均热段炉气温度为 1250℃，炉气在标准状态下的密度 $\rho_0=1.3\text{kg/m}^3$，炉外大气的温度 $t=30$℃，试求当距炉门槛 1.5m 高处炉膛压力为 9.8Pa 时，炉门槛处是冒火还是吸冷风？

2-3-6 某炉子的烟囱高为 50m，烟囱内的平均烟气温度为 450℃，大气温度为 30℃，试估算烟囱底部抽力（负表压力）约为多少帕。设烟气在标准状态下的密度 $\rho_0=1.3\text{kg/m}^3$。

2-3-7 某钢厂的钢水包盛满钢水，钢水高度为 2m，密度 $\rho=7800\text{kg/m}^3$，当车间大气压力为 1 工程大气压时，钢水包底部注口处的钢水压力是多少帕？

2.4 流体运动的基本特性

2.4.1 流体流动的分类

根据起因不同，流体流动可分为自然流动与强制流动两大类。

（1）自然流动。在流体流动的体系内，因各部分流体的密度不同而产生浮力作用所构成的流动称为自然流动。当流体部分受热时，会因温度升高而导致密度下降。与其周围密度较大的流体相比，部分受热的流体则会因浮力作用而产生上浮的流动；反之，则产生下降的流动。故流体自然流动一般都同热量传输同时发生。流体运动的特性直接与换热过程有关，流场的特性与换热过程的温度场相互制约而并存。因此，自然流动中的动量传输比较复杂。

（2）强制流动。在封闭体系内（如管道内），流体因外力作用（如风机、水泵提供的压力以及喷射器提供的喷射力等）所构成的流动称为强制流动。

本章讨论的动量传输范围大多属于强制流动的范围。有些流体的流动是因为浮力的作用，液体在空气中靠自重的流动、密度较大的固体颗粒在液体及气体中的沉降等，不作为自然流动处理。可以认为，只将流体内部因冷热不均而引起浮力作用所构成的流动归属于自然流动。

2.4.2 流体流动的两种状态

英国物理学家雷诺，通过实验研究于 1883 年的报告中指出，自然界的流体流动有两种不同的流态，即层流和紊流。

雷诺实验的装置如图 2-8（a）所示。水不断由 A 注入水箱靠溢流保持水位不变。水从玻管口的一端 E 流出水箱。小容器 B 内装着密度与水相同但与水互不相溶的红色液体。C 及 K 为调节阀门，微开 K 阀，水以极低速度流入玻管，再开 C 阀使红色液体流入玻管，此时如图 2-8（b）所示。水流中有一红色直线流不与周围的水相混，这表示水的质点只作沿玻管轴线的直线运动而无横向运动。可以认为此时沿玻管截面的水流是一层一层的流动，各层之间互不干扰，互不相混，各自沿直线向前流动，直至流出管口，这种流动称为层流。慢慢开大 K 阀，流速逐渐增加，当流速增加到一定数值时，红色直线开始呈波纹状，如图 2-8（c）所示。这就表明层流已开始破坏、流体质点有了与主流方向相垂直的横向运动，质点可以从一层流动到另一层。如果继续增大流速，红色线流将更剧烈地波动，直至断裂，红液充满全管并把管中水染成红色，如图 2-8（d）所示。这表示管内水流在向前流动时，处于完全不规则的流动状态，称为紊流或湍流。显然，从层流到紊流存在一过渡区，同样，在紊流状态下逐渐关小 K 阀，最后也会恢复到层流状态，当然也存在一过渡区。

雷诺实验同时也指出，流体密度越大、黏性越小、管道直径越大越有利于紊流的形成。这是由于流体在流动过程中的平衡关系所致。流体质点在流动过程中同时受到惯性力与黏性力的作用。流速越大，密度越大，则惯性力越大，且易形成紊流。流体黏性力有保持质点原来状态的作用，所以黏性越大越有利于保持层流状态。由于管壁与

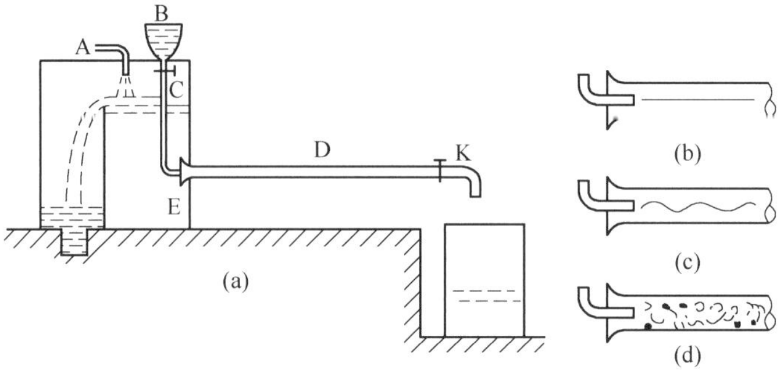

图 2-8　雷诺实验装置图

流体接触处存在摩擦力或称阻力，这种阻力对流体质点的不规则运动产生牵制作用，所以当管道直径增大时。管壁与流体的接触面积相对减少，这种牵制作用也减小，所以对形成紊流有利。

在实验的基础上，雷诺提出了确定两种状态相互转变的条件。这就是有名的雷诺数，它是几个物理量组成的无因次数，用 Re 表示

$$Re = \frac{v\rho d}{\mu} = \frac{vd}{\nu} = \frac{\text{惯性力}}{\text{黏性力}} \tag{2-37}$$

式中，v 为流体在管内的平均速度，m/s；ρ 为流体的密度，kg/m^3；d 为管道直径，m；μ 为动力黏度，$N \cdot s/m^2$；ν 为运动黏度，m^2/s。

流体在流动时从一种状态转变为另一种状态时的雷诺数称为临界雷诺数。从层流转变为紊流的临界雷诺数叫上临界雷诺数 Re_c'；反之，称下临界雷诺数 Re_c，故有：

$Re<Re_c$，为层流状态；

$Re>Re_c'$，为紊流状态；

$Re_c<Re<Re_c'$，为过渡状态。

过渡状态是层流或紊流取决于雷诺数的变化。如果开始流动时 Re 较小，流动处于层流状态，那么 Re 逐渐增大到大于Re_c 且小于Re_c'时，其层流状态仍可保持一段时间。若开始流动时 Re 较大且逐渐减小到Re_c'时，则仍可保持一段紊流状态。但是这两种状态都是不稳定的，任何微小的扰动都能使之破坏。

对于光滑管内的流动，Re_c'没有一个定值，往往取决于实验的条件，而且Re_c'在实际计算应用中没有多大意义。所以，一般情况下，当 $Re>Re_c$ 时就按紊流处理。对光滑圆管的实验结果为$Re_c=2320$，一般按 2300 计算。

层流与紊流因流动状态不同，流速沿截面分布规律也不一样。

层流流动时，流体质点在管轴方向形成平行流线（或由流线组成的平行流层），流线上各质点运动速度的方向均为轴向。由于黏性力的作用，管轴中心沿径向的各层流速不等，紧靠管壁处的速度为零，管轴中心处流速最大，如图 2-9（a）所示。根据理论推导，速度沿径向呈抛物线分布，则

$$v_r = v_{max}\left[1 - \left(\frac{r}{R}\right)^2\right] \tag{2-38}$$

式中，v_r 为半径为 r 处的流速，m/s；v_{max} 为管轴中心处的最大流速，m/s；R 为管子半径，m。

管道截面上的平均流速为

$$\bar{v} = \frac{1}{2}v_{max} \tag{2-39}$$

紊流流动时，对整个截面上流体来说，与层流相比，黏性力处于次要地位，但由于流体的黏性及流体与管壁间的阻力，在靠近管壁处仍有一薄层呈层流状态，称为层流底层。在层流底层以外的区域称为紊流核心。紊流核心区流体质点除具有主流轴向速度外还有横向速度，且流场中各质点速度还随时间而变，从而呈现出不稳定脉动的特点。由于脉动及横向速度存在而使质点相互掺混，造成截面速度分布比较均匀，如图 2-9（b）所示。根据大量数据证实，紊流的速度分布与 Re 有关，可用下式表示

$$v_r = v_{max}\left[1 - \left(\frac{r}{R}\right)\right]^{\frac{1}{n}} \tag{2-40}$$

式中，n 为与 Re 有关的参数，见表 2-5。

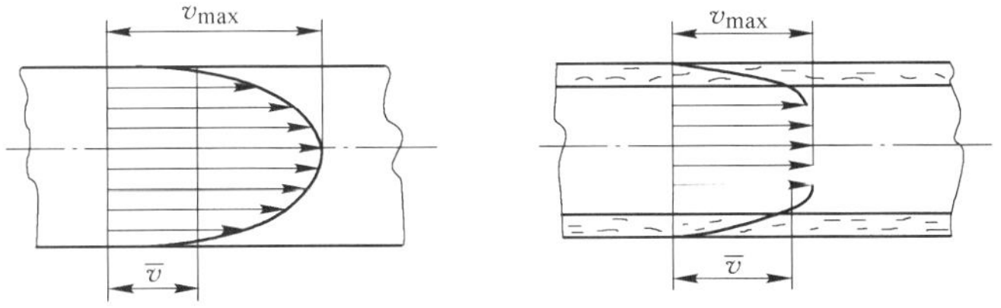

图 2-9　管内流速分布

由于截面上速度分布随 Re 而变，则平均流速也与 Re 有关，其计算结果见表 2-5。

表 2-5　Re 与 n 及 v 的关系

Re	1×10^3	1.1×10^5	1.1×10^6	2×10^6	3.2×10^6
n	6	7	8	9	10
$\bar{v}/v_{max}$	0.791	0.813	0.852	0.853	0.865

从表中可以看出

$$\bar{v} = (0.791 \sim 0.865)v_{max} \tag{2-41}$$

【例 2-9】　设水及空气分别在内径 $d=80$mm 的管中流过，两者的平均流速相同，均为 $v=0.3$m/s，已知水及空气的动力黏度各为 $\mu_水 = 1.5\times10^{-3}$Pa · s，$\mu_{空气} = 17\times10^{-6}$Pa · s，又知水及空气的密度各为 $\rho_水 = 1000$kg/m^3，$\rho_{空气} = 1.293$kg/m^3，试判断两种流体的流动状态。

解：按式（2-37）计算 Re。

（1）水的 Re 数：

$$Re = \frac{v\rho d}{\mu} = \frac{1000 \times 0.3 \times 0.08}{1.5 \times 10^{-3}} = 16000 > 2300 \qquad 紊流流动$$

（2）空气的 Re 数：

$$Re = \frac{v\rho d}{\mu} = \frac{1.293 \times 0.3 \times 0.08}{17 \times 10^{-6}} = 1825 < 2300 \qquad 层流流动$$

复习思考题

2-4-1 流体的流动按产生的原因不同主要分为哪两类，二者的主要区别是什么？

2-4-2 流体有哪两种流动状态，如何判断？

2-4-3 *Re* 数的具体表达式及物理意义是什么？

2-4-4 层流和紊流的速度分布如何，二者之间有何联系？

2-4-5 冶金生产中，流体的流动状态主要是哪一种？

2.5　气体运动的基本方程

2.5.1　运动气体的连续性方程——质量守恒定律

气体连续方程式是研究运动气体在运动过程中流量间关系的方程式。气体发生运动后便出现了新的物理参数，流速和流量就是运动气体的主要物理参数。

2.5.1.1　流速和流量

（1）流速。单位时间内气体流动的距离称为气体的流速。用符号 v 表示，单位是 m/s。流速是表示气体流动快慢的物理参数。

标准状态下气体的流速用 v_0 表示，单位仍是 m/s。各种气体在不同设备内的 v_0 都有合适的经验值。经验值的选法将在后面介绍。

流速也随气体的压力和温度而变。恒压下，流速随温度的变化关系为

$$v_t = v_0(1 + \beta t) \tag{2-42}$$

式中，v_0 为标准状态下气体的流速，m/s；t 为气体的温度，℃；v_t 为 101325Pa、t℃时气体的流速，m/s；β 为气体温度膨胀系数，取 1/273 。

此式适用于标准大气压下流动的气体。压力不大的低压流动气体可近似应用。

由式（2-42）看出，压力变化不大的低压流动气体，当其标准状态下流速 v_0 一定时，其本身温度越高，则其实际流速 v_t 越大。

由于实际流速 v_t 随温度变化不易相互比较，因此，生产中和各种资料上都用标准状态下流速 v_0 表示低压气体流速的大小。当已知 v_0 和 t 时，可用式（2-42）计算低压流动的气体实际流速 v_t 的值。

（2）流量。单位时间内气体流过某截面的体积称为流量。流量是表示气体流动数量多少的物理参数。

1）体积流量。单位时间内气体流过某截面的体积称为体积流量。用符号 V 表示，单位为 m^3/s，m^3/min，m^3/h。

标准状态下气体的体积流量用 V_0表示。生产中和资料中多用 V_0表示气体的体积流量。

当气体的流动截面为 f，气体在标准状态下的流速为 v_0 时，则气体在标准状态下的体积流量为

$$V_0 = v_0 f \tag{2-43}$$

此式适用于各种气体。由式中看出，当生产要求的体积流量 V_0和选取的经验流速 v_0

已知时，可根据公式确定气体运动设备的流动截面 f 值，从而确定设备的流动直径 D 值。

气体的体积流量也随其温度和压力而变化。恒压时体积流量随温度的变化关系为

$$V_t = V_0(1+\beta t) \tag{2-44}$$

或

$$V_t = v_0(1+\beta t)f \tag{2-45}$$

或

$$V_t = v_t f \tag{2-46}$$

式中，V_t 为 101325Pa、t℃时气体的体积流量，m^3/s。

上式适用于标准大气压下流动的气体，压力不大的低压流动的气体可近似应用。

由式中看出，对压力不大的低压气体而言，当标准状态下的体积流量 V_0 一定时，气体的实际体积流量 V_t 随其温度 t 的升高而增加。

气体的体积流量随压力以及随温度和压力同时变化的关系一般很少分析，因为这时多用质量流量表示气体流量的大小。

2）质量流量。单位时间内气体流过某截面的质量称为质量流量，用符号 M 表示，单位是 kg/s 或 kg/h。质量等于体积乘以密度，因此可得

$$M = V_0\rho_0 = v_0 f\rho_0 \tag{2-47}$$

或

$$M = V\rho = vf\rho \tag{2-48}$$

式中，M 为气体的质量流量，kg/s；f 为气体的流动截面，m^2；v_0、ρ_0、V_0 分别为标准状态下气体的流速（m/s）、密度（kg/m^3）和体积流量（m^3/s）；v、ρ、V 分别为任意状态下气体的流速（m/s）、密度（kg/m^3）和体积流量（m^3/s）。

显然，式（2-47）适用于标准状态下的气体，式（2-48）适用于任意状态下的气体。上式指出了质量流量和体积流量的关系。

应当指出，气体的质量流量是不随其温度和压力变化的。

2.5.1.2 连续性方程式

连续性方程式是质量守恒定律在气体流动过程中的表现形式。根据质量守恒定律，任何物质在运动过程中既不能自生也不能自灭，因此，当气体在管道内连续（即气体充满管道，管道不吸气也不漏气）而稳定流动时，气体流过管道各截面的质量必相等。

如图 2-10 中气体在管道内由截面Ⅰ向截面Ⅱ稳定流动，根据上述推论，则此两截面上的质量流量应当相等，即

$$M_1 = M_2 \tag{2-49}$$

根据式（2-49）和式（2-48）可得

$$V_1\rho_1 = V_2\rho_2 \tag{2-50}$$

$$v_1 f_1\rho_1 = v_2 f_2\rho_2 \tag{2-51}$$

式中，M_1、M_2 分别为Ⅰ面和Ⅱ面的质量流量，kg/s；ρ_1、ρ_2 分别为任意状态下Ⅰ面和Ⅱ面处的气体密度，kg/m^3；v_1、v_2 分别为任意状态下Ⅰ面和Ⅱ面处的气体流速，m/s；f_1、f_2 分别为Ⅰ面和Ⅱ面流体的截面积，m^2。

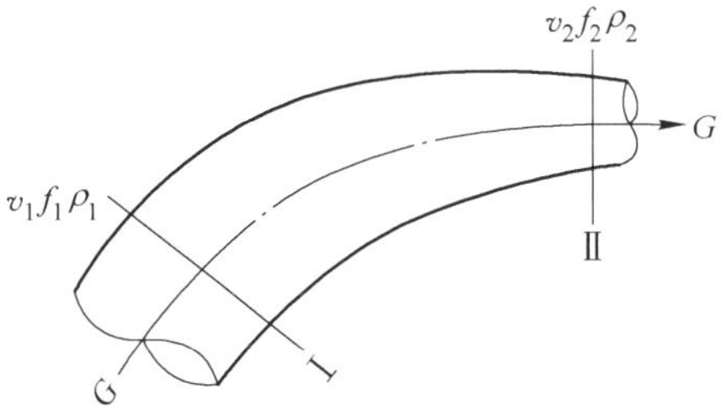

图 2-10 气体连续流动时截面积与速度关系

上述各式即为气体的连续性方程式。它们适用于稳定流动的任意状态的气体。在研究高压气

体的流动时常用上述各关系式。

如果不仅是稳定流动，而且气体在流动过程中的密度保持不变，即$\rho_1=\rho_2$，则根据式（2-50）和式（2-51）可得

$$V_1=V_2 \tag{2-52}$$

$$v_1 f_1=v_2 f_2 \tag{2-53}$$

式中，V_1、V_2分别为密度不变流动时Ⅰ面和Ⅱ面处的体积流量，m^3/s；v_1、v_2分别为密度不变流动时Ⅰ面和Ⅱ面处的气体流速，m/s；f_1、f_2分别为Ⅰ面和Ⅱ面流体的截面积，m^2。

此为连续性方程式的又一种表示形式，适用于密度不变稳定流动的气体。对于温度和压力变化都不大的稳定流动的低压气体常近似地应用它们，而且在实际生产中应用非常广泛。

由上述两式可以看出：低压气体在稳定流动时，若流量固定，气体的流速与管道的截面积成反比。当管道截面积一定时，气体在管内的流速与流量成正比。

【例 2-10】　已知某炉子煤气消耗量标准状态下为$7200m^3/h$时，燃烧产物量为$2.9m^3/m^3$煤气，废气流经烟道时的温度为450℃，已知烟道截面积是$1.2m^2$。求废气在烟道中的流速为多少？

解：每秒的废气流量

$$V_0=\frac{2.9\times7200}{3600}=5.8m^3/s$$

当$t=450$℃时废气的体积流量

$$V_t=V_0(1+\beta t)=5.8\times\left(1+\frac{450}{273}\right)=15.4m^3/s$$

废气在烟道中的流速

$$v_t=\frac{V_t}{f}=\frac{15.4}{1.2}=12.8m/s$$

2.5.2　气体的能量

如图 2-11 的管道内流动着稳定流动的气体，在此管道上任取一个截面积为f的横截面。现在研究此横截面上气体具有的能量。

在靠近f截面取一长为dl，体积为$dV=fdl$的微小气块。当dl极小时，此气块具有的能量即为f截面上气体具有的能量。下面分析此气块即f截面上气体具有的能量。

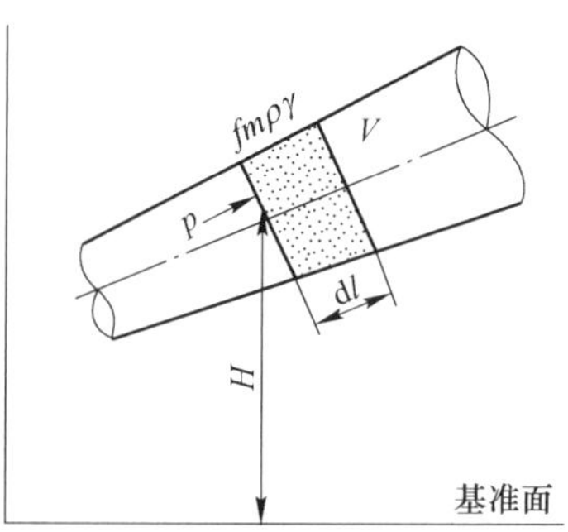

图 2-11　气体在管中流动时任一截面的能量

（1）位压和位压头。自然界的物体都具有位能。气块也具有位能。当气块的质量、密度和距基准面的高度分别为m、ρ和H时，则此气块具有的位能（N·m）为

$$位能=mgH=\rho dVgH$$

单位体积气体具有的位能称为位压。因此，气块即f面上气体的位压（Pa）为

$$位压 = \frac{气块位能}{气块体积} = \frac{Hg\rho \mathrm{d}V}{\mathrm{d}V} = Hg\rho$$

显然，f 面处气体的位压等于该气体的密度 ρ 与重力加速度 g 之乘积再乘以该面距基准面的高度 H。当气体的密度 ρ 一定时，气体各处的位压仅随该处距基准面的高度而变，若基准面取在下面，则越上面气体的位压越大，越下面气体的位压越小。

管内气体位压与管外同高度上大气的位压的差值，称为管内气体的相对位压或简称位压头，用符号 $h_{位}$ 表示，单位是 Pa。

显然，当管内气体的位压为 $Hg\rho$，管外同高度上大气的位压为 $Hg\rho'$ 时（ρ' 为大气的密度），则管内气体的位压头为

$$h_{位} = Hg(\rho - \rho') \tag{2-54}$$

由此可知，气体的位压头是单位体积气体所具有的相对位压（对于某基准面而言）。气体某处的位压头等于该处距基准面的高度 H 与重力加速度 g 之乘积，再乘以气体与大气的密度差（$\rho - \rho'$）。

当气体的密度 ρ 小于大气密度 ρ'，即浮力大于气体本身的重力时，由上式可知这时位压头为负值，即位压头是一种促使气体上升的能量。为了使位压头得正值，常将基准面取在气体的上面，因为基准面以下的高度为负值。

当气体密度与大气密度之差保持一定时，气体各处的位压头仅随该处距基准面的高度而变，越上面气体的位压头越小，越下面气体的位压头越大。

（2）静压和静压头。由图 2-11 看出，气块的 f 面积上受到其相邻气体的绝对压力 p 的作用，而且 f 面积上所受的总压力为 pf。此总压力可能对气块做功而将气块压扁，所做的最大功为 $pf\mathrm{d}l$。事实上气块并未被压扁。这样，气块本身必然具有一个与外界可能做的最大功大小相等、方向相反的能量与之平衡。这个能量称为气体的压力能。因此，气块的压力能（N · m）为

$$压力能 = pf\mathrm{d}l = p\mathrm{d}V$$

单位体积气体具有的压力能称为静压。因此，该气体即 f 面处气体的静压（Pa）为

$$静压 = \frac{气块压力能}{气块体积} = \frac{p\mathrm{d}V}{\mathrm{d}V} = p$$

显然，f 面处气体的静压在数值上等于该处气体的绝对压力。

管道内气体的静压与管道外同高度上大气的静压之差值称为相对静压，简称静压头，用符号 $h_{静}$ 表示，单位是 Pa。

当管道内气体的静压为 p，管道外同高度上大气的静压为 p' 时，则管道内气体的静压头为

$$h_{静} = p - p' \tag{2-55}$$

由此可知，气体的静压头是单位体积气体所具有的相对静压。其数值等于管道内外气体所具有的相对压力（即表压力）。

气体的静压与气体的绝对压力，二者的物理意义不同。前者是指单位体积气体具有的内能，后者是指单位面积气体具有的内力，但二者在数值上相等，故常混用。同样，气体的静压头与气体的表压力，二者的物理意义也不同，但二者在数值上相等，故也常混用。

运动和静止的气体都具有静压头。静压头可以用压力计测量出来。

（3）动压和动压头。运动的物体都具有动能，气块也具有动能。当气块的质量、流速、密度分别为 m、v、ρ 时，则气块具有的动能（N·m）为

$$动能 = \frac{1}{2}mv^2 = \frac{v^2}{2}\rho dV$$

单位体积气体具有的动能称为动压。因此，即 f 面处气体的动压（Pa）为

$$动压 = \frac{气块动能}{气块体积} = \frac{(v^2/2)\rho dV}{dV} = \frac{v^2}{2}\rho$$

管道内气体的动压与管道外同高度上大气的动压之差值称为相对动压，简称动压头，用符号 $h_{动}$ 表示，单位是 Pa。

当管道内气体的动压为 $\frac{v^2}{2}\rho$，管外同高度上静止大气的动压为零时，管道内气体的动压头（Pa）为

$$h_{动} = \frac{v^2}{2}\rho \tag{2-56}$$

可见，气体的动压头在数值上等于气体的动压。气体的动压头取决于气体的速度和密度，由于气体的速度和密度都与温度有关，故气体的动压头常用下式表示

$$h_{动} = \frac{v_0^2}{2}\rho_0(1 + \beta t) \tag{2-57}$$

式中，v_0、ρ_0 分别为 0℃ 时气体的速度和密度。

只有流动的气体才具有动压头。气体的动压头可用压力管直接测量，这种测压管称为皮托管，如图 2-12 所示。测量时，将带弯的测量管插入被测气流中心，并迎着气流方向，压力计上所反映的水柱差即为所测得的 $h_{动}$，即

$$h_{动} = h_{总} - h_{静}$$

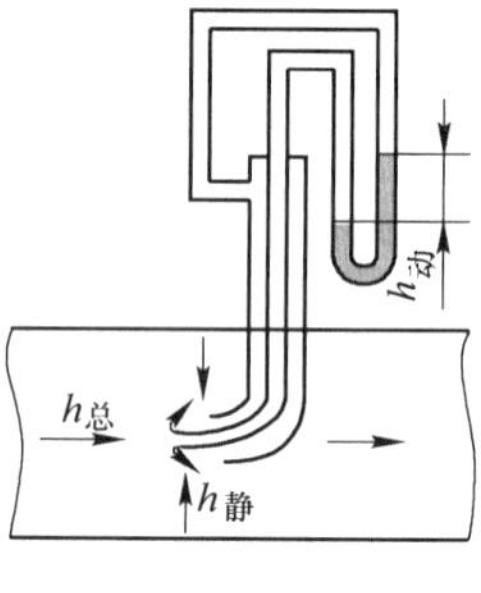

图 2-12　动压头的测量

2.5.3　伯努利方程式——能量守恒定律

伯努利方程式是研究在运动过程中气体能量变化规律的方程式。它是能量守恒定律在流体力学中的具体应用。

2.5.3.1　单种气体的伯努利方程式

单种气体的伯努利方程式是研究在运动过程中气体本身的能量变化规律的方程式。

（1）理想气体的伯努利方程式。由于理想气体在流动过程中没有摩擦力，所以在流动过程中不产生能量损失，此为理想气体的特点。

如图 2-11 的管道内流动着稳定流动的理想气体，则 f 截面处单位体积气体具有的总能量应是该截面处气体的静压、位压和动压之和，即 $p + Hg\rho + (v^2/2)\rho$。

下面分析气体由 f 截面流过微小距离 dl 后，气体总能量的变化情况。

根据能量守恒定律可知，气体在流动过程中各个截面的总能量应该相等，即气体由一个截面流向另一个截面时的总能量变化等于零，即

$$d\left(p + Hg\rho + \frac{v^2}{2}\rho\right) = 0 \tag{2-58}$$

或
$$d\left(\frac{p}{\rho} + Hg + \frac{v^2}{2}\right) = 0 \tag{2-59}$$

或
$$d\left(\frac{p}{\rho}\right) + gdH + d\left(\frac{v^2}{2}\right) = 0 \tag{2-60}$$

上述各式即为伯努利方程式的微分形式。此式说明理想气体在稳定流动中各个截面的总能量变化等于零。此式虽不能直接用于计算，但它是研究高压气体流动和低压气体流动的基础。此式适用于理想气体的稳定流动。

如图 2-13 的管道内流动着密度不变的稳定流动的理想气体时，则式（2-60）变为

$$\frac{1}{\rho}dp + gdH + \frac{1}{2}dv^2 = 0$$

假如气体是由图 2-13 中的Ⅰ面流向Ⅱ面，则对上式积分可得

$$\frac{1}{\rho}\int_{p_1}^{p_2}dp + g\int_{H_1}^{H_2}dH + \frac{1}{2}\int_{v_1}^{v_2}dv^2 = 0$$

即
$$\frac{1}{\rho}(p_2 - p_1) + g(H_2 - H_1) + \frac{1}{2}(v_2^2 - v_1^2) = 0$$

或
$$p_1 + H_1g\rho + \frac{v_1^2}{2}\rho = p_2 + H_2g\rho + \frac{v_2^2}{2}\rho \tag{2-61}$$

式中，ρ 为气体的密度，kg/m^3；p_1、v_1、H_1 分别为Ⅰ面处气体的静压（Pa）、流速（m/s）和距基准面的高度（m）；p_2、v_2、H_2 分别为Ⅱ面处气体的静压（Pa）、流速（m/s）和距基准面的高度（m）。

式（2-61）是密度不变的稳定流动的理想气体的伯努利方程式。此式说明，密度 ρ 不变的理想气体在稳定流动中各截面的单位体积气体的总能量（即静压、位压和动压之和）相等。利用此式可进行密度不变的理想气体在稳定流动中两个任意截面间的有关参数的相互计算。

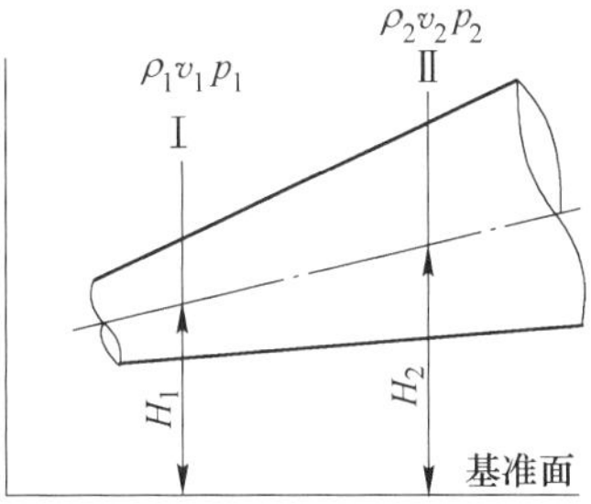

图 2-13　理想气体在管内流动

（2）实际气体的伯努利方程式。自然界的气体都属于实际气体。实际气体在流动时各层之间以及气体与管壁之间存在着摩擦力，因此，实际气体在流动过程中有能量损失，如果用 $h_{失}$ 表示实际气体由任意截面Ⅰ流至任意截面Ⅱ间的能量损失时，则截面Ⅰ处气体的总能量应等于截面Ⅱ处气体的总能量加上两面间的能量损失 $h_{失}$。此为实际气体的一个特点。

考虑到上述两个特点，则可得稳定流动的不可压缩性的实际气体的伯努利方程式如下

$$p_1 + H_1g\rho + \frac{v_1^2}{2}\rho = p_2 + H_2g\rho + \frac{v_2^2}{2}\rho + h_{失} \tag{2-62}$$

式中，p_1、p_2分别为Ⅰ面和Ⅱ面的静压，Pa；H_1、H_2分别为Ⅰ面和Ⅱ面距基准面的高度，m；v_1、v_2 分别为在平均温度 t 下Ⅰ面和Ⅱ面处的气体流速，m/s；ρ 为两面间平均温度 t 下的气体密度，kg/m^3；g 为重力加速度，其值为 $9.81m/s^2$；$h_{失}$ 为两面间的能量损

失，Pa。

式（2-62）说明，低压气体在稳定流动中，前一截面的总压（静压、位压、动压之和）等于后一截面的总压（静压、位压、动压、能量损失之和）。而各种能量间可相互转变，各种能量都可直接或间接地消耗于能量损失，在能量转变和能量损失过程中静压不断变化。一般情况下，气体在流动过程中其静压都有所降低。

2.5.3.2 在大气作用下的伯努利方程式

实际生产中的多数气体都处于大气的包围之中，这样，大气必然对气体产生影响。考虑到这些影响，根据能量守恒定律可知，当稳定流动的不可压缩性的低压气体由某截面Ⅰ流向某截面Ⅱ时，Ⅰ截面的总压头应等于Ⅱ截面的总压头加上Ⅰ截面到Ⅱ截面间的总能量损失，即

$$h_{静1} + h_{位1} + h_{动1} = h_{静2} + h_{位2} + h_{动2} + h_{失} \tag{2-63}$$

将具体关系代入后则为

$$(p_1 - p_1') + H_1 g(\rho - \rho') + \frac{v_1^2}{2}\rho = (p_2 - p_2') + H_2 g(\rho - \rho') + \frac{v_2^2}{2}\rho + h_{失} \tag{2-64}$$

式中，$(p_1 - p_1')$、$(p_2 - p_2')$ 分别为Ⅰ面和Ⅱ面处气体的静压头，Pa；H_1、H_2分别为Ⅰ面和Ⅱ面距基准面的高度，m；ρ 为气体在Ⅰ面和Ⅱ面间平均温度下的密度，kg/m^3；ρ'为大气的平均密度，kg/m^3；v_1、v_2 分别为平均温度下Ⅰ面和Ⅱ面气体的流速，m/s；$h_{失}$为两面间的能量损失，Pa。

上式是在大气作用下气体的伯努利方程式，简称为双流体方程。

双流体方程表明，气体在流动过程中各压头间可相互转变，各压头都可直接或间接地消耗于能量损失。在能量转变和能量损失过程中静压头发生变化。下面举例分析压头之间的转变。

例如，气体在图 2-14 所示的水平文氏管中流动时，分析流动过程中的压头转变。

因为水平管道各截面上的位压头相同，先不考虑压头损失，故只有静压头和动压头在变，但任意截面上总压头保持不变。在收缩管段，管道截面逐渐减小，气流速度逐渐增加，因而动压头逐渐增大，由于气体总压头一定，静压头必然会减小，即气体的一部分静压头转变为动压头。在扩张段，由于管道截面积逐渐增大，气体流速逐渐降低，因而动压头逐渐减小，所减小的那部分动压头转变为静压头，使静压头逐渐增加。

若考虑气体在流动过程中的压头损失时，可作如下分析。

因为在气体流动时才能产生压头损失，故压头损失只能直接由动压头转变。当管道截面已定时，与各截面相对应的动压头也应不变，为了维持各截面相对应的动压头不变，必须有部分静压头转变为动压头，以补偿因产生压头损失而减小的动压头。由此可见，在气体由截面Ⅰ流至截面Ⅳ的整个过程中，都存在着静压头变成动压头又转变为压头损失的过程。

综合上述分析，得图 2-14 所示的压头转变。

再如，当热气体在截面不变的垂直管道内上升时，如图 2-15 所示，分析压头间的转变。

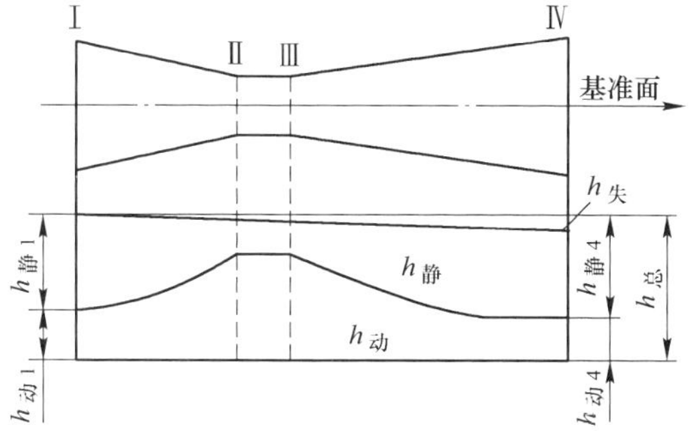

图 2-14　气体在文氏管中的流动

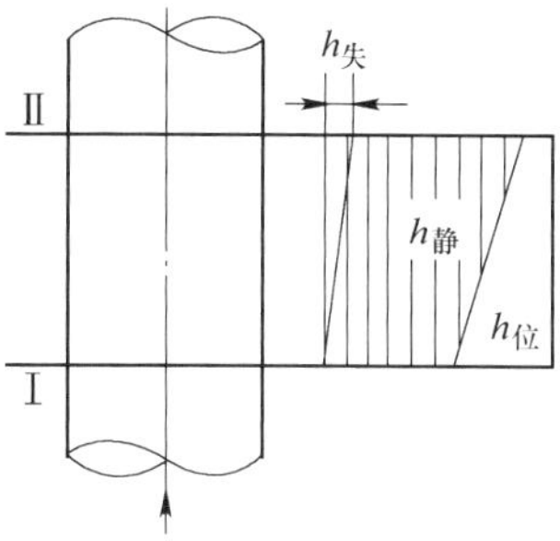

图 2-15　气体在垂直管道中的流动

由于截面Ⅰ与截面Ⅱ相等，则 $h_{动1}=h_{动2}$，如暂不考虑 $h_失$ 则双流体方程为

$$h_{静1}+h_{位1}=h_{静2}+h_{位2}$$

因为是热气体，$h_{位1}>h_{位2}$，则必定 $h_{静1}<h_{静2}$，可见气体由截面Ⅰ上升至截面Ⅱ时存在位压头转变为静压头的过程。

若考虑压头损失，则必然存在动压头转变为压头损失的过程。但因截面不变，动压头要求不变，则压头损失所消耗的动压头必须由位压头和静压头补充，而位压头仅随高度和气体密度变化，当气体密度不变时，位压头只随高度变化，与动压头无关。因此，压头损失所消耗的动压头只能由静压头补充，即静压头转变为动压头，动压头又转变为压头损失。压头损失所消耗的压头实质为静压头。

根据上述分析得图 2-15 所示的压头转变。

从以上两例分析压头转变可知以下结论。

(1) 各种压头可相互转变，但只有动压头才能直接变为压头损失，消耗的动压头则由静压头补充。

(2) 气体在管道中稳定流动时，动压头变化取决于管道截面及气体温度。截面不变的等温流动，动压头不变；截面变化或变温流动，动压头会变。动压头的变化会直接引起静压头的变化。

(3) 位压头的变化取决于高度和温度（密度）的变化。等温的水平流动，位压头不变；高度变化或变温流动时，位压头会变。位压头的变化也会直接影响静压头的变化。

(4) 压头损失和压头转变是不同的，压头转变是可逆的，而压头损失已变为热散失掉，是不可逆的。

2.5.4　伯努利方程式和连续性方程式应用实例

伯努利方程式和连续性方程式联立可解决生产中的很多实际问题，在冶金炉热工操作和炉子设计中有更广泛的应用。例如，管路中压头损失的测量和计算，管道中气体流量的测量，通过炉门漏气量的计算，以及烟囱和燃烧装置的设计与计算等都要用到这两个方程式。在后面所讲的许多内容实际上都是这两个方程式的具体应用。关于这两个方程在计算上的应用，现举例说明。

【例 2-11】　有一水平热风管如图 2-16 所示，已知截面 F_1 为 $0.3m^2$，F_2 为 $0.5m^2$。管

内热空气的平均温度为 300℃，空气 0℃时的密度为 1.29kg/m³，0℃时的流量 V_0 为 240m³/min。设截面 F_1 处的静压头为 3924Pa，若不计流动过程中的压头损失，试求 F_2 处的静压头。

解：就 F_1 与 F_2 两个截面，写出伯努利方程式

$$h_{静1} + h_{位1} + h_{动1} = h_{静2} + h_{位2} + h_{动2} + h_{失}$$

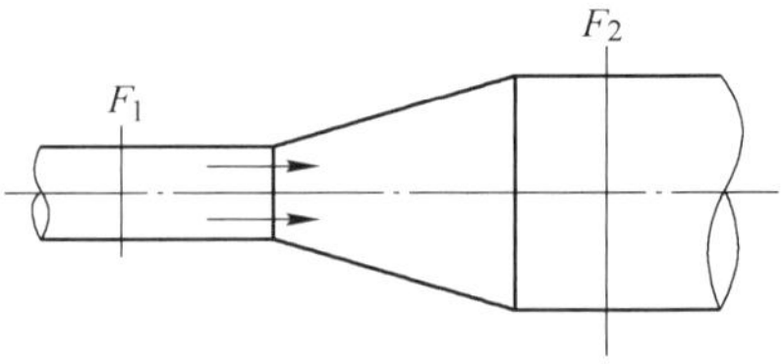

图 2-16　水平热风管

根据题意，对于水平管道若忽略温度的变化，则 $h_{位1} = h_{位2}$，此外，题假定 $h_{失} = 0$，则上式可简化为

$$h_{静1} + h_{动1} = h_{静2} + h_{动2}$$

现在欲求 $h_{静2}$，应将上式移项

$$h_{静2} = h_{静1} + h_{动1} - h_{动2} \tag{2-65}$$

其中，$h_{静1}$ 已知为 3924Pa；$h_{动1}$ 按动压头式（2-57）计算。

$$h_{动1} = \frac{v_{01}^2}{2}\rho_0(1 + \beta t) \tag{2-66}$$

式中，t 为热空气温度，已知为 300℃；ρ_0 为空气在 0℃时的密度，已知为 1.29kg/m³；v_{01} 为在截面 F_1 处 0℃时的流速，由流量及截面面积进行计算。

$$v_{01} = \frac{V_0}{F_1} = \frac{240/60}{0.3} = 13.3\text{m/s}$$

则
$$h_{动1} = \frac{13.3^2}{2} \times 1.29\left(1 + \frac{300}{273}\right) = 240\text{Pa}$$

截面 F_2 处的动压头 $h_{动2}$ 按同样的方法计算，先求出 F_2 处的流速 v_{02}

$$v_{02} = \frac{V_0}{F_2} = \frac{240/60}{0.5} = 8\text{m/s}$$

则
$$h_{动2} = \frac{8^2}{2} \times 1.29\left(1 + \frac{300}{273}\right) = 86.6\text{Pa}$$

将 $h_{静1}$，$h_{动1}$，$h_{动2}$ 各值代入式（2-65）中，求得截面 F_2 处的静压头为

$$h_{静2} = 3924 + 240 - 86.6 = 4077.4\text{Pa}$$

【例 2-12】　有一截面逐渐收缩的水平管道如图 2-17 所示，有气体在其中流动。已知气体的密度是 1.2kg/m³，气体表压力在 F_1 截面处是 288.4Pa，F_2 截面处是 96Pa。又知两端面的面积比 $F_1/F_2 = 2$，而 F_1 为 0.1m²，求气体每小时流过的体积流量。

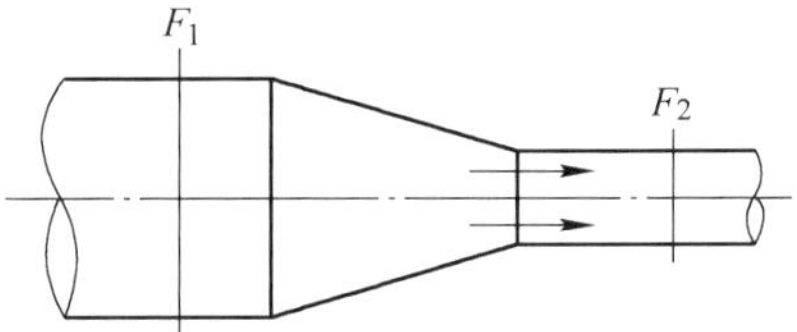

图 2-17　水平收缩风管

解：根据题意，由于水平管道各截面上的位压头相等，故 F_1、F_2 两截面的伯努利方程式为

$$p_1 + \frac{v_1^2}{2}\rho = p_2 + \frac{v_2^2}{2}\rho \tag{2-67}$$

式中的 p_1、p_2、ρ 都是已知参数。如果气体的密度 ρ 不变，根据连续方程式 $v_1F_1 =$

v_2F_2 得

$$\frac{v_2}{v_1}=\frac{F_1}{F_2}$$

由题已知 $F_1/F_2=2$

所以

$$v_2 = 2v_1 \tag{2-68}$$

将式（2-68）代入式（2-67）并整理得

$$p_1-p_2=\frac{(2v_1)^2-v_1^2}{2}\rho=\frac{3v_1^2}{2}\rho$$

故

$$v_1=\sqrt{\frac{2(p_1-p_2)}{3\rho}}$$

由题已知 $p_1=288.4\text{Pa}$，$p_2=96\text{Pa}$，$\rho=1.2\text{kg/m}^3$，代入得

$$v_1=\sqrt{\frac{2\times(288.4-96)}{3\times1.2}}=10.3\text{m/s}$$

气体在 F_1 面处每小时流过的体积流量为

$$V=v_1F_1\tau$$

式中，v_1 为 F_1 截面处气体流速，m/s；F_1 为管道 F_1 处的截面积，m^2；τ 为时间，s。

故气体每小时流过的体积流量为

$$V=10.3\times0.1\times3600=3708\text{m}^3/\text{h}$$

从上题的计算可以看出，已知截面收缩的管道，如果测得两处的压力差，就可以算出其中流过的气体流量。流量计就是根据这个原理制造的。孔板流量计就是在管道中插进一块有小圆孔的隔板（孔板），由测得孔板前后的压力差而求得流量。其计算方法和例题所述的收缩管道大体相同。

【例 2-13】 某炉子所用冷却水由水塔供应，其供应系统如图 2-18 所示，当水塔内的水面上部（1 点处）为 1 工程大气压，水管出口处（2 点处）要求 3 工程大气压，水在管道内流动过程的总能量损失为 44145Pa。计算由水管流出的水的小时流量为多少。

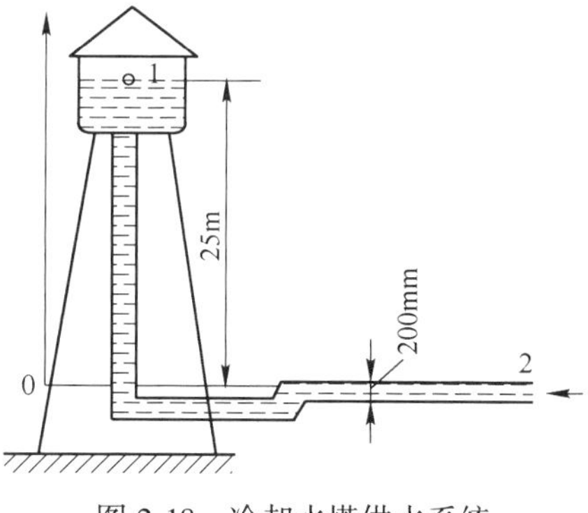

图 2-18 冷却水塔供水系统

解：把基准面取在 2 点平面上，则 1 和 2 两平面间的伯努利方程为

$$p_1+H_1g\rho+\frac{v_1^2}{2}\rho=p_2+\frac{v_2^2}{2}\rho+h_{失}$$

其中 $v_1\approx0$，所以 $\frac{v_1^2}{2}\rho=0$。$\rho=1000\text{kg/m}^3$。已知 $p_1=98100\text{Pa}$，$p_2=294300\text{Pa}$，$h_{失}=44145\text{Pa}$，$H_1=25\text{m}$。代入上式得水管出口处的流速为

$$v_2=\sqrt{\frac{2(H_1g\rho+p_1-p_2-h_{失})}{\rho}}=\sqrt{\frac{2\times(25\times9.81\times1000+98100-294300-44145)}{1000}}$$

$$=3.13\text{m/s}$$

水管出口处的流量为

$$V = v_2 f_2 = v_2 \times \frac{\pi d^2}{4} = 3.13 \times \frac{3.14 \times 0.2^2}{4} = 0.099\text{m}^3/\text{s}$$

换算为小时流量

$$V = 0.099 \times 3600 = 357\text{m}^3/\text{h}$$

复习思考题

2-5-1 当压力变化不大时，气体的流速与其温度有何关系，为什么在热工计算中气体的流速常采用标准（换算）速度？

2-5-2 气体的质量流量与体积流量之间有什么关系，当高炉鼓入同样体积的风时，为何夏天的产量比冬天的产量低？高压操作比常压操作的产量要高吗？

2-5-3 在大气中，上部气层比下部气层的密度小，这一“密度差”能否产生位压而引起气体流动？

2-5-4 在室外同一高度上测量大气压力，是否比室内测量的结果高些？

2-5-5 常温空气和常温氢气是否都具有位压头？

2-5-6 常温氢气和热气在水平管道中流动时，是否有位压头？

2-5-7 有一收缩风管（见图 2-19），空气流量（0℃）V_0为 90m³/min。设流动过程中风压变化不大，并已知截面Ⅰ、Ⅱ处的流速（0℃）v_{01}、v_{02}分别为 12m/s、20m/s。试计算截面Ⅰ、Ⅱ处的风管直径 d_1 和 d_2。

2-5-8 已知抽风机出口直径 d_1为 0.8m，出口平均流速 v_1为 13.5m/s，若管道直径 d_2为 1m，求气体在管道中的平均流速 v_2。

2-5-9 某低压冷风管道直接与烧嘴相连，已知冷风管道的风量为 $V_0 = 28300\text{m}^3/\text{h}$，风速 $v_0 = 10\text{m/s}$。试确定：(1) 冷风管道的断面直径是多少？(2) 烧嘴的空气喷口直径为多少？

2-5-10 某厂三段连续加热炉，每小时需要供入 3t 重油，炉子均热段、加热段和预热段的油量之比为 10∶55∶35。若为了保证重油压力稳定，要求重油在各段管中的速度保持 0.3m/s，现已知重油的密度 $\rho = 980\text{kg/m}^3$，试计算总油管和分油管各细管的直径。

2-5-11 如图 2-20 所示，已知压力计上的读数 $h = 59\text{Pa}$，风管内的气体密度为 1.29kg/m³。试求风管内的气流速度。若风管的直径为 100mm，每小时通过风管的体积风量和质量风量各为多少？

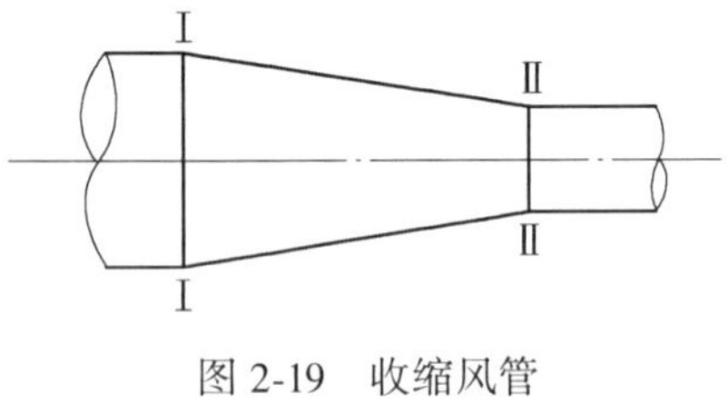

图 2-19　收缩风管

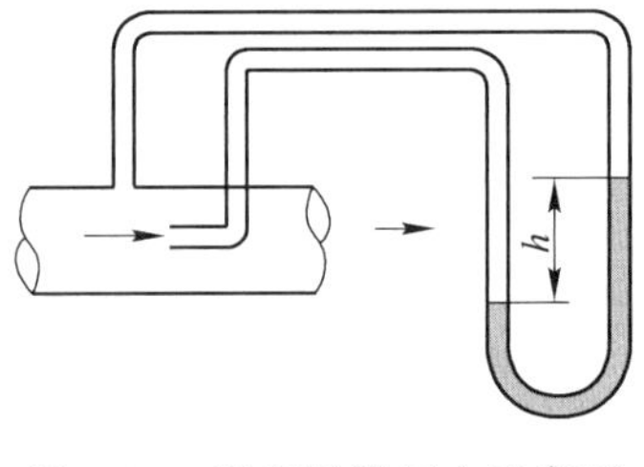

图 2-20　测定风管压力示意图

2-5-12 如图 2-21 所示，已知 D_1为 200mm，D_2为 100mm，管中流过温度为 30℃的气体，其标准状态时的体积流量为 1700m³/h，该气体在 30℃时的密度为 0.645kg/m³，现已测得 h_1等于 392.4Pa，若不计压头损失，求 h_2为多少？

2-5-13 某厂原有烟囱如图 2-22 所示，已知生产时的有关值为：烟气温度 $t = 540℃$，烟气密度 $\rho_0 = 1.32\text{kg/m}^3$，烟气流速 $v_1 = v_2$，大气温度 $t' = 30℃$，烟气在烟囱内的总压头损失 $h_{失} = 34.3\text{Pa}$。试求当 $h_{静2} = 0$ 时，$h_{静1}$ 为多少？

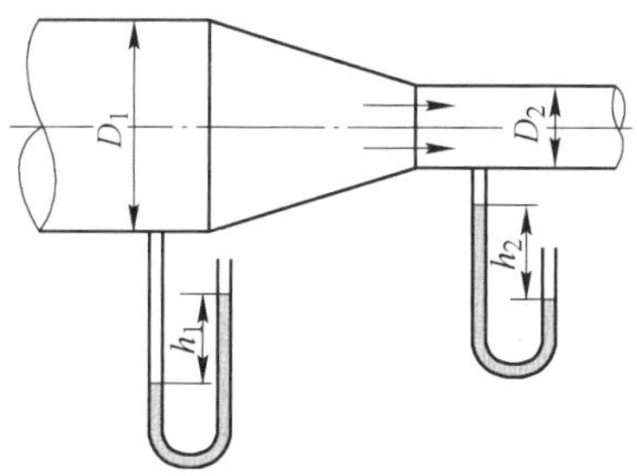

图 2-21　收缩管

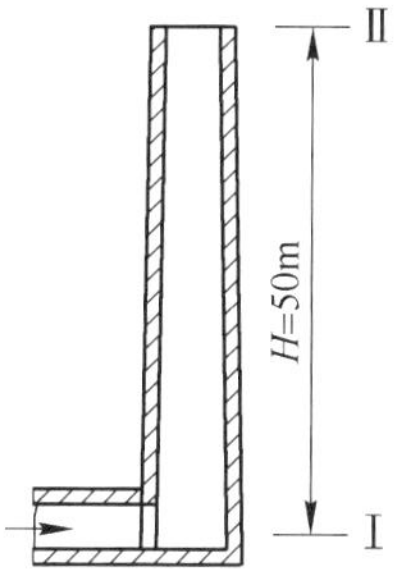

图 2-22　烟囱

2-5-14 如图 2-23 所示，在此烟道系统中废气的平均密度为 0.25kg/m^3，车间大气密度为 1.25kg/m^3，Ⅰ-Ⅰ、Ⅱ-Ⅱ两截面之间的标高差为 5m。用压力管在两截面测出的表压（静压头）分别为：$\Delta p_1=-49$Pa，$\Delta p_2=-147$Pa。已知 $v_1=6$m/s，$v_2=10$m/s。求Ⅰ、Ⅱ两截面间的压头损失。

2-5-15 一盛钢桶内盛满钢水，钢水密度为 7800kg/m^3，钢水深度为 2m。钢水表面为 1 工程大气压时，盛钢桶底水口处钢水的静压头为多少？浇钢开始时注口处钢水的流速是多少？

2-5-16 某炉子的重油供应系统如图 2-24 所示。已知重油的实际密度 $\rho=960$kg/m^3，油在油管内的实际流速为 $v_1=0.3$m/s，油管系统的总能量损失 $h_{失}=9810$Pa。当重油从Ⅱ-Ⅱ截面出口处的要求压力（静压能）为 $p_2=2$ 工程大气压，要求出口实际流速 $v_2=1$m/s，油泵的出口压力（静压能）应为多少？油泵出口处的表压（静压头）应为多少？（设大气压力为 1 工程大气压）

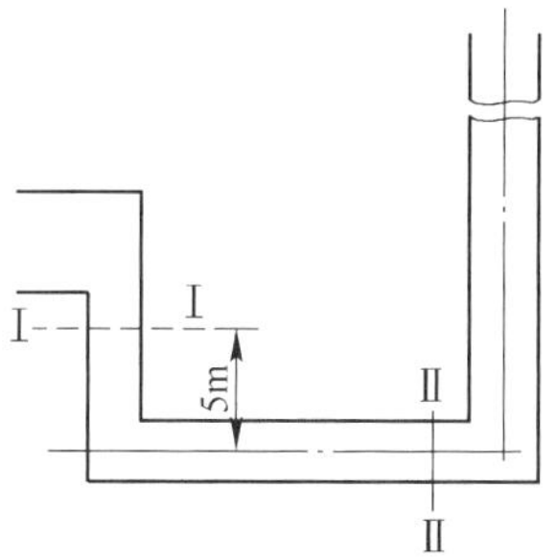

图 2-23　烟道系统

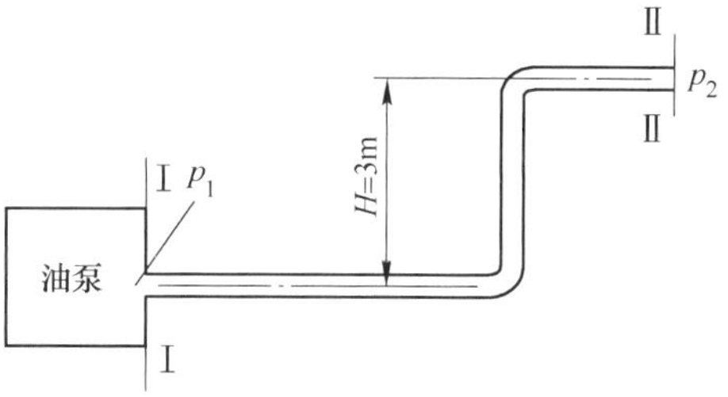

图 2-24　重油供应系统

2.6　压头损失（阻力损失）

实际气体在流动过程中有能量损失，通常称为压头损失（也称为阻力损失），用符号 $h_{失}$表示，单位是 Pa。按其产生的原因不同，压头损失包括摩擦损失和局部损失两类不同性质的损失。

2.6.1　摩擦阻力损失

实际气体在管道中流动时，气体内部及气体与管道间都发生摩擦而消耗能量。从生产实践中也可以看到，当常温空气在管道中流动时管壁会发热，可见所消耗的能量转化为热散失掉。这种因摩擦作用而引起的能量损失称为摩擦阻力损失或摩擦压头损失，常用符号 $h_{摩}$表示，单位为 Pa。

摩擦阻力损失 $h_{摩}$与下列因素有关。

（1）气体动压头。由于气体只有在流动过程中才会产生压头损失，静止的气体是不会造成阻力损失的。因此，气体的动能越大，流速越大，能量损失就越大，即摩擦阻力损失与气流的动压头成正比。

（2）管道长度 L 与管道直径 D。管道越长，$h_{摩}$ 越大；管道越大，管壁对中心气流的摩擦作用越小，$h_{摩}$ 越小。

（3）流体流动的性质。$h_{摩}$ 与气体流动的性质有关，即 Re 越大表示气流越紊乱，气层间速度差小，内摩擦力将减少，$h_{摩}$ 也会相应减少。层流时，产生压头损失的原因，主要是流体内部层与层之间摩擦，因此，$h_{摩}$ 与管壁粗糙度有关。而紊流时，内摩擦与外摩擦同时存在，$h_{摩}$ 也与管壁粗糙度有关。

综合以上因素，并根据实验和理论分析，得出以下计算式

$$h_{摩} = \xi \frac{L}{D} \times \frac{v^2}{2}\rho \tag{2-69}$$

或

$$h_{摩} = \xi \frac{L}{D} \times \frac{v_0^2}{2}\rho_0(1 + \beta t) \tag{2-70}$$

式中，L 为管道的长度，m；D 为管道的直径或当量直径，m；ρ 为 t℃时的气体密度，kg/m^3；v 为 t℃时气体的流速，m/s；ρ_0 为 0℃时气体的密度，kg/m^3；v_0 为 0℃时气体的流速，m/s；t 为气体的温度，℃；β 为气体温度膨胀系数；ξ 为气体摩擦阻力系数。

摩擦阻力系数因气体的流动性质而异：

层流时

$$\xi = \frac{64}{Re^n} \tag{2-71}$$

紊流时

$$\xi = \frac{A}{Re^n} \tag{2-72}$$

当已知雷诺数 Re 值，并按表 2-6 查出系数 A 或 n，则可计算摩擦阻力系数，从而可算出气体的摩擦阻力损失。

大多数气体都是紊流，其摩擦阻力系数一般不进行计算，而按表 2-6 查出近似的 ξ 值。

表 2-6　不同情况下的 A、n 和 ξ 值

名　称	光滑的金属管道	粗糙的金属管道	砖砌管道
A	0.32	0.129	0.175
n	0.25	0.12	0.12
ξ	0.025	0.045	0.05

如果管道内气体表压超过 9810Pa 的高压时，则式（2-69）应作如下修正

$$h_{摩} = \xi \frac{L}{D} \times \frac{v^2}{2}\rho \frac{p_0}{p} \tag{2-73}$$

式中，p_0 为实际大气压，Pa；p 为管内气体的绝对压力，Pa。

若气体在流动过程中开始压力 $p_{始}$ 和终了压力 $p_{终}$ 相差较大（如超过 5886Pa），p 值取平均值

$$p = \frac{p_{始} + p_{终}}{2}$$

实际生产中，气体流动的管道是由不同参数的多段管道组成的，此时管道的总摩擦阻力损失应为各段摩擦阻力损失之和，即

$$\sum h_{摩} = h_{摩1} + h_{摩2} + \cdots + h_{摩n} \tag{2-74}$$

显然，根据各段参数分别求出各段的摩擦阻力损失后，则不难求出管道的总摩擦阻力损失。

2.6.2 局部阻力损失

气体在管道中流动时，由于管道形状改变（如突然扩张或突然收缩）和方向改变（如90°转弯等），气体分子间的相互碰撞和气体分子与器壁间的碰撞而引起的压头损失，称为局部阻力损失，常用符号 $h_{局}$ 表示，单位为 Pa。其计算公式为

$$h_{局} = K\frac{v^2}{2}\rho \tag{2-75}$$

或

$$h_{局} = K\frac{v_0^2}{2}\rho_0(1+\beta t) \tag{2-76}$$

式中，ρ_0 为0℃时气体的密度，kg/m³；ρ 为 t℃时的气体密度，kg/m³；v_0 为0℃时气体的流速，m/s；t 为气体的温度，℃；K 为局部阻力系数。

上式说明局部阻力损失同样是和气流的动压头成正比的，其他有关影响因素集中反映在 K 值中。局部阻力系数 K 主要依靠实验测得，在计算时可通过查表得到。

下面举几种常见的管道形状和方向发生变化的例子进行分析说明。

（1）突然扩张。如图2-25所示，管道截面突然扩大，气流在扩大处产生很多旋涡，使气流中质点间的摩擦和气流与管壁的碰撞增加。同时还发生来自小管内速度较大的气流质点与大管内速度较小的质点相互碰撞，因而造成气流能量的损失。显然，当 f_1/f_2 的比值不同时，$h_{局}$ 不同，K 也不同。

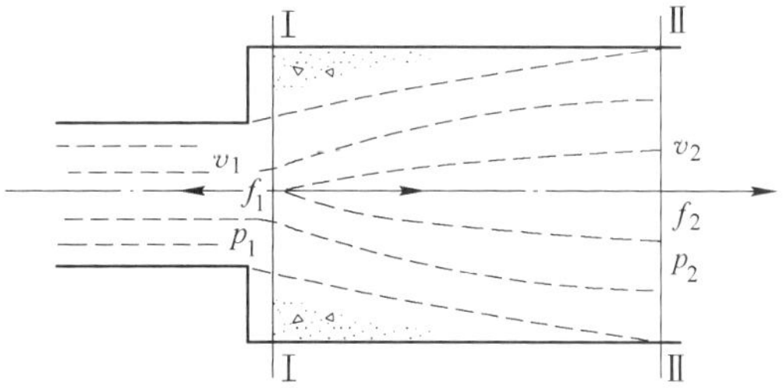

图2-25 突然扩张时的气流变化

K 值可由实验测定或理论推导出。实验测定是在 f_1/f_2 比值不同的管道中进行的。对于某一比值 f_1/f_2 的管道，可按 $h_{失} = h_{总1} - h_{总2}$ 和 $h_{动} = h_{总} - h_{静}$ 的关系，先测出相应的 $h_{失}$ 和 $h_{动}$，然后按 $K = h_{失}/h_{动}$ 的关系求出 K 值。求 K 值时，将小管中的 $h_{动1}$ 和大管中的 $h_{动2}$ 代入公式，所求得的 K 值是不同的，因此，所求得的 K 值必须指出和它相对应的气流速度。

将不同比值 f_1/f_2 的 K 值求出后，就可进一步找出 K 与 f_1/f_2（或 f_2/f_1）的关系。根据实验和理论推导，突然扩大时的 K 值与管道截面积的关系为

对于 v_1
$$K = \left(1 - \frac{f_1}{f_2}\right)^2 \tag{2-77}$$

对于 v_2
$$K = \left(\frac{f_2}{f_1} - 1\right)^2 \tag{2-78}$$

故局部压头损失为

$$h_{局} = \left(1 - \frac{f_1}{f_2}\right)^2 \frac{v_{01}^2}{2}\rho_0(1 + \beta t) \tag{2-79}$$

或

$$h_{局} = \left(\frac{f_2}{f_1} - 1\right)^2 \frac{v_{02}^2}{2}\rho_0(1 + \beta t) \tag{2-80}$$

式中，f_1、f_2分别为小管和大管的截面积，m^2；v_{01}、v_{02}分别为小管和大管气流在0℃时的流速，m/s。

（2）逐渐扩张。如图2-26所示的逐渐扩张管，由于气流的旋涡减少，此时对应于v_1的局部阻力系数为

$$K = \left(1 - \frac{f_1}{f_2}\right)^2 \sin\alpha \tag{2-81}$$

式中，α为扩张管的夹角。

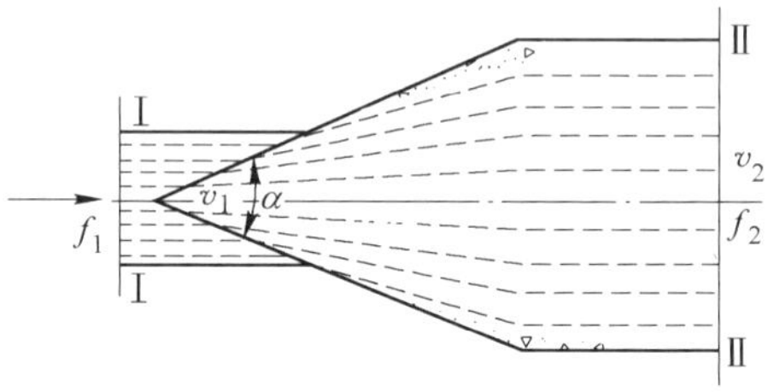

图2-26　逐渐扩张管道的气流变化

扩张管的α越小，$h_{局}$也越小。当扩张角不超过7°时，局部阻力损失可以忽略不计。

（3）突然收缩。管道突然收缩如图2-27所示，如果进口边缘不是圆滑的，则气流被收缩，而且当进入小管后，由于惯性作用仍继续收缩，收缩到一个最小截面后，又开始扩张，逐渐充满管道。这样，在大管死角处和小管开始端都会出现旋涡而引起压头损失。但大管中的气流速度比小管的气流速度小，由大管气流对小管气流直接冲击所引起的压头损失大大减少。因此，总的说来突然收缩比突然扩大的压头损失小。同样，f_1和f_2的比值不同时，局部阻力系数K也不相同，突然收缩管道中K与f_2/f_1的关系为

$$K = 0.5\left(1 - \frac{f_2}{f_1}\right) \tag{2-82}$$

上式中K值是对应于小管气流速度v_2而言。

（4）逐渐收缩。逐渐收缩的管道如图2-28所示，这时的K值与收缩角α有关，见表2-7。表内K值所对应的气流速度为小管内的气流速度。

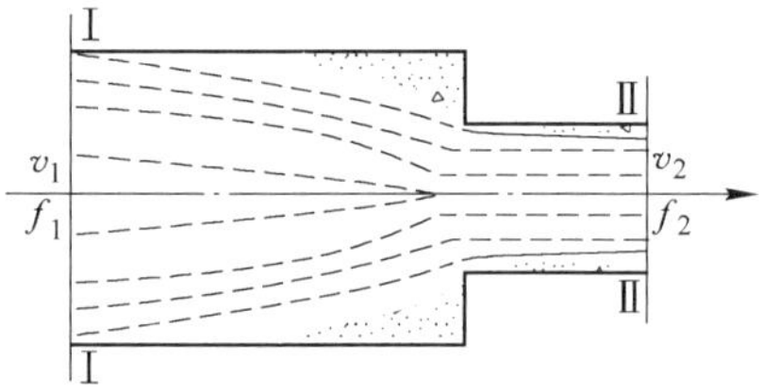

图2-27　突然收缩时的气流变化

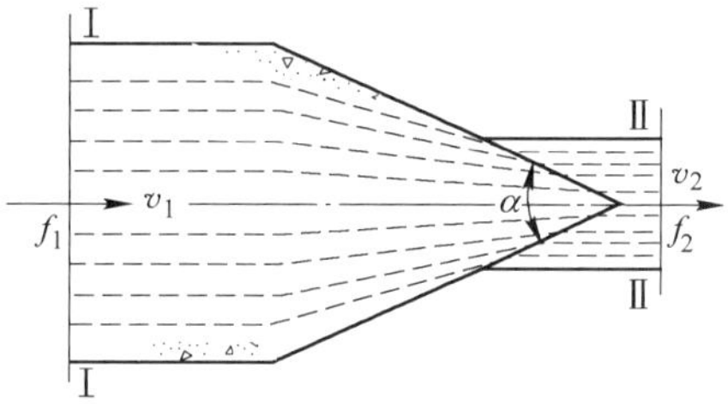

图2-28　逐渐收缩管道气流的变化

表2-7　各种收缩角时的K值

f_2/f_1	$\alpha=10°$	$\alpha=15°$	$\alpha=20°$	$\alpha=25°$	$\alpha=30°$
1.25	0.22	0.27	0.31	0.33	0.38
1.50	0.31	0.38	0.44	0.48	0.55
2.00	0.56	0.68	0.47	0.85	0.98

（5）气流改变方向。以90°直角转弯为例，如图2-29所示，当气体在管内急转90°弯时，由于气体在转角处发生旋涡，以及气流在管壁的正面冲击，将产生很大的压头损失，其值与f_2/f_1的数值有关。对于圆形管道，实验测得数据见表2-8。

若将90°直角转弯改为90°圆转弯，则可减少压头损失。此时K值与圆转弯的曲率半径R有关，对于直径为d的圆形管和边长为d的正方形管，其K值与R/d的关系由实验测得，见表2-9。

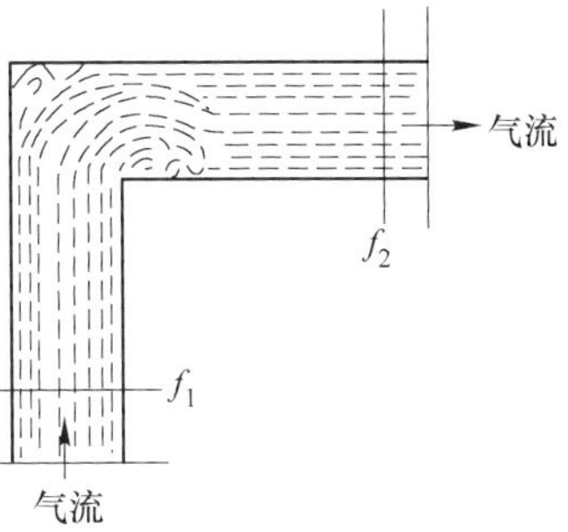

图2-29　气流转90°角

表2-8　K与$\frac{f}{F}$的关系

简　图	所用速度	$\frac{f}{F}$	0.2	0.4	0.6	0.8	1.0
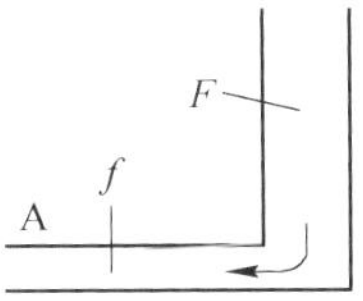	按小断面气流速度计算	K_A	0.50	0.58	0.73	0.85	1.20
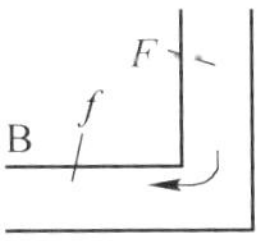		K_B	1.00	0.85	0.90	1.04	1.20
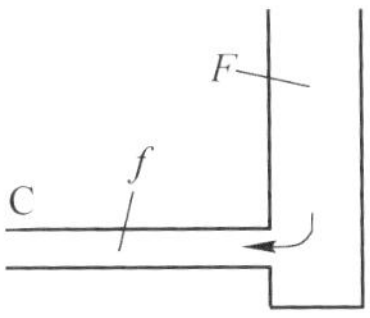		K_C	0.80	0.90	1.02	1.20	1.45

表2-9　K与$\frac{R}{d}$的关系

简　图	阻力系数K								
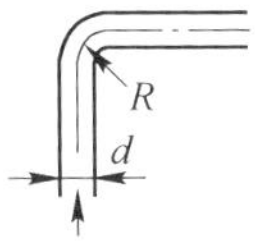	$\frac{R}{d}$	0.5	0.6	0.8	1.0	2.0	3.0	4.0	5.0
	钢板焊接弯管	1.5	1.0	0.8	0.7	0.35	0.23	0.18	0.15
	光滑弯管	1.2	1.0	0.52	0.26	0.20	0.15	0.12	0.10

上面介绍的是几种简单的局部阻力系数，实际生产中管件类型很多，K值可以通过有关的设计手册查得。

2.6.3 负位压头引起的压头损失

前面已经谈到热气体的位压头是一种促使气体上升的力，当管道中的气体是由下向上流动时，位压头是使气体流动的一种动力。相反，当管道中的气体由上向下流动时，位压头就成了气体流动的一种阻力，这时的位压头称为负位压头，用符号 $h_{位负}$ 表示。这部分阻力损失应加入总阻力损失中。在实际生产中，气流经过由下向上和由上向下的管道长度相等，温度相差不多时，正负位压头的数值可以相互抵消，不必计算位压头。如果不同则应分别计算，分别纳入动力和阻力项目内。

必须指出，负位压头所引起的阻力，并不能转化为热，这与一般压头损失有本质区别，但必须有能量克服它，才能保证气体流动。

2.6.4 气体通过管束时的压头损失

当气体流过一组与气流前进方向垂直的管束时，其压头损失的大小根据实验可按下式计算

$$h_{局} = K\frac{v_0^2}{2}\rho_0(1+\beta t) \tag{2-83}$$

式中，v_0为标准状态下气体在通道内的流速，m/s；K 为整个管束的阻力系数，当 $Re>5\times10^4$时，对于直通式的管束排列［图 2-30（a）］，K 值为

$$K_{直} = n\frac{s}{b}\alpha + \beta \tag{2-84}$$

式中，n 为沿气流方向的管子排数；s 为沿气流方向的管子中心距，m；b 为通道截面上管子中心距，m；α 、β 为实验常数，$\alpha = 0.028\left(\frac{b}{\delta}\right)^2$，$\beta = \left(\frac{b}{\delta}-1\right)^2$。

对于交错式的管束排列［图 2-30（b）］，K 值为

$$K_{错} = (0.7 \sim 0.8)K_{直} \tag{2-85}$$

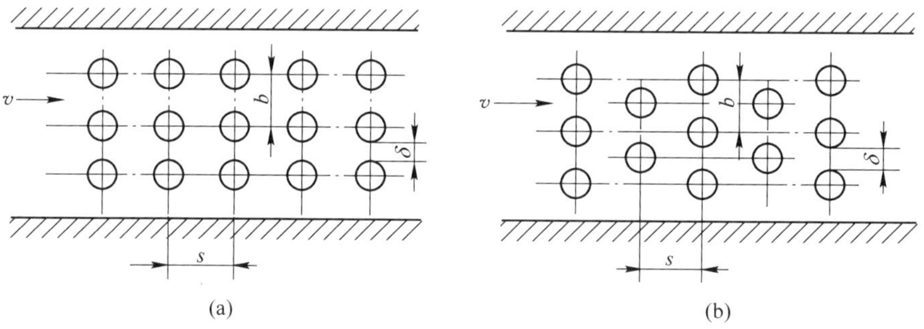

图 2-30　管束在通道内的排列

2.6.5 气体通过散料层的压头损失

块状或粒状固体物料堆积组成的物料层称为散料层。在散料层中，料块之间形成不规则的孔隙，气体通过料层时发生摩擦和碰撞作用，因而消耗能量造成压头损失。

由于气流在散料层中的流动比较复杂，计算其压头损失时需要考虑很多因素。工程上为了便于计算采用下面较简单的实验公式

$$h_{失} = \alpha \frac{v_0^2}{2\varepsilon^2}\rho_0(1+\beta t)\frac{H}{d} \tag{2-86}$$

式中，H 为料层厚度，m；d 为料块平均直径，m；v_0为标准状态下，空截面气流速度，m/s；ρ_0 为标准状态下，气流的密度，kg/m^3；ε 为料层孔隙度，$\varepsilon = \frac{\rho_{块} - \rho_{料}}{\rho_{块}}$，一般在0.4~0.5间变动；$\rho_{料}$和$\rho_{块}$为料层（包括孔隙）与料块的密度；$\alpha$ 为随物料及流动性而变的系数，其值可根据表 2-10 查得。

表 2-10　不同情况下的 α 值

Re	焦炭	矿石	烧结块
1000	14.5	20	24.2
2000	12.0	16.5	20.5
3000	11.0	14.0	18.5
4000	10.3	12.3	~16.8
5000	9.8	11.3	~15.5
>6000	9.5	10.5	~15.0

2.6.6　减少总压头损失的措施

设备的压头损失越大，则此设备需要系统动力的能力越高，因此，减少设备的压头损失对生产有重要意义。

减少压头损失可采取如下措施。

（1）选取适当的流速。流速大时，$h_{失}$也相应增大。流速小时会造成设备断面过分增大，从而浪费较多的管道材料和占用较多的建筑空间。因此，设备内的流速应选得合适。常用气体在一般设备内的经验流速可见表 2-11。

表 2-11　空气、煤气、烟气的经验流速

流体种类	特点	允许流速 v_0 /m · s^{-1}	备注
冷空气	压力>5000Pa	9~12	
	压力<5000Pa	6~8	
热空气	压力>5000Pa	5~7	
	1500Pa<压力<5000Pa	3~5	
	压力<1500Pa	1~3	
高压净煤气	不预热	8~12	
	预热	6~8	
低压净煤气	不预热	5~8	
	预热	3~5	

续表 2-11

流体种类	特点	允许流速 v_0 /m · s^{-1}	备注
未清洗发生炉煤气		1~3	
粉煤与空气混合	水平管	25~30①	
	循环管	35~45①	
	直吹管	>18①	
烟气	600~800℃	1.5~2.0	烟囱排烟
	300~400℃	2.0~3.0	烟囱排烟
	300~400℃	8.0~12①	有排烟机

①为实际温度下的流速。

（2）力求缩短设备长度。设备越长，则 $h_{摩}$越大。因此，在满足生产需要下应力求缩短设备长度。此外，使管壁光滑些可减少 $h_{摩}$。

（3）力求减少设备的局部变化。设备的局部变化越小，则设备的局部损失越小，因此，应在满足生产需要的条件下力求减少设备的局部变化。

当必须有局部变化时，也应采用如下措施：

1）用断面的逐渐变化替代断面的突然变化可减少 $h_{局}$。

2）用圆滑转弯代替直转弯或用折转弯代替直转弯可减少 $h_{局}$。

3）非生产需要时不宜过大地关闭闸板和阀门，这样也可减少 $h_{局}$。

复习思考题

2-6-1 为何输送常温空气的管道也会发热，为何气体流速大时，摩擦压头损失增大？

2-6-2 当其他条件不交时，为何增大管道直径，摩擦压头损失可相对减小？

2-6-3 气体在水平管道中流动，如果管径不变，流量增加一倍，试问压头损失增加多少？

2-6-4 在管道直径和流量不变的情况下，空气温度由 0℃ 预热到 273℃，阻力增加多少？

2-6-5 管道的变化情况主要有哪几种，各自对局部阻力损失系数有何影响？

2-6-6 摩擦阻力损失系数和哪些因素有关？

2-6-7 实际生产中，减少压头阻力损失的途径有哪些？

2-6-8 某炉子的烟道系统如图 2-31 所示。并已知：烟气温度 $t=819$℃，烟气密度 $\rho_0=1.3\text{kg/m}^3$，烟气的流量 $V_0=7200\text{m}^3/\text{h}$，分烟道断面尺寸为 0.6mm×0.6m，总烟道断面为 0.72mm×1.0m。试求烟气由 1 面流经砖砌烟道至 2 面时总压头损失为多少？设周围空气为 30℃，烟气在垂直烟道中每米温降为 4.6℃/m，烟气在水平总烟道中温降为 4℃/m。

2-6-9 某炉子的低压供风系统如图 2-32 所示。已知：各段长度 $AB=2\text{m}$，$BC=5\text{m}$，$CD=20\text{m}$，$DE=2\text{m}$，$EF=3\text{m}$。总风管 $ABCD$ 的直径 $d_1=0.435\text{m}$，支管 DEF 的直径 $d_2=0.25\text{m}$，支管 DGH 的尺寸与 DEF 同。空气温度 $t=20$℃，空气流量 $V_0=5335\text{m}^3/\text{h}$，管道为粗糙金属管道。求空气由 A 流至 F 的总摩擦阻力为多少？

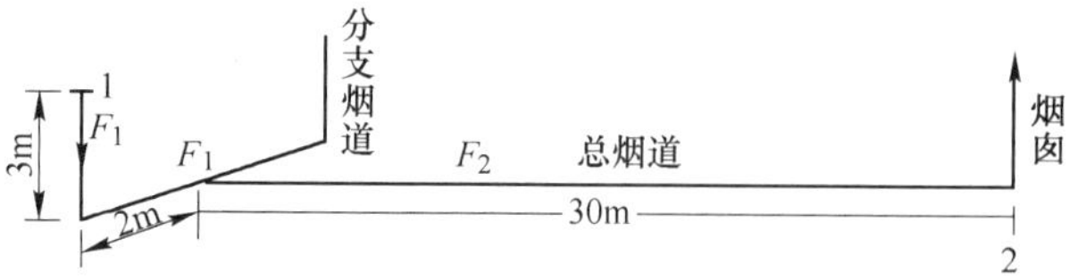

图 2-31　烟道系统

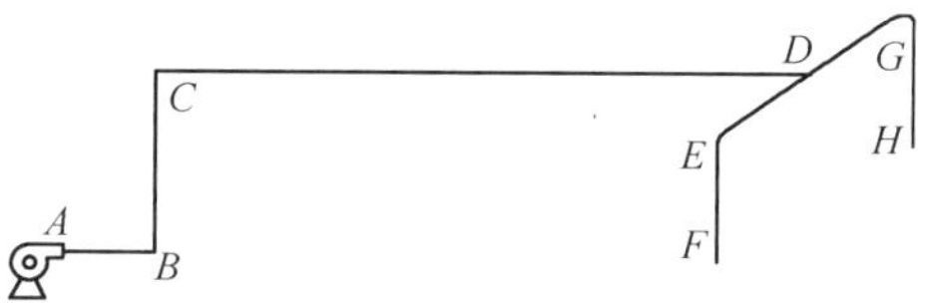

图 2-32　某供风系统示意图

技能训练 1：雷诺数测定

实训内容

雷诺数测定。

实验目的

（1）观察流体在管道中的流动状态。

（2）测定几种状态下的雷诺数。

（3）了解流态与雷诺数的关系。

实训相关知识

（1）实验装置。在流体力学综合实验台中，雷诺实验涉及的部分有高位水箱、雷诺数实验管、阀门、伯努利方程实验管道、颜料水（蓝墨水）盒及其控制阀门、上水阀、出水阀、水泵和计量水箱等，秒表及温度计自备。

（2）实验准备。

1）将实验台的各个阀门置于关闭状态。开启水泵，全开上水阀门，把水箱注满水，再调节上水阀门，使水箱的水有少量溢流，并保持水位不变。

2）用温度计测量水温。

流体力学综合实验台如图 2-33 所示。

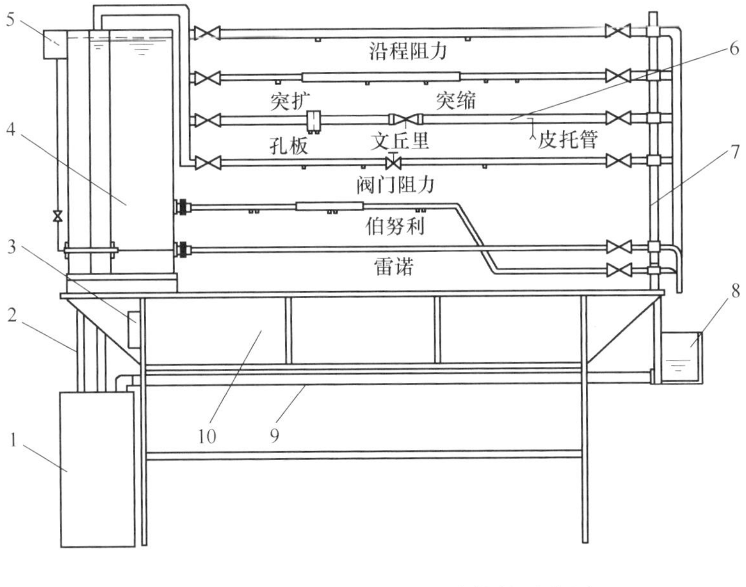

图 2-33　流体力学综合实验台结构示意图

1—储水箱；2—上水管；3—电源插座；4—恒压水箱；5—墨水盒；6—实验管段组；7—支架；8—计量水箱；9—回水管；10—实验台

（3）实验方法。

1）观察状态。打开颜料水控制阀，使颜料水从注入针流出，颜料水和雷诺实验管中的水迅速混合成均匀的淡颜色水，此时雷诺实验管中的流动状态为紊流；随着出水阀门不断关小，颜料水与雷诺实验管中的水掺混程度逐渐减弱，直至颜料水在雷诺实验管中形成一条清晰的线流，此时雷诺实验管中的流动为层流。

2）测定几种状态下的雷诺系数。全开出水阀门，然后再逐渐关闭出水阀门，直至能开始保持雷诺实验管内的颜料水流动状态为层流状态。按照从小流量到大流量的顺序进行实验，在每一个状态下测量体积流量和水温，并求出相应的雷诺数。

3）测定下临界雷诺数。调整出水阀门，使雷诺实验管中的流动处于紊流状态，然后缓慢地逐渐关小出水阀门，观察管内颜色水流的变动情况。当关小到某一程度时，管内的颜料水开始成为一条线流，即从紊流转变为层流的下临界状态。记录下此时相应的数据，求出下临界雷诺数。

4）观察层流状态下的速度分布。关闭出水阀门，用手挤压颜料水开关的胶管 2～3 下，使颜料水在一小段管内扩散到整个断面。然后微微打开出水阀门，使管内呈层流流动状态，这时即可观察到水在层流流动时呈抛物状，演示出管内水流流速分布。

注：每调节阀门一次，均需等待稳定几分钟。关小阀门过程中，只许渐小，不许速闭；随着出水流量减小，应当调小上水阀门，以减少溢流流量引发的振动。

（4）实验原理。

设某一工况下，体积流量 $V = 3.467 \times 10^{-5}\mathrm{m^3/s}$，雷诺实验管内径 $d = 0.014\mathrm{m}$，实验水温 $t=5℃$，查水的运动黏度与水温曲线，$\nu = 1.519 \times 10^{-6}\mathrm{m^2/s}$。

流速：$v = \dfrac{V}{A} = \dfrac{3.467 \times 10^{-5}}{\dfrac{\pi}{4} \times 0.014^2} = 0.255\mathrm{m/s}$

雷诺数：$Re = \dfrac{vd}{\nu} = \dfrac{0.014 \times 0.225}{1.519 \times 10^{-6}} = 2075$

根据实验数据和计算结果，可绘制出雷诺数与流量的关系曲线，如图 2-34 所示。不同温度下，对应的曲线斜率不同。

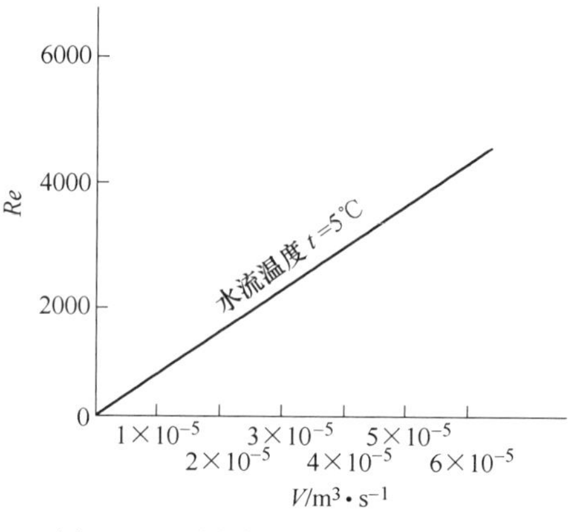

图 2-34　雷诺数与流量的关系曲线

（5）数据分析及讨论。

1）根据数据绘出雷诺数与流量的关系曲线，填写表 2-12。

表 2-12　实验数据记录

次序	时间/s	Δh/mm	流量/$\mathrm{m^3\cdot s^{-1}}$	流速/$\mathrm{m\cdot s^{-1}}$	Re

2）分析雷诺数与流量的关系。

（6）完成实验报告。

1）观察流体流经能量方程实验管的能量转化情况，对实验中出现的现象进行分析，加深对能量方程的理解。

2）掌握一种测量流体流速的方法。

技能训练 2：流体流动过程的能量平衡——伯努利方程验证

实验目的

（1）加深伯努利方程的理解。

（2）了解实际流体由于黏性的存在，在运用伯努利方程进行计算时会造成偏差。

（3）熟悉流动参数的测试技术。

实验原理

不可压缩的理想流体稳定地沿直管道流动时，应遵从能量守恒定律，即伯努利方程所确定的能量之间的关系。

$$p_1 + H_1 g\rho + \frac{v_1^2}{2}\rho = p_2 + H_2 g\rho + \frac{v_2^2}{2}\rho = \text{常量} \tag{2-87}$$

当用空气作被测介质，它的密度很小，加上实验段的高度变化不大，因而流体在流动过程中的位能变化可忽略不计，则上式为：

$$p_1 + \frac{v_1^2}{2}\rho = p_2 + \frac{v_2^2}{2}\rho = \text{常量} \tag{2-88}$$

定义全压能为：

$$p_{全} = p_{静} + \frac{v^2}{2}\rho$$

实验时，可通过测定其一截面上的静压能和全压能来计算这一截面上的流速，即

$$v = \sqrt{\frac{2(p_{全} - p_{静})}{\rho}} \tag{2-89}$$

当流体不是沿直管道流动，而是流过一个截面变化的实验段时，各截面上的全压能和静压能是不同的。本实验通过测量流体流过收缩段、喉口和扩张段时全压能和静压能的变化，来深入理解能量守恒与转换规律。

为了更清楚地表明其转换关系，选取在喉口处（即最小截面）的流速 v_t 为标准，则有

$$v_t = \sqrt{\frac{2(p_{t全} - p_{t静})}{\rho}} \tag{2-90}$$

因此得到

$$\frac{v}{v_t} = \sqrt{\frac{p_{全} - p_{静}}{p_{t全} - p_{t静}}} = \left(\frac{v}{v_t}\right)_{测} \tag{2-91}$$

在稳定流动条件下，如果将流动看成是变截面的一维管道流动，根据连续性方程，有

$$V = v \cdot A = v_t \cdot A_t \tag{2-92}$$

即
$$\frac{v}{v_t}=\frac{A_t}{A} \tag{2-93}$$

由于实验段的长度是一定的，仅是其宽度发生变化，所以，横截面之比即为宽度之比，即

$$\frac{A_t}{A}=\frac{B_t}{B} \tag{2-94}$$

故
$$\frac{v}{v_t}=\frac{B_t}{B}=\left(\frac{v}{v_t}\right)_{计} \tag{2-95}$$

式中，B_t 为喉口截面的宽度。

但实际流体具有黏性，在流动过程中有能量损失，故其能量平衡关系式为：

$$p_1+\frac{v_1^2}{2}\rho=p_2+\frac{v_2^2}{2}\rho+h_{失} \tag{2-96}$$

或
$$p_{1全}=p_{2全}+h_{失} \tag{2-97}$$

上式说明截面 2 处的全压能不等于截面 1 处的全压能，沿途有能量损失。

实验装置

实验装置如图 2-35 所示，其设备有 1.1kV · A 离心式风机一台、数字式微压计两台（量程 2000Pa）、标准皮托管一支、三维坐标架一台、实验段一个。

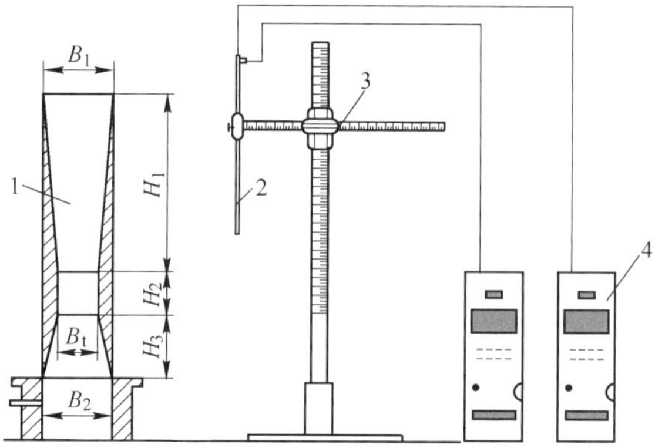

图 2-35　实验装置示意图

1—实验段；2—皮托管；3—坐标架；4—数字微压计

实验段尺寸如下：

(1) 扩张段高度 $H_1=190$mm；上口宽度 $B_1=76$mm。

(2) 喉口高度 $H_2=44$mm；喉口宽度 $B_t=44$mm。

(3) 收缩段高度 $H_3=70$mm；下口宽度 $B_2=76$mm。

高度 H 与宽度 B 之间的关系为：

(1) 扩张段：$B=B_t+(B_1-B_t)\dfrac{H-(H_2+H_3)}{H_1}$

(2) 喉口：$B=B_t$

（3）收缩段：$B = B_2 - (B_2 - B_t) \cdot \dfrac{H}{H_3}$

实验步骤

（1）关闭风机闸板阀。开启风机（将开关倒向“顺”一方），待风机运行正常，打开闸板阀，将流量控制不变（任意值）。

（2）移动坐标架，使皮托管测量探头正对来流中心，并与实验段下口齐平。

（3）在坐标架纵坐标尺上找到与该处相对应的位置作为零点，然后每间隔20mm测量一次，直到将整个实验段测量完毕为止。

（4）关风机和闸板阀，整理好现场，结束实验。

实验记录及数据处理

室温 $t=$ ℃；大气压力 $p_{大气}=$ mmHg；皮托管校正系数 $\xi=$ 。

将测量数据列入表2-13中。

表2-13 实验数据记录

H/mm	$p_{全}$/Pa	$P_{静}$/Pa	H/mm	$P_{全}$/Pa	$P_{静}$/Pa
0			180		
20			200		
40			220		
60			240		
80			260		
100			280		
120			300		
140			320		
160					

数据计算：

将测得的数据代入式（2-91），可得到测量值 $(v/v_t)_{测}$。比较这些测量值，可验证能量守恒与转换的关系。将测量值与式（2-95）计算的计算值 $(v/v_t)_{计}$ 相比较，可证明实际流体在运用伯努利方程来计算时，由于黏性的存在会造成一定的偏差。

在测量过程中，由于静压力比大气压力小得多，因而计算空气密度时可忽略静压力的影响，即

空气密度：
$$\rho = \frac{p_{大气}}{R(273+t)}$$

空气流速：
$$v = \sqrt{\frac{2(p_{全} - p_{静})\xi}{\rho}}$$

喉口流速：
$$v_t = \sqrt{\frac{2(p_{t全} - p_{t静})\xi}{\rho}}$$

式中，$p_{全}$、$p_{静}$、$p_{t全}$、$p_{t静}$ 的单位为 Pa；ρ 的单位为 kg/m^3；v、v_t 的单位为 m/s。

将计算结果列入表 2-14 中。

表 2-14　计算结果

H/mm	$p_{全}$/Pa	$p_{静}$/Pa	$p_{动}$/Pa	$(v/v_t)_{测}$	B	$(v/v_t)_{计}$
0						
20						
40						
60						
80						
100						
120						
140						
160						
180						
200						
220						
240						
260						
280						
300						
320						

在坐标纸绘制全压能、静压能和动能随高度 H（不同截面）变化的曲线，并绘制 $(v/v_t)_{测}$ 和 $(v/v_t)_{计}$ 随高度 H 变化的曲线。

思考题

（1）根据 $p_{全}$、$p_{静}$ 和 $p_{动}$ 的计算结果和所绘制的曲线，分析流体在流动过程中的能量损失情况及其损失的原因，并验证说明能量守恒与转换的原理伯努利方程的正确性。

（2）从计算结果和所绘制的曲线上，分析比较 $(v/v_t)_{测}$ 和 $(v/v_t)_{计}$ 的差异，并说明其原因。

3　燃料及燃烧

【学习目标】

(1) 掌握燃料的定义、种类及基本要求。

(2) 掌握气体、固体（液体）燃料的化学组成及成分间的换算关系。

(3) 掌握发热量的定义和标准燃料的概念。

(4) 了解气体、固体（液体）发热量的计算。

(5) 熟悉冶金企业常用的燃料种类及其特性。

(6) 掌握燃料燃烧过程的基本概念。

(7) 了解气体、固体、液体燃料的燃烧过程。

(8) 掌握有焰燃烧和无焰燃烧的含义。

(9) 掌握空气消耗系数的定义及其变化对燃烧过程的影响。

(10) 能够熟练计算气体、固体（液体）燃烧时的理论空气需要量、理论燃烧产物量、实际空气需要量、实际燃烧产物量。

(11) 了解燃烧产物成分和密度的计算。

(12) 掌握燃烧温度的基本概念及影响因素。

(13) 掌握理论燃烧温度的定义及其与实际燃烧温度的关系。

(14) 掌握提高燃烧温度的途径。

(15) 了解燃烧温度及空气消耗系数的计算过程。

【相关知识】

3.1　概　　述

3.1.1　冶金生产的能源

地球上存在着各种形式的自然能源，除了燃料能（化学能之外），还有太阳能、水能、风能、潮汐能、波力能、地热能等。这些能源都是巨大的，但是至今它们大部分还没有得到充分地利用。自从人们发现了原子能后，原子能的利用就展现出了远大的前景。现在人们不仅成功地利用原子核的裂变来发电，而且正在积极研究原子核的聚变反应，以制造出“人造太阳”——热核反应堆，从根本上解决能源问题，还有，水的组成成分——氢，它可以用阳光分解水而获得，其来源十分广阔。因此，它也是一种很有前途的能源。由此可见自然界为我们提供了丰富的能源，而如何更好地开发和利用它们，正是我们面临着的一个重要任务。

随着冶金工业生产的发展，能源的需求量日益增长，完全依靠燃料能已满足不了生产的需要，所以目前世界各国都在探求新的冶金工业能源，如美、日、英等国正在研究发展原子能炼铁、炼钢，并已建立了小型试验工厂。可以预见，随着各种能源利用技术的日臻完善，今后它们必然会在冶金工业和其他工业部门得到广泛的应用。

尽管自然界存在着各种形式的能源，但是就目前世界上能源使用情况看，燃料能仍占90%左右。所以现代工业中的能源主要还是燃料燃烧后产生的热能。在冶金生产中所使用的天然燃料主要是天然气、石油和煤等。

在工业生产各部门中，冶金工业是消耗能源最多的部门之一，如钢铁工业所消耗的能源约占国民经济总能耗的16%。其中各种冶金炉所消耗的燃料能又占首位。因此，用燃料供热的冶金炉内合理和有效地利用燃料是关系到冶金生产的发展方向和发展速度的重大问题，也是影响国家工业发展的重大问题。

在现阶段，由于我国大多数冶金炉都是燃料炉，所以本章主要介绍目前冶金生产中使用最普遍的矿物（碳质）燃料及其燃烧问题。

3.1.2　燃料的定义及种类

（1）燃料的定义。凡是在燃烧时能够放出大量的热，并且此热量能够有效地被利用在工业和其他方面的物质统称为燃料。有效地利用是指利用这些热能在技术上是可能的，在经济上是合理的。因此，这里所说的燃料仅指具有一般工业意义的燃料。

（2）对燃料的要求：

1）在当前技术条件下，单位重量（或体积）燃料燃烧时所放出的热量，在工业上能有效地加以利用。

2）燃烧生成物呈气体状态，燃烧后的热量绝大部分含于其生成物中，而且还可以在放热地点以外利用生成物中所含的热量。

3）燃烧产物的性质对熔炼（或加热）过程和设备不起破坏作用，没有毒、没有侵蚀作用。

4）燃烧过程易于控制。

5）有足够的蕴藏量，便于开采。

并非所有在燃烧时能够放热的物质都可作为燃料，只有以有机物为主要组成的物质才能同时满足上述各种要求。这是因为：①这类物质中的可燃成分主要是C和H，它们在燃烧时都有很高的热效应，且燃烧后的产物是气态（CO_2、H_2O等）；②燃烧产物在浓度不大的情况下，一般无害；③以有机物为主要组成的物质蕴藏量极为丰富。

（3）燃料的种类。自然界中可用于冶金工业的燃料种类很多，按其来源和物态的一般分类见表3-1。

表3-1　燃料的一般分类

燃料物态	来　源	
	天然燃料	人造燃料
固体燃料	木柴、煤、可燃岩页等	木炭、焦炭、粉煤、团煤等
液体燃料	石油	汽油、煤油、柴油、重油、焦油、酒精等
气体燃料	天然煤气	高炉煤气、焦炉煤气、发生炉煤气、转炉煤气、裂化煤气等

由表3-1中看出，天然燃料不能满足冶金工业对燃料品种和技术上的要求。另外，天然燃料若直接用来燃烧也极不经济（因燃料中含有许多贵重的化工原料）。冶金工业是燃料的巨大消费者，为了合理地、综合地利用燃料，对煤和石油都应经过化学加工后再加以使用。随着我国石油工业的大发展，重油和天然气将在冶金工业中作为主要燃料加以广泛使用。

复习思考题

3-1-1 燃料的定义是什么？列举出日常生活中常用的几种燃料。

3-1-2 作为燃料，应满足哪些基本要求？

3-1-3 燃料的分类方法有几种，各包含哪些燃料？

3-1-4 燃料的选择与冶金炉生产有何关系？

3.2 燃料的特性

为了合理地选择和使用燃料，必须了解各种燃料的特性。燃料同自然界其他物质一样，具有其本身的基本特性，而燃料的化学成分和发热量是燃料的两个基本特性。燃料的化学组成对燃烧过程有重要影响，了解一种燃料首先应当了解这种燃料是由哪些化学成分组成的。再者，燃料燃烧的主要目的是为了获得热能，因此燃料的发热能力也是必须了解的特性之一。所以燃料的化学成分和燃料的发热量是评定燃料的两个主要指标。

3.2.1 燃料的化学组成及其成分换算

3.2.1.1 气体燃料的化学组成及干湿成分换算

气体燃料是由几种较简单的化合物所组成的机械混合体。其中，CO、H_2、CH_4、C_2H_4、C_mH_n、H_2S等是可燃性气体成分，能燃烧放出热量；CO_2、N_2、SO_2、H_2O、O_2等则是不可燃成分，不能燃烧放热，故其含量均不宜过多，以免降低燃料的发热能。

气体燃料中各可燃成分的燃烧反应如下：

$$CO+\frac{1}{2}O_2 \longrightarrow CO_2+285624\text{kJ}$$

$$H_2+\frac{1}{2}O_2 \longrightarrow H_2O+242039\text{kJ}$$

$$CH_4+2O_2 \longrightarrow CO_2+2H_2O+803455\text{kJ}$$

$$C_2H_4+3O_2 \longrightarrow 2CO_2+2H_2O+1341459\text{kJ}$$

$$H_2S+\frac{3}{2}O_2 \longrightarrow H_2O+SO_2+518996\text{kJ}$$

C_mH_n总称为重碳氢化合物，包括C_3H_6、C_2H_6、C_2H_2等。单位体积（m^3）重碳氢化合物燃烧，约放出71176kJ热量。

气体燃料中的氧，在高温预热的情况下，能与可燃成分作用，从而降低气体燃料燃烧时的放热量。若氧的含量超过一定数量，则有爆炸危险。因此，氧的含量应受到限制，一般应小于0.2%（体积分数）。

气体燃料的成分是以各组成物的体积分数表示，具体表示方法有湿成分和干成分两种。

湿成分（用角标 v 表示）包括水分在内，即

$$\varphi(CO^v) + \varphi(H_2^v) + \varphi(CH_4^v) + \varphi(N_2^v) + \cdots + \varphi(H_2O^v) = 100\%$$

干成分（用角标 d 表示）不包括水分在内，即

$$\varphi(CO^d) + \varphi(H_2^d) + \varphi(CH_4^d) + \varphi(N_2^d) + \cdots = 100\%$$

式中，$\varphi(CO^v)$、$\varphi(H_2^v)$ 等为湿气体燃料中各成分的体积分数；$\varphi(CO^d)$、$\varphi(H_2^d)$ 等为干燥气体燃料中各成分的体积分数。

气体燃料的水分含量可以认为等于在该温度下的饱和水蒸气量。当气体燃料的温度变化时，饱和水蒸气含量发生变化，进而整个燃料的湿成分也将发生变化。因此，气体燃料的湿成分只能代表某一固定温度下气体燃料的成分。气体燃料的湿成分不具有代表性，在一般情况下气体燃料的化学组成用干成分表示。而气体燃料在使用时所具有的实际成分为湿成分，所以在进行燃烧计算时必须以湿成分为依据。

气体燃料的干、湿成分之间可以进行换算，其换算式以 CO 为例，即

$$\varphi(CO^v) = \varphi(CO^d)[1 - \varphi(H_2O^v)] \tag{3-1}$$

气体燃料中的其他各项成分均可依照类似的公式进行换算。

从饱和水蒸气表（表 3-2）中所查到的水蒸气含量不是用 $1m^3$ 湿气体中所含水蒸气的体积来表示，而是用 $1m^3$ 干气体所能吸收的水蒸气的质量（g）来表示。换句话说，如果用符号 $g_{H_2O}^d$ 代表饱和水蒸气的含量，则 $g_{H_2O}^d$ 的单位是 g/m^3 干气体。进行干湿成分的换算时，必须首先把 $g_{H_2O}^d$ 变成 $\varphi(H_2O^v)$。

表 3-2　不同温度下的饱和水蒸气量

温度/℃	饱和蒸汽分压力 /Pa	$1m^3$ 干气体含水量 /$g \cdot m^{-3}$	温度/℃	饱和蒸汽分压力 /Pa	$1m^3$ 干气体含水量 /$g \cdot m^{-3}$
20	2335	19.0	39	6991	59.6
21	2522	20.2	40	7378	63.1
22	2642	21.5	41	—	—
23	2815	22.9	42	8205	70.8
24	2989	24.4	44	9112	79.3
25	3175	26.0	46	10100	88.8
26	3362	27.6	48	11169	99.5
27	3562	29.3	50	12341	111
28	3776	31.1	52	13622	125
29	4003	33.1	54	15009	140
30	4243	35.1	56	16517	156
31	4496	37.3	58	18158	175
32	4763	39.6	60	19932	197
33	5030	42.0	62	21854	221
34	5323	44.5	64	23922	248
35	5897	47.3	66	26163	280
36	5950	50.1	68	28578	315
37	6284	53.1	70	31179	357
38	6631	56.2	72	33968	405

$$\varphi(H_2O^v)=\frac{\text{水蒸气的体积}}{\text{湿气体的体积}}=\frac{\frac{g_{H_2O}^d}{1000\times 18}\times 22.4}{1+\frac{g_{H_2O}^d}{1000\times 18}\times 22.4}=\frac{0.00124g_{H_2O}^d}{1+0.00124g_{H_2O}^d} \tag{3-2}$$

式中，0.00124 为 1g 水蒸气的体积，m^3。

【例 3-1】 将下列发生炉煤气的干成分换算成湿成分：$\varphi(CO^d)=29.8\%$；$\varphi(H_2^d)=15.4\%$；$\varphi(CH_4^d)=3.08\%$；$\varphi(C_2H_4^d)=0.62\%$；$\varphi(CO_2^d)=7.71\%$；$\varphi(O_2^d)=0.21\%$；$\varphi(N_2^d)=43.18\%$；$g_{H_2O}^d=22.3g/m^3$ 干气体。

解：水蒸气的湿成分为

$$\varphi(H_2O^v)=\frac{\frac{g_{H_2O}^d}{1000\times 18}\times 22.4}{1+\frac{g_{H_2O}^d}{1000\times 18}\times 22.4}=\frac{0.00124\times 22.4}{1+0.00124\times 22.4}=2.7\%$$

将各干成分换算为相应的湿成分。CO 的湿成分为

$$\varphi(CO^v)=\varphi(CO^d)[1-\varphi(H_2O^v)]=29.8\%\times 0.973=29\%$$

同理得

$\varphi(H_2^v)=15.4\%\times 0.973=15\%$；$\varphi(CH_4^v)=3.08\%\times 0.973=3\%$；

$\varphi(C_2H_4^v)=0.62\%\times 0.973=0.6\%$；$\varphi(CO_2^v)=7.71\%\times 0.973=7.5\%$；

$\varphi(O_2^v)=0.21\%\times 0.973=0.2\%$；$\varphi(N_2^v)=43.18\%\times 0.973=42\%$。

3.2.1.2　固（液）燃料的化学组成及各成分的换算

A　固（液）体燃料的基本组分

固体及液体燃料的基本化学组成物，主要是构成各种化学形式的有机物质。这些有机物的组成元素有 C、H、O、N 及 S。除此之外，还含有一些有 SiO_2、Al_2O_3、Fe_2O_3、CaO、MgO、Na_2O 等矿物杂质构成的灰分，以符号 A 表示。固（液）体燃料中还含有一部分水分，用符号 W 表示。综合而言，任何一种固（液）体燃料均由 C、H、O、N、S、A、W 七种基本组分组成。

碳、氢和有机硫（硫的一种存在形态）能燃烧放热，构成可燃成分。碳燃烧时能放出大量的热，约为 33.915MJ/kg。在重油中碳含量为 86%（质量分数）以上，煤中的碳含量为 50%~99%（质量分数）。所以碳是固（液）体燃料中的主要发热物质。氢燃烧时也放出大量的热，约为 143.195MJ/kg，它也是主要发热元素之一。在液体燃料中氢含量约为 10%（质量分数），固体燃料中一般在 6%（质量分数）以下，所以氢对燃料的发热量影响相对碳而言要小些。硫虽能燃烧放热，但发热量较低，约为 9.211~10.886MJ/kg，而且燃烧后生成的二氧化硫为有毒气体，故硫被视为有害成分。

氧和氮的存在，相对降低了可燃成分的含量，故属于有害物质。氧在各种燃料中含量不同，氮的含量一般较低。

水分的存在不仅相对降低了可燃成分含量，而且水分在蒸发时要吸收大量的热，显然，水分属于有害物质。灰分的存在不仅降低了可燃成分的含量，而且影响燃烧过程的进

行，尤其是固体燃料中低熔点灰分影响更大。灰分熔点低，则在燃烧过程中易熔结成块，阻碍通风，造成燃料浪费和增加排灰的困难。一般要求灰分熔点在1300~1500℃之间。

B　固（液）体燃料的成分分析

固（液）体燃料的化学组成可以用元素分析及工业分析两种方法确定。元素分析是确定燃料中C、H、O、N、S的质量分数，它不能说明燃料由哪些化合物组成以及这些化合物的形式，它只能进行燃料的近似评价。但元素分析结果是燃烧计算的重要原始数据。

工业分析可测定水分、灰分、挥发分产率及固定碳的含量，并能估计燃料的结焦性能以作为评价燃料的指标。煤的工业分析可以说明煤的很多重要特性。如挥发分产率多的煤适用于提取化工产品和制造煤气，在燃烧时需供给较多的二次空气等。残留下来的焦炭的质和量可以作为该煤种是否适于炼焦的依据。

C　固（液）体燃料成分的表示方法及其相互换算

固（液）体燃料的成分是以质量分数 $w(X)$ 或 $w(X)_{\%}$ 表示的。当用质量分数 $w(X)_{\%}$ 表示时，计算过程中各取为100kg，则各成分质量分数的数值与其质量相等。根据需要共有四种表示方法，即供用成分、干燥成分、可燃成分、有机成分。

供用成分是供使用燃料的全部化学组成均包括在内的成分表示方法，即

$$w(C)^y + w(H)^y + w(O)^y + w(N)^y + w(S)^y + w(A)^y + w(W)^y = 100\% \quad (3\text{-}3)$$

供用成分反映了实际使用燃料的成分，是燃烧计算的依据。但是供用成分是不稳定的，例如燃料中水分受外界条件的影响很大，如雨雾等对水分的含量有影响，进而影响供用成分。若不计水分则称干燥成分，即

$$w(C)^g + w(H)^g + w(O)^g + w(N)^g + w(S)^g + w(A)^g = 100\% \quad (3\text{-}4)$$

显然，对同一种燃料，$w(C)^g$ 与 $w(C)^y$ 的数值不相等，其他成分也类似。燃料中的灰分与开采、运输、储存等外界条件有关。为了更确切地说明燃料的性质，便于比较燃料，而舍弃燃料中的水分及灰分，则称为可燃成分，即

$$w(C)^r + w(H)^r + w(O)^r + w(N)^r + w(S)^r = 100\% \quad (3\text{-}5)$$

燃料产地一般给出的就是可燃成分。若不计燃料中的硫，则称为有机成分，它是评价燃料化工特性的重要指标。有机成分表示为

$$w(C)^o + w(H)^o + w(O)^o + w(N)^o = 100\% \quad (3\text{-}6)$$

以上四种表示方法可以相互进行换算。换算的基本原理是：燃料中各成分在任何一种表示方法中，其质量相等。例如对碳而言

$$w(C)^y \times 100 = w(C)^g[100 - w(W)^y_{\%}] = w(C)^r[100 - w(W)^y_{\%} - w(A)^y_{\%}]$$

由此可得

$$w(C)^y = w(C)^g \frac{100 - w(W)^y_{\%}}{100} \quad 或 \quad w(C)^g = w(C)^y \frac{100}{100 - w(W)^y_{\%}}$$

$$w(C)^y = w(C)^r \frac{100 - [w(W)^y_{\%} + w(A)^y_{\%}]}{100} \quad 或 \quad w(C)^r = w(C)^y \frac{100}{100 - [w(W)^y_{\%} + w(A)^y_{\%}]}$$

依此类推。式中的 $\frac{100 - w(W)^y_{\%}}{100}$、$\frac{100}{100 - [w(W)^y_{\%} + w(A)^y_{\%}]}$ 等称为换算系数。换算系数可查表3-3。

表 3-3 固（液）体燃料成分换算系数

已知成分	欲换算成分		
	可燃成分	干燥成分	供用成分
可燃成分	—	$\dfrac{100-w(\mathrm{A})^{\mathrm{g}}_{\%}}{100}$	$\dfrac{100-[w(\mathrm{W})^{\mathrm{y}}_{\%}+w(\mathrm{A})^{\mathrm{y}}_{\%}]}{100}$
干燥成分	$\dfrac{100}{100-w(\mathrm{A})^{\mathrm{g}}_{\%}}$	—	$\dfrac{100-w(\mathrm{W})^{\mathrm{y}}_{\%}}{100}$

【例 3-2】 已知某烟煤的可燃成分：$w(\mathrm{C})^{\mathrm{r}}=80.67\%$，$w(\mathrm{H})^{\mathrm{r}}=4.85\%$，$w(\mathrm{O})^{\mathrm{r}}=13.10\%$，$w(\mathrm{N})^{\mathrm{r}}=0.8\%$，$w(\mathrm{S})^{\mathrm{r}}=0.58\%$。又知 $w(\mathrm{A})^{\mathrm{g}}=10.92\%$，$w(\mathrm{W})^{\mathrm{y}}=3.2\%$。试求该烟煤的供用成分。

解： 首先将 $w(\mathrm{A})^{\mathrm{g}}$ 换算为 $w(\mathrm{A})^{\mathrm{y}}$，查表 3-3 得换算系数为

$$\frac{100-w(\mathrm{W})^{\mathrm{y}}_{\%}}{100}=\frac{100-3.2}{100}=0.968$$

得 $w(\mathrm{A})^{\mathrm{y}}=0.968\times10.92\%=10.58\%$。

再从表 3-3 中查出可燃成分换算为供用成分的换算系数为

$$\frac{100-[w(\mathrm{W})^{\mathrm{y}}_{\%}+w(\mathrm{A})^{\mathrm{y}}_{\%}]}{100}=\frac{100-(10.58+3.2)}{100}=0.862$$

最后得各组分的供用成分为

$w(\mathrm{C})^{\mathrm{y}}=0.862\times80.67\%=69.55\%$ $w(\mathrm{H})^{\mathrm{y}}=0.862\times4.85\%=4.18\%$

$w(\mathrm{O})^{\mathrm{y}}=0.862\times13.10\%=11.29\%$ $w(\mathrm{N})^{\mathrm{y}}=0.862\times0.80\%=0.69\%$

$w(\mathrm{S})^{\mathrm{y}}=0.862\times0.58\%=0.51\%$

3.2.2 燃料的发热量

燃料燃烧的主要目的是获取热能，因而燃料在燃烧时能放出热量多少是冶金工作者所关心的问题，燃料发热量的高低是衡量燃料价值的重要指标。

3.2.2.1 发热量的定义

单位质量或单位体积的燃料在完全燃烧情况下所能放出的热量称为燃料的发热量。对固体、液体燃料而言，发热量的单位是 kJ/kg；对气体燃料而言则以 $\mathrm{kJ/m^3}$ 表示，发热量的代表符号一般为 Q。

燃料的发热量只取决于燃料内部的化学组成，不取决于外部的燃料条件。

燃料中含有水和氢，氢燃烧后也生成水，燃料燃烧后该两部分水均进入废气。由于废气中水的存在状态不同，放出的热量不一样。如果废气中的水均冷却成 0℃ 的液态水，则放出的热量多。故发热量分为高发热量和低发热量。

（1）高发热量（$Q_{高}$）是指单位燃料完全燃烧后，燃烧产物冷却到反应前的室温，而燃烧产物的水蒸气冷凝成 0℃ 的水时所放出的热量。

（2）低发热量（$Q_{低}$）是指单位燃料完全燃烧后，燃烧产物中的水蒸气不是冷凝为液态，而是冷却为 20℃ 的水蒸气时所放出的热量。

在冶金生产的实际条件下，由于温度高，水蒸气不会冷凝为水，所以低发热量是实际应用的概念。

固、液体燃料的高低发热量可用下式进行换算

$$Q_{高} - Q_{低} = 2500[w(W)^y + 9w(H)^y] \quad (kJ/kg) \tag{3-7}$$

3.2.2.2　发热量计算式

根据燃料中各可燃成分的燃烧热，乘以相应成分的质量分数，加起来就等于整个燃料的发热量。

固体、液体燃料的低发热量计算式如下

$$Q_{低} = 33900w(C)^y + 103000w(H)^y - 10900[w(O)^y - w(S)^y] - 2500w(W)^y \quad (kJ/kg) \tag{3-8}$$

气体燃料的低发热量计算式如下

$$Q_{低} = 12770\varphi(CO^v) + 10800\varphi(H_2^v) + 35960\varphi(CH_4^v) + 59870\varphi(C_2H_4^v) + 71180\varphi(C_mH_n^v) + 23100\varphi(H_2S^v) \quad (kJ/m^3) \tag{3-9}$$

从发热量计算式可看出，燃料的发热量大小取决于燃料中可燃成分的含量。燃料发热量的大小影响燃料的燃烧温度，欲提高燃烧温度，其措施之一就是提高燃料的发热量。例如，高炉要求热风温度提高时，热风炉采取的措施之一，就是提高热风炉所用煤气的发热量。

3.2.2.3　标准燃料

为了对各种燃料进行对比，并用来作为表示燃料用量的单位，引用标准燃料这一概念。规定发热量等于 29308kJ/kg（7000kcal/kg）的煤作为标准煤。发热量等于 41870kJ/kg（10000kcal/kg）的燃料油作为标准燃料油。例如，某燃料的发热量为 26377kJ/kg，则它的发热量相当 26377÷29308＝0.9kg 标准煤。因此，消耗 1t 该种燃料相当于消耗了 0.9t 标准煤。

【例 3-3】　已知高炉煤气的湿成分为：$\varphi(CO^v) = 25.96\%$，$\varphi(H_2^v) = 6.12\%$，$\varphi(CH_4^v) = 0.29\%$，$\varphi(CO_2^v) = 10.55\%$，$\varphi(N_2^v) = 53.0\%$，$\varphi(H_2O^v) = 4.18\%$，求低发热量是多少？

解：将上列各湿成分体积分数的数值代入式（3-9）即得

$$\begin{aligned} Q_{低} &= 12770\varphi(CO^v) + 10800\varphi(H_2^v) + 35960\varphi(CH_4^v) + 59870\varphi(C_2H_4^v) + \\ &\quad 71180\varphi(C_mH_n^v) + 23100\varphi(H_2S^v) \\ &= 12770 \times 25.96\% + 10800 \times 6.12\% + 36960 \times 0.29\% \\ &= 4080kJ/m^3 \end{aligned}$$

3.2.3　冶金企业常用燃料

3.2.3.1　冶金生产中常用煤气的种类和性质

冶金生产常用煤气有高炉煤气、焦炉煤气、发生炉煤气及天然气。

（1）高炉煤气。高炉煤气是炼铁生产的副产品，冶炼每吨生铁大约得到 4000m^{3}的煤气。其中主要可燃成分为 CO，含量随着炼铁生产波动而波动，一般不超过 1/3；煤气中

大量的是不可燃的 N_2（体积分数超过 50%）和 CO_2（体积分数超过 10%）。高炉煤气发热量很低，仅 3560～3980kJ/m³，一般与焦炉煤气混合使用。

（2）焦炉煤气。焦炉煤气是炼焦生产的副产品，每炼 1t 焦炭大约得到 300～380m³ 煤气。其中主要成分是 H_2，体积分数超过 50%；其次是 CH_4，体积分数占 25%；其余是少量的 CO、N_2、CO_2、H_2S 等。焦炉煤气发热量比较高，可达 16750～18840kJ/m³，一般作为民用燃料，也可与高炉煤气混合使用。

（3）发生炉煤气。在没有高炉煤气和焦炉煤气的地区，可以将固体燃料直接加工得到发生炉煤气，其主要成分是 CO，体积分数不到 1/3；其次是 H_2，体积分数可达 10%；不可燃成分主要是 N_2，体积分数超过 50%。发生炉煤气发热量比较低，仅 5020～6280kJ/m³。

（4）天然气。天然气是一种发热量很高的优质燃料，它的主要可燃成分是 CH_4，体积分数在 80%以上，发热量约为 33490～37680kJ/m³，理论燃烧温度高达 1090℃。

有的天然气和石油产在一起，称为伴生天然气，它的主要可燃成分除了甲烷以外，还含有较多的不饱和烃（约占 30%），发热量高达 41870kJ/m³。

几种常用煤气的性质见表 3-4。

表 3-4 常用煤气的性质

煤气名称		高炉煤气	焦炉煤气	天然气	发生炉煤气
煤气干成分/%	CO^d	23～31	4～8	—	24～30
	H_2^d	10～15	53～60	0～2	12～15
	CH_4^d	0.1～2.6	19～25	85～97	0.5～3
	$C_2H_4^d$	—	1.6～2.3	0.1～4	0.2～0.4
	H_2S^d	—	—	0～5	0.04～1
	$CO_2^d+SO_2^d$	8～18	2～3	0.1～2	5～7
	O_2^d	0～1	0.7～1.2	—	0.1～0.3
	N_2^d	48～60	7～13	0.2～4	46～55
$Q_{低}$/ kJ·m^{-3}		3560～3980	15490～16705	33490～35590	4820～6400
注意事项		易中毒	易爆炸	易爆炸	易中毒

（5）使用煤气安全知识。

1）使用煤气要注意安全。输送管道要严密无缝隙。防毒、防爆，严格遵守煤气安全制度。

2）煤气能和空气构成爆炸性混合物，所以煤气管道要避免混入空气，一般保持煤气管内是正压，以免在管内发生爆炸事故。由于输送管道保持正压，煤气管道必须严防漏气，以免煤气逸出，引起中毒或厂房内形成爆炸性混合物。一般有煤气设备的厂房内必须装抽风机以改善通风条件，严禁烟火，采取措施预防某些机器开动时火花的形成。

3）煤气设备及管道上应安装发声、发光或其他低压警报器或指示仪器，以提醒工作人员及时处理。一般指示灯亮或煤气降压铃响后，应立即关闭阀门，防止回火。

4）为了减轻爆炸的破坏力，煤气设备上应安装安全阀。在煤气管道的个别地方应设有放散管，直通车间房顶外，以便发现可疑情况时能将煤气放散到大气中。煤气管道与煤气系统接通时，应首先用蒸汽将管道内的空气经放散管吹净。

5）冶金工厂使用煤气的车间，均制定有煤气使用制度及安全操作规程。这些合理的规章制度是前人丰富实践的总结，必须认真严格执行。

3.2.3.2　煤

各种煤都是古代的植物经过在地下长期炭化形成的。世界煤储量估计为 5×10^{12} t，是丰富的能源。根据炭化程度的不同，煤分为泥煤、褐煤、烟煤和无烟煤。炭化程度越高，煤中的水分、挥发分就越少，固定碳就越多。

泥煤是最年轻的煤，其中还保留了一部分植物残体，含水量很高，工业上价值不大。褐煤是泥煤进一步炭化的产物。它的外观呈褐色或褐黑色，挥发分很高，可达 45%～55%。褐煤的发热量较低，化学反应性强，在空气中可以氧化或自燃，风化后容易碎裂，在炉内受热破碎严重。褐煤可以作为气化原料和化工原料，冶金厂有时用来烧锅炉或低温炉子。

烟煤是工业用煤中最主要的一种。烟煤比褐煤炭化更完全，水分和挥发分进一步减少，固定碳增加，低发热量一般在 23000～29300kJ/kg。

无烟煤是炭化程度最完全的煤，其中挥发分很少。无烟煤化学反应性较差，抗热震性差，受热以后很容易爆裂。无烟煤由于挥发分少，燃烧时火焰很短，不适合直接作为工业燃料。

为了评价煤的工业价值并合理利用资源，各国都有一套煤的分类标准，我国现行的以炼焦煤为主的煤分类方案将煤分为无烟煤、贫煤、瘦煤、焦煤、肥煤、气煤、弱黏结性煤、不黏结性煤、长焰煤和褐煤十大类。

我国工业燃料中煤仍占首位，特别是中小型冶金企业目前直接以煤作为燃料的为数还不少。一些烧重油的炉子根据“以煤代油”的方针，有条件的企业要改烧固体燃料。

3.2.3.3　重油

冶金企业所用的液体燃料主要是重油。重油是石油加工的产品。原料经过加工，提炼了汽油、煤油、柴油等轻质产品以后，剩下的分子量较大的油就是重油，也称渣油。根据原油加工过程的不同，所得的重油还有常压重油、减压重油和裂化重油之分。

各地重油的元素分析值差别不大，其可燃成分的平均值范围大致如下：

$w(C)^r=85\%\sim88\%$，$w(H)^r=10\%\sim13\%$，$w(N)^r+w(O)^r=0.5\%\sim1\%$，$w(S)^r=0.2\%\sim1\%$

重油主要是碳氢化合物，杂质很少。一般重油的低发热量为 40000～42000 kJ/kg。

重油作为工业燃料，有下列几种重要特性：

（1）黏度。黏度是表示流体流动时内摩擦力大小的物理指标。黏度的大小对重油的运输和雾化有很大影响，所以对重油的黏度有一定要求。

黏度的表示方法很多，如动力黏度、运动黏度、恩氏黏度等。我国工业上表示重油黏度通用的是恩氏黏度（°E），它是用恩格拉黏度计测得的数据，本身没有特殊的物理意义。重油的牌号是指在 50℃时，该重油的恩氏黏度值，例如 60 号重油是指该重油在 50℃

时的恩氏黏度为 60°E。

为了保证重油的雾化质量，在喷嘴前重油的黏度一般应为 5～12°E。黏度过高时，油从油罐输向喷嘴困难，雾化不良，点火困难，造成燃烧不好。

升高重油的温度可以显著地降低它的黏度，所以要保持重油的黏度适宜，必须对重油进行预热。预热的温度随重油的牌号和油烧嘴的形式而异，可根据实验来确定。

(2) 闪点和着火点。重油加热时表面会产生油蒸气，随着温度的升高，油蒸气越来越多，并和空气相混合，当达到一定温度时，火种一接触油气混合物便发生闪火现象。这一引起闪火的最低温度称为重油的闪点。再继续加热，产生油蒸气的速度也加快，此时不仅闪火而且可以连续燃烧，这时的温度称为燃点，燃点一般比闪点高 7～10℃。继续提高重油温度，即使不接近火种，油蒸气也会发生自燃，这一温度称为重油的着火点，通常约在 500～600℃。如炉内温度低于着火点，则燃烧不好。

闪点是用闪点测定仪测定的，由于闪点测定仪有“开口”与“闭口”之分，所以闪点的数值也有“开口”与“闭口”之分。一般重油的开口闪点在 80～130℃。

闪点、燃点和着火点关系到用油的安全。闪点以下油没有着火的危险，所以储油罐的加热温度必须控制在闪点以下。

(3) 残碳率。使重油在隔绝空气的条件下加热，将蒸发出来的油蒸气烧掉，剩下的残碳以质量分数表示，称为残碳率。我国重油的残碳率一般在 10%左右。残碳率高时，可以提高火焰的黑度，有利增强火焰的辐射能力，这是有利的一面；但残碳率高也会在油烧嘴口上积炭结焦，造成雾化不良，影响油的正常燃烧。

(4) 水分。重油含水分过高会使着火不良、燃烧温度降低、火焰不稳定。所以限制重油的水分在 2%以下。但为加温往往采用蒸气直接加热，因而使重油含水量大大增加。一般应在储油罐中用沉淀的办法使油水分离而脱去。

(5) 重油的标准。我国现行的重油标准共有四个牌号，即 20 号、60 号、100 号、200 号四种。各牌号重油的分类标准可查阅相关资料。

复习思考题

3-2-1 冶金生产中常用燃料有哪些，各有何特性？

3-2-2 固（液）体燃料、气体燃料的成分表示方法有何不同，热工计算时分别用什么成分？

3-2-3 燃料的高发热量与低发热量的区别是什么，如何换算？

3-2-4 写出气体燃料中可燃成分的燃烧反应以及各不可燃成分。

3-2-5 为什么使用煤气要注意安全？

3-2-6 何为标准燃料，引入这一概念有何意义？

3-2-7 已知高炉煤气的干成分如下：$\varphi(CO^d)=27.2\%$，$\varphi(H_2{}^d)=3.2\%$，$\varphi(CH_4{}^d)=0.2\%$，$\varphi(CO_2{}^d)=14.7\%$，$\varphi(O_2{}^d)=0.2\%$，$\varphi(N_2{}^d)=54.5\%$，试求该煤气在 30℃时的湿成分及其发热量。

3-2-8 某烟煤的成分在化验室给出的化验单上为

成分	C^r	H^r	O^r	N^r	S^r	A^g	W^y
$w/\%$	85.32	4.56	4.07	1.80	4.25	7.78	3.0

试问在炉子中实际燃烧时的供用成分如何？该煤的低发热量为多少？

3.3　燃料的燃烧

3.3.1　燃料燃烧过程的基本概念

燃烧是指燃料中的可燃物与空气中的氧气发生剧烈的氧化反应，产生大量热量并伴随有强烈的发光现象。

燃烧必须满足三个条件，即燃料、空气（或氧气）及达到燃烧的最低温度——着火温度。

（1）着火温度。燃料受热时，温度逐渐升高，氧化及放热反应速度逐渐增大，当温度升高到某一温度时，燃料只靠本身氧化放出的热量，而不再需要外面加热便能持续地进行燃烧。此时的温度称为燃料的着火温度或着火点。

燃料的着火温度并不是一个定值。它与燃料的组成、空气用量、受热速度及氧气浓度、周围温度、燃烧室的结构等诸多因素有关。当氧化放热反应速度或散热速度变化时，均能使着火温度改变。因此对某种燃料一般只能给出一个着火温度范围或最低着火温度，它们一般由实验求得。

某些燃料在 1 个标准大气压下在空气中的着火温度范围或最低着火温度见表 3-5。

表 3-5　某些燃料的着火温度范围或最低着火温度

燃料种类	着火温度/℃	燃料种类	着火温度/℃
H_2	530～590	天然气	530
CO	610～658	石油	360～400
CH_4	537～680	重油	300～350
C_2H_6	530～594	烟煤	400～500
C_2H_2	335～500	无烟煤	600～700
焦炉煤气	500	褐煤	250～450
发生炉煤气	530		

（2）着火浓度范围。研究表明，当气体燃料与空气的比例在一定的范围内时，不管混合物是否达到着火温度，只要其遇到明火就能开始燃烧，这一范围称为着火浓度范围。

可燃气体与空气在容器内混合均匀，又在着火浓度范围以内，当有火花或明火存在时，由于瞬时产生了温度很高的燃烧产物，压力急剧增加，可产生爆炸现象，故着火浓度范围又称爆炸极限。

混合气体中可燃气体的含量低于着火浓度范围下限或高于上限时，均不能着火燃烧。低于下限或高于上限时，由于可燃气体量太少或氧气量太少，局部点燃时，其氧化反应所产生的热量不足以使邻近层气体加热至着火温度以上而燃烧，不能使燃烧传播，所以燃烧不能继续进行。当煤气与空气的混合物喷入高温炉中时，由于混合物的温度能很快加热到着火温度，则不受此着火浓度范围的限制。

气体燃料在空气中的着火浓度范围见表 3-6。掌握气体燃料的着火温度和着火浓度范围，对冶金炉的正常操作管理及防爆、防火有重要的意义。天然气及石油气的着火浓度范围较窄，必须保证它们的含量在此范围内才能够着火燃烧。另外，天然气、石油气在空气中浓度达到3%~4%时就有爆炸的危险，因此输送气体的管道、测量仪表及燃气装置等必须封闭严密，不能漏气。在气体燃料的储存和输送管道附近决不允许明火或高温热源存在。

表 3-6 气体燃料在空气中的着火浓度范围 （%）

燃料种类	着火浓度范围		燃料种类	着火浓度范围	
	下限	上限		下限	上限
H_2	4.0	75	焦炉煤气	5.6	31
CO	12.5	75	发生炉煤气	21	74
CH_4	5	15	天然气	4	15
C_2H_6	3.2	12.5	石油气	3	13

当气体燃料与空气的混合物预热时，随着预热温度提高，着火浓度范围逐渐扩大。当气体燃料与纯氧混合时，其着火浓度范围也比与空气混合时扩大。

（3）火焰传播速度。在可燃气体与空气的混合物中，当某一局部地区着火燃烧，在燃烧处就形成了燃烧焰面。由于燃烧产生大量的热，该处温度提高并传给邻近一层的气体，使其达到着火温度以上而燃烧，并形成新的燃烧焰面，这种焰面不断向未燃气体方向移动的现象称为火焰的传播（扩散）现象，传播的速度称为火焰传播（扩散）速度。其方向与焰面垂直，故又称法向火焰传播速度（m/s）。

3.3.2 气体燃料的燃烧

3.3.2.1 气体燃料的燃烧过程

气体燃料的燃烧是气体燃料中的可燃物与空气中的氧进行激烈化学反应的过程。从本质上讲，其过程包括以下三个阶段，即煤气与空气的混合、混合后的可燃气体的加热和着火、完成燃烧化学反应而进行正常燃烧。

A 煤气与空气的混合

要使煤气进行燃烧，首先必须使煤气中的可燃成分的分子与氧的分子进行接触，这样才有可能使燃烧进行。

为了使煤气中的可燃成分的分子与氧的分子进行接触，就要将煤气和空气进行均匀地混合。因此，煤气与空气的混合是煤气燃烧的基础，其混合速度的快慢，将直接影响到煤气的燃烧速度以及火焰的长度。

气体的混合主要是两个气体射流的混合，其实质是一个紊流扩散和机械掺混过程。它的影响因素很多，根据射流的基本规律和一些实验研究的结果，影响两射流混合速度的因素主要有以下几点。

（1）煤气和空气的流动方式。例如：煤气喷到静止的空气中；煤气空气互相平行流动；煤气与空气的流动方向之间有一定交角；煤气和空气呈旋转运动等。

实验证明，当其他条件相同时，平行射流的混合速度最慢，火焰最长。

使煤气和空气射流之间具有一定的交角，而且两射流间的交角越大，越有利于混合。这是因为，这时不仅在射流相遇处产生了新的脉动质点，强化了紊流扩散，而且还有机械掺混作用加速气体的混合。

利用旋转气流来加强气体的混合，近来在燃烧技术中已得到广泛的应用。这是因为与直进式气流相比，旋转气流的流线较长从而使气体分子有较充分的相互扩散时间，而且气流的紊乱程度较激烈所致。因此在同样的空间距离内，旋转气流的混合程度比直进气流好。

（2）气流速度。气体的混合在一定程度上可以认为是一个扩散过程。在层流情况下，混合是通过分子扩散方式进行的，与气流速度无关。因此，这时流速越大，火焰就越长。

当气流速度增大到一定程度，则气流开始向紊流状态过渡。在过渡区内除了分子之间的扩散作用以外，气体微团也产生横向紊流脉动作用，称为紊流扩散。气流速度越大，紊流扩散作用就越强烈，混合也就越快。此时，由于紊流扩散的出现，火焰长度随气流速度的增大而有所减小。

当进入紊流状态以后，紊流扩散速度基本上随气流速度成正比关系增加，所以火焰长度不再随气流速度改变。

（3）气流相对速度（速度差）。对于两平行流动的射流来说，除了射流本身的绝对速度以外，它们之间的相对速度即速度差也对混合有很大影响。气流的速度差越大，混合就越快。因此，从加速混合的角度出发，希望煤气和空气的速度差大一些比较好。其方法可以分别提高中心射流的速度或周围射流的速度，以使速度差增加，这样可以提高在射流断面上的平均混合程度。然而提高不同射流的速度会产生不同的效果：提高周围射流的速度可以加速射流中心线上的混合；提高中心射流的速度可以加速射流边缘面上的混合。在烧煤气时，多数是煤气为中心射流，空气为周围射流。这时，在流量不变的条件下，加速空气流速，可以在煤气射流中尽快混合，使空气的浓度达到燃烧反应的需要，即燃烧加快，火焰缩短。

（4）气流直径。气流直径越大，完成混合所需要的时间就越长，火焰也越长。根据研究，中心射流的喷口直径越小，射流中心线上的混合越快，这是因为周围射流质点达到射流中心所要穿过的路程减小，这就有利于加快混合速度。在实际的煤气烧嘴中，采用这种措施以提高混合速度是很有效的，例如采用多喷口、细流股、扁流股的烧嘴，均可加速煤气与空气的混合，提高燃烧强度。

（5）煤气发热量。当其他条件相同时，煤气发热量越大，所需要的空气量就越多，因而混合时间就越长。

（6）空气消耗系数。在炉子操作上，常常把改变空气消耗系数（调节空气阀门）作为调整火焰长度的一个手段。增大空气消耗系数能使混合加快，火焰缩短。反之，则混合放慢，火焰拉长。

以上是影响煤气空气混合速度的主要因素及其基本规律。生产中使用的各种煤气烧嘴尽管种类繁多，但大体上都不外乎是以上几个影响因素的具体应用。因此，上述这些基本影响因素可以作为比较和鉴别烧嘴特点的依据。也就是说，在设计或选择烧嘴时，可以根据上述因素对混合的影响规律来改变烧嘴的结构，以便得到所需要的火焰长度。

B 煤气和空气混合物的加热和着火

经过混合以后的煤气和空气的混合物，只有在被加热到一定温度时才能进行燃烧反应。这个一定的温度，便称为“着火温度”。着火温度，就是指反应物质开始自动加速反应达到着火状态所需要的最低温度。

必须指出，由于把可燃混合物加热到着火温度的加热方法不同，着火过程的机理也不相同。常把使容器内整个气体的温度同时达到着火温度的过程称为自然着火（煤气的爆炸属于这种过程）；如果是先用一小的热源（小火焰、电火花、灼热的小物体等）将可燃混合物某一局部先加热到着火温度，然后再引起其他部分着火，这样的着火过程称为强迫着火或点火（炉内的燃烧都是属于点火）。

只有达到着火温度，煤气和空气混合物才能燃烧，着火是燃烧的条件。实验指出，各种可燃气体的着火温度见表3-7（由于实验装置不同，各资料上的数据不尽一致）。表中是指各单一可燃气体与空气的混合物（$n=1.0$）的着火温度。一般工业煤气的着火温度约为500~600℃。CO和H_2含量多的高炉煤气、转炉煤气、发生炉煤气和焦炉煤气的着火温度偏下限，天然气的着火温度偏上限。上述数值是在空气中燃烧，如果是在氧气中燃烧，着火温度约低50~100℃。

燃烧反应的进行除了和温度有关外，还和反应系统的压力及反应物质的浓度有关。在一定的初始浓度下，如果系统压力低于一定值，由于气体分子过于稀薄，便不能着火，这个压力便称为“压力极限”。一般气体的压力极限都很低（不高于0.1绝对大气压）。在一定的压力下，可燃气体浓度过小或过大，都会由于反应放热速度太慢，而不能着火，所以还存在着“浓度极限”。各可燃气体和空气混合物的浓度极限见表3-7。

表3-7 常温常压条件下煤气空气混合物的着火温度和着火浓度极限

气体名称	着火温度/℃		着火浓度极限/%	
	最 低	最 高	下 限	上 限
氢气（H_2）	550	609	4.0~9.5	65.0~75.0
一氧化碳（CO）	630	672	12.0~15.6	70.9~75.0
甲烷（CH_4）	800	850	4.9~6.3	11.9~15.4
乙烷（C_2H_6）	540	594	3.1	12.5
丙烷（C_3H_8）	525	588	2.4	9.5
丁烷（C_4H_{10}）	490	569	1.93	8.4
乙烯（C_2H_6）	540	550	3.0	28.6
乙炔（C_2H_2）	335	500	2.5	80.0
焦炉煤气	550	650	5.6~5.8	28.0~30.8
发生炉煤气	700	800	—	—
天然气	750	850	5.1~5.8	12.1~13.9
高炉煤气	700	800	35.0~40.0	56.0~73.5

表中的浓度极限上、下限值相当于煤气在可燃混合物中最大或最小含量。当煤气的浓度小于着火浓度的下限时（空气过多），这种煤气空气混合物就不会着火，因为它发热量

不足以把邻近的气体加热到着火温度。同理，如果煤气的浓度大于着火浓度的上限（空气太少），则这种混合气体只有在大气中才能保持稳定的燃烧，因为这时它可以从大气中补充它所需要的氧气。另外可燃气体的着火浓度极限与气体本身的温度有关。提高混合物的温度，能使它的浓度极限范围扩大。当可燃气体的温度已经超过着火温度时，煤气和空气在任何的比例下均可着火，此时浓度极限就失去了意义。

总之，为了实现着火过程，应将可燃混合物加热到着火温度，并且可燃混合物的成分应在着火浓度极限之内。掌握煤气的着火温度和着火浓度极限，不仅对炉子的正常操作和管理有实际意义，而且对于煤气的防火、防爆等安全技术也有重要意义。例如：为了不致发生煤气着火爆炸，在煤气储存和输送管路附近决不允许引火或存在任何可使煤气温度达到着火温度的高温热源。在采用无焰燃烧法时，由于煤气空气要预先在混合器中进行混合，所以它们的预热温度必须控制在着火温度以下。又如，停炉以后和开炉之前，都必须用蒸汽把煤气管道中的残余气体赶尽。点火时，如果第一次失败，则必须将烟道闸板打开使炉内的可燃气体排走后再进行下一次点火，否则会发生爆炸。

C　完成燃烧反应而进行正常燃烧

在炉内，当将煤气和空气的混合物点着之后，则立即开始激烈的氧化反应，并发出大量的光和热，这就是煤气的燃烧反应阶段。如果燃烧的过程能连续地进行下去，在炉内保持稳定的火焰，就是煤气的正常燃烧阶段。

燃烧反应本身是一个化学过程，根据化学动力学，煤气中这些可燃气体的氧化（燃烧）反应都是属于分枝链锁反应。

链锁反应的理论认为，燃烧反应是通过一些化学性极活泼的中间物质“活性核心”来实现的，它们主要是氢原子（H）、氧原子（O）以及氢氧基（OH）。它们的产生是由于分子受到高温的激发作用而分解生成的。由于它们具有较大的活化能，促进了链锁反应的开始和传递。氢的燃烧反应为典型的链锁反应，其过程如下。

第一个活化氢可以这样获得：

$$H_2 + M \!=\!=\!= 2H + M$$

式中，M 是不参加反应的催化物质。

原子氢（即活性核心）是链锁反应的基础，它与氧分子碰撞后，又生成活性的氧原子（O）和氢氧基（OH），其链锁反应如下：

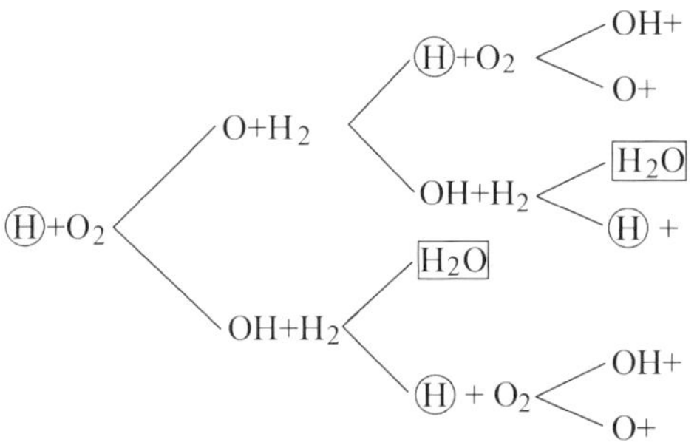

○—链锁开始的活性核心；□—最终生成物。

总反应式为　　$$H + 3H_2 + O_2 \!=\!=\!= 3H + 2H_2O$$

从上可知，一个氢原子能产生三个新的氢原子，而三个氢原子分别参加反应的结果又产生 9 个氢原子，这样链锁反应结果，氢在燃烧过程中不但没有减少，反而越来越多，从而大大加速了燃烧反应速度，这样就保证了燃烧过程的持续、顺利进行。

CO 和 C_mH_n的燃烧同 H_2的燃烧相似，也是属于分枝的链锁反应，只不过比较复杂而已。另外，在链锁反应中，反应物质的温度越高，反应速度就越快，在高温下燃烧反应可在瞬间内完成。

综合上述，煤气燃烧过程包括混合、着火和正常燃烧三个阶段。其中混合过程是一种物质扩散现象，而着火和正常燃烧是传热和化学反应现象。实际上，在炉内这三个过程是同时存在、互相制约、连续进行的，只是在具体情况下各过程在总过程中所占的地位不同。如在煤气燃烧时，只要将煤气和空气混合好了，在高温下着火与燃烧反应都能自动、连续而且异常迅速的进行。所以，混合的充分与否是决定煤气燃烧过程的关键。要使煤气完全而迅速地燃烧，就必须创造条件，促使煤气与空气充分混合，这是设计煤气烧嘴的主要任务。

D 火焰的传播

前面已讲到，在点火后，可燃气体的燃烧反应首先是在局部地区开始，然后通过燃烧反应区所放出的热量把邻近的未燃气体加热，使其达到着火温度而燃烧。在燃烧技术中，把这种通过热量的传递而使燃烧反应区逐渐向前推移的现象称为“火焰的传播”。

（1）火焰传播的基本概念。在一个水平放置的玻璃管中充入已经混合均匀的可燃气体（见图 3-1）。在管子的一端装有点火器，另一端和大气相通以保持恒压。在点火以后，在点火源附近的一层气体达到着火温度时，便开始激烈的化学反应，即开始着火，形成一层平面火焰，称为火焰前沿（燃烧前沿）。火焰前沿的温度很高，它的热量传给相邻的一层可燃混合物，使其温度不断提高，达到着火温度，使相邻的一层可燃混合物也开始着火燃烧。原来的火焰前沿的位置上已是燃烧完了的燃烧产物，新着火的一层可燃混合物又变成了火焰前沿，它又将热量向前传去。这样，一层一层地被加热，着火燃烧，可以看到火焰前沿连续地向前移动。这说明用外部热源点火以后，一旦形成火焰前沿，燃烧便能连续地进行下去。这种由于热量传递而使火焰前沿移动的燃烧过程称为火焰正常传播或正常燃烧。

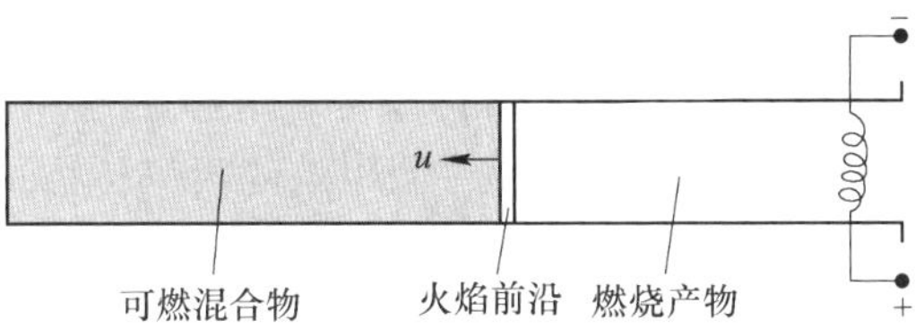

图 3-1 火焰传播示意图

火焰前沿向前移动的速度，称为火焰传播速度（ u ），它表示可燃混合物燃烧的快慢。火焰传播速度快，就是指可燃混合物燃烧较快；火焰传播速度慢，就是指可燃混合物燃烧较慢。所以火焰传播速度是各种煤气的又一个特性指标。

如果上述实验管内的可燃混合物不是静止的，而是流动的，其流动的速度为 v 。则火焰传播速度 u 的方向与 v 的方向是相反的，这时，则可能有三种情况：

当 $|v|=|u|$ 时，即两者速度相等，但方向相反，这时火焰前沿的位置将是稳定不动的。

当 $|v| < |u|$ 时，火焰前沿就会向管内移动，在烧嘴中发生这种现象便称为“回火”。

当 $|v| > |u|$ 时，火焰前沿就会向管口移动而最终脱离开管口，这种现象便称为“脱火”。

上述实验是在管内形成的一种平面前沿。实际上，煤气烧嘴形成的火焰都近似于锥形，即锥形的火焰前沿，如图 3-2 所示。

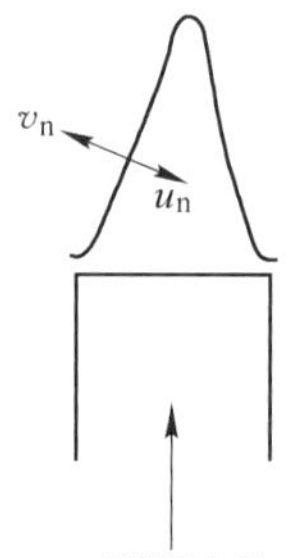

图 3-2　锥形火焰前沿

此时，在火焰前沿面的法线方向上，气流的分速度 v_n 也必须和这个方向上的火焰传播速度相平衡。只有这样，才能保证稳定的火焰，否则将发生“回火”或“脱火”现象。这在生产中必须防止，因为它容易引起设备烧坏，甚至造成爆炸事故。另外即使燃烧器出口断面上可燃混合物的平均速度大于火焰传播速度，但由于烧嘴的加工精度不够，烧嘴中有污物沉积等也会造成速度的不均匀，使有些部位的速度小于火焰传播速度，这时也会引起“回火”。所以在生产中应经常清理烧嘴。

（2）火焰传播速度的影响因素。火焰传播速度的大小，目前只能靠实验的方法直接测定。而各种文献资料中所给出的火焰传播速度的数据往往很不一致。这是因为，火焰传播速度不仅取决于可燃气体本身的物理化学性质，而且还和测量方法、测量装置、气流的紊动性以及管壁的散热情况等外界条件有关。

在常温和常压条件下，某些单一气体的空气混合物在直径为 25.4mm 的玻璃管内燃烧时的最大火焰传播速度可见表 3-8。

表 3-8　单一气体的空气混合物的最大火焰传播速度　（cm/s）

气体名称		H_2	CO	CH_4	C_2H_6	C_3H_8	C_2H_4
最大火焰传播速度		485	125	67	86	82	142
混合比例/%	煤气	38.5	45.0	9.8	6.5	4.6	7.1
	空气	61.5	55.0	90.2	93.5	95.4	92.9

上述实验数据只反映了在实验室条件下的火焰传播速度，因此，不能用于实际问题的计算。上表说明在同样的燃烧条件下，不同的可燃气体具有不同的火焰传播速度；在各种常见的可燃气体中，氢的火焰传播速度最大，而甲烷的火焰传播速度则最小。当条件发生改变时，火焰的传播速度也将发生变化。由于火焰传播过程实质上是化学反应和传热过程的综合，所以影响火焰传播速度的因素主要有以下几点。

1）可燃混合物的本性。火焰传播速度与煤气的物理化学性质有关。速燃气体的火焰传播速度大，缓燃气体的火焰传播速度小。其原因主要是各气体的导热系数不同。导热系数大的，气体内部传热快，所以火焰传播也快。H_2的导热系数最大，所以火焰传播最快。

煤气与空气的配比（即空气消耗系数 n）也影响火焰传播速度。而且，超过一定的范围，火焰将不能传播。在理论上讲 $n=1.0$ 时可燃混合物的火焰传播速度最大，因为这时单位体积的可燃混合物发出的热量最大；但是，如图 3-3 所示，火焰传播速度的最大值并不是在空气消耗系数 $n=1.0$ 的地方，而是在 $n<1.0$ 的地方，大多数在 $n=0.5\sim0.9$ 的范围内。这就是说，当空气少量不足的情况下火焰传播速度最大。这是因为，在煤气浓度偏高

的条件下，燃烧的链锁反应的活性中心浓度较大，燃烧反应进行较快，加速了火焰传播。当煤气的浓度太大或太小时，由于单位体积的可燃混合物发热量太小，而使 u_n 值均减小，甚至不能向前传播。当煤气中含有惰性气体 CO_2 和 N_2 时，也会使火焰传播速度减小。

2）可燃混合物的预热温度。提高可燃混合物的初始温度能显著提高火焰的传播速度。图 3-4 是几种常用煤气的火焰传播速度与初始温度的关系。由图中可以看出，u 随温度的增高而急剧上升，这是因为预热温度越高，则将可燃混合物加热到着火温度所需要的时间越短，火焰传播速度就越快。

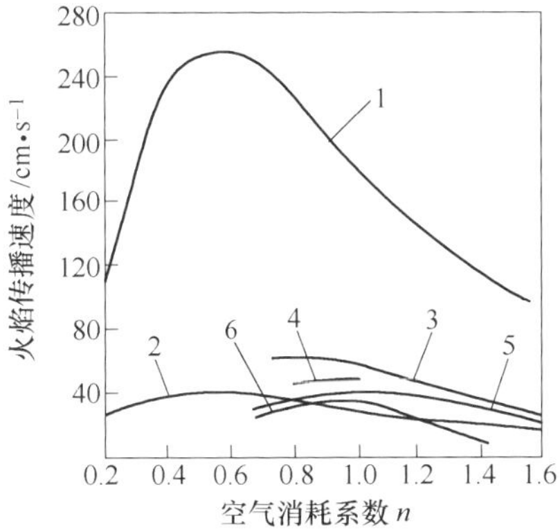

图 3-3　火焰传播速度与空气消耗系数的关系

1—H_2；2—CO；3—C_2H_4；4—C_3H_6；5—C_3H_8；6—CH_4

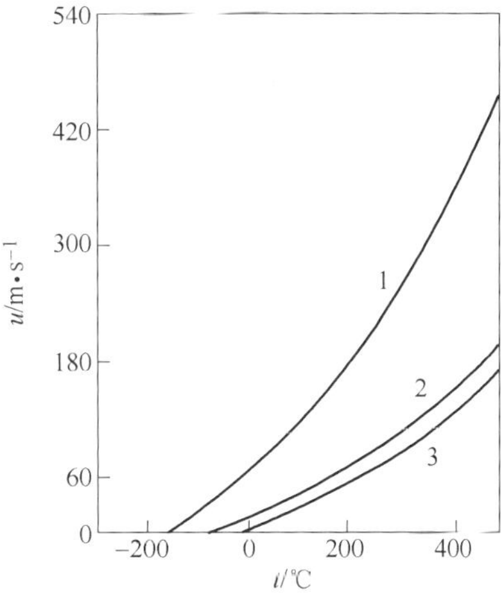

图 3-4　火焰传播速度与温度的关系

1—焦炉煤气；2—天然气；3—发生炉煤气

根据这一规律，在生产实践中，如果把空气或煤气预热，不仅可以回收废热节约燃料，而且还可以提高燃烧速度，有利于燃料的完全燃烧，并且为强化生产加大热负荷创造了有利条件。

3）流动性质。层流时火焰传播速度小，紊流时火焰传播速度快。这是因为，当层流时，火焰前沿面基本上是平面；而当紊流时，由于气流质点发生脉动，会把火焰前沿面“打乱”，而使前沿面变成曲折的波浪形面。因此，在气流单位横断面上，实际的火焰前沿面总面积增加了，火焰前沿的厚度也有所增加；这样在单位时间内燃烧掉的燃料量增加，放出来的热量多，火焰的温度升高，也就使火焰前沿以更大的速度向前传播。一般说来，气流速度越快，火焰传播速度也越快。但在气流速度已很高的情况下，气流速度的影响将不显著。

4）对外部的散热条件。在绝热条件下，火焰传播较快；而当向外界强烈散热时，火焰传播速度则较小。例如，火焰在管内传播，火焰传播速度就受管子直径的影响。在紊流的情况下，当管径增大时，管子的相对散热面积减小，有利于火焰的传播。相反，当管径减小时火焰的传播速度也减小。当管径小到一定值时，由于相对散热面太大，可燃混合物燃烧的热量迅速向外散失，使火焰不能向前传播，即不能继续燃烧。

5）其他。如压力、含尘量、少量的水蒸气等也影响火焰传播速度。

根据以上分析可以看出，研究火焰传播的物理本质以及火焰传播速度与各种影响因素之间的关系主要有如下的意义。第一，它可以给提高燃烧速度和改进燃烧技术指出方向。

第二，火焰传播速度的数据是设计燃烧器时不可缺少的依据。这是因为，为了保证燃烧过程和火焰的稳定，必须使可燃混合物的喷出速度与该条件下的火焰传播速度相适应，也就是说，两者之间必须保持平衡。如果可燃混合物的喷出速度太大，超过了火焰的最大传播速度，火焰就会被吹灭，产生“脱火”，开炉点火时，可燃混合物的流量不能太大就是这个原因。反之，如果可燃混合物的喷出速度小于火焰的传播速度，火焰就会回窜到烧嘴内部（对无焰烧嘴而言），产生“回火”，严重的回火将会引起爆炸。

目前，关于火焰传播机理的研究还很不熟，有关火焰传播速度的资料也不完全。所以在设计燃烧器时主要还是根据生产实践经验来确定可燃混合物的喷出速度和烧嘴的调节范围。

3.3.2.2　气体燃料的燃烧方法

目前生产上常根据煤气与空气在燃烧前的混合方式不同，将煤气的燃烧方法分为两类，即有焰燃烧法和无焰燃烧法。

A　有焰燃烧（扩散燃烧）方法

有焰燃烧法，指的是煤气与空气在燃烧器（简称烧嘴）中不预先混合或只有部分混合，在离开烧嘴进入炉内以后，在炉内（或燃烧室内）边混合边燃烧，即混合与燃烧是同时进行，形成一个火焰。这时燃烧速度受到混合速度的限制，火焰较长，这种“边混式”的燃烧，通称为“有焰燃烧”。因为其中的混合过程是一种物质扩散现象，故有焰燃烧的原理属于“扩散燃烧”，它主要取决于物理方面的因素。

在这种燃烧方法中，因为煤气中有部分的碳氢化合物在炉膛内因不能立即与空气混合而燃烧，使它在高温下受热后裂化，析出微小的固体碳粒。这种碳粒具有较强的辐射和反射能力，而且能辐射出可见光波，呈现出明亮的火焰，故称为“有焰燃烧”。

a　有焰燃烧的特点

（1）有焰燃烧的火焰黑度大，辐射能力强；沿火焰长度上温度分布均匀；有的有焰烧嘴可改变火焰情况、调节火焰长度，因而能控制沿长度上的温度分布。

（2）要求煤气的压力较低，一般为 50~300mmH_2O 即可。对煤气含尘、含焦油量要求不严，可以使用未清洗的发生炉煤气。

（3）一般不发生回火，因此预热温度不受限制，有利于回收废热和节约燃料。

（4）烧嘴结构紧凑，每个烧嘴的燃烧能力较大，调节比也较大。

（5）混合较差，因而燃烧强度低，需要较大的燃烧空间和较大的空气消耗系数（$n=1.1\sim1.25$）才能完全燃烧。理论燃烧温度较低，但温度分布较均匀。

（6）空气管道、风机等系统较复杂，尤其用于烧嘴数量很多的炉子上，较为不便。另外，如果风机临时故障停风，煤气有倒流入空气管道的可能，引起空气管内煤气爆炸的危险。

这些特点说明有焰燃烧的主要矛盾是煤气和空气的混合。因为燃烧速度主要决定于混合速度，而煤气和空气的混合过程比燃烧反应过程要慢，故燃烧速度与燃烧完全程度就主要取决于煤气和空气的混合速度与混合的完全程度。

b　火焰结构和火焰长度

在采用边混式有焰燃烧时，由于燃烧气体分子的运动，在炉内形成一个有一定外形的火炬，通称为火焰。当煤气以层流流动从管口喷入到大气中燃烧时，形成的火焰如图 3-5 所示。此时，在火焰中分成明显的几个区域。中心为煤气，最外层为空气，当煤气与空气靠分子扩散混合达到一定比例时，形成燃烧带 3，燃烧后的燃烧产物向两方扩散。此时，在燃烧带内煤气和空气的浓度应该趋近于零，在 4 带中不含有煤气，在 5 带中不含有空气。如果不是在大气中，而是在燃烧室中燃烧，情况稍有变化，如图 3-6 所示，燃烧后的高温炉气将有一部分循环到火焰根部。这种循环气体的数量与气流速度、燃烧室的形状和尺寸等因素有关。

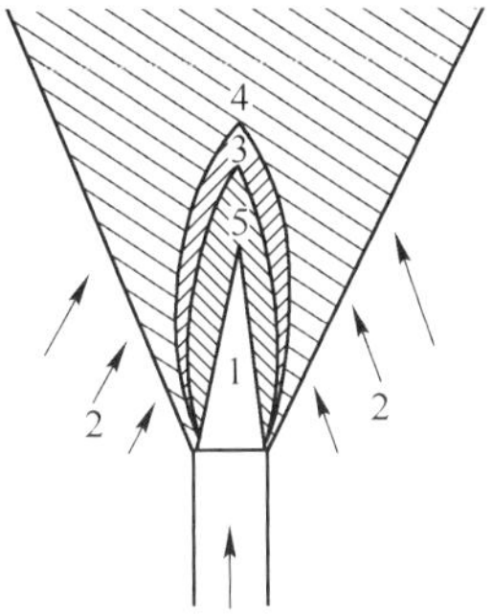

图 3-5 层流火焰的结构

1—煤气；2—空气；3—燃烧带；4—燃烧产物和空气的混合物；5—燃烧产物和煤气的混合物

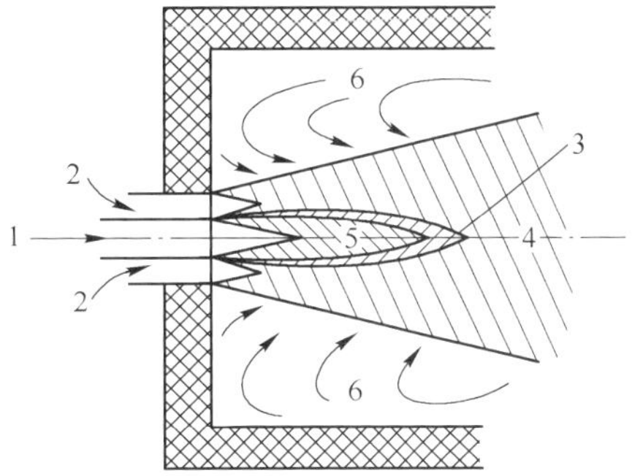

图 3-6 燃烧室内层流火焰结构

1—煤气；2—空气；3—燃烧带；4—燃烧产物和空气的混合物；5—燃烧产物和煤气的混合物；6—循环气体

在实际炉子中，煤气和空气是以紊流状态进行燃烧的。此时，情况就要复杂得多。由于气流脉动扩散的结果，以及由于燃烧所引起的脉动，使得火焰中各带之间并没有明显的界限。

另外在生产中也常提出对火焰长度的要求，因为它关系到燃烧室（或炉膛）尺寸的确定和炉内温度的分布。这里所说的火焰长度是指喷出的混合物由燃烧开始到结束所前进的距离。理论上它的数值应该是由燃烧开始到可燃成分含量为零的长度。

在有焰燃烧中，由于燃烧速度主要决定于混合速度，所以影响火焰长度的因素主要就是那些影响气流混合的因素，即凡是有利于混合的因素都可以使火焰长度变短；凡是不利于混合的因素都会使火焰长度变长。在实际生产中或在设计燃烧器时，影响火焰长度的因素主要考虑以下几点。

（1）煤气的喷出速度。在紊流的条件下，如喷口直径不变，则煤气喷出速度增加火焰长度基本不变。这是因为，当速度增加时，涡动扩散增加，混合加快，可以使火焰长度缩短；但另一方面，速度增加，流出的煤气量也增加，完成混合所需要的距离也拉长，综合这两方面的因素，所以速度增加时火焰长度仍基本不变。

（2）煤气喷口的直径。煤气喷口直径有最显著的影响。喷口直径越小，火焰越短，火焰长度基本上和喷口直径成正比。在不改变煤气流量的条件下，缩短火焰可采取减小喷口直径或将煤气流股分成若干个小细流，实质上就是增加了和空气的接触面积。

（3）空气的喷出速度。空气喷出速度越大，火焰越短。这可以靠增加空气流量或缩小空气喷口断面的办法来达到。

（4）空、煤气的预热温度。与冷空、煤气相比，预热后火焰更加靠近烧嘴喷口，火焰更加稳定。当烧嘴负荷不变时，预热后空气和煤气的喷出速度增加，而对燃烧速度的影响是，如预热后空、煤气的速度差变大，混合将加快，火焰变短。反之，预热后使速度差变小，火焰将变长。但是，当空、煤气预热到着火温度以上的高温时，则不论在任何情况下，燃烧将加快进行，得到很短的火焰。

（5）机械涡动。使空气与煤气具有一定的交角，如图 3-7（a）所示；使空气旋转，如图 3-7（b）所示；在流股进程中安放固体障碍物，如图 3-7（c）所示。都能增强混合，缩短火焰长度。

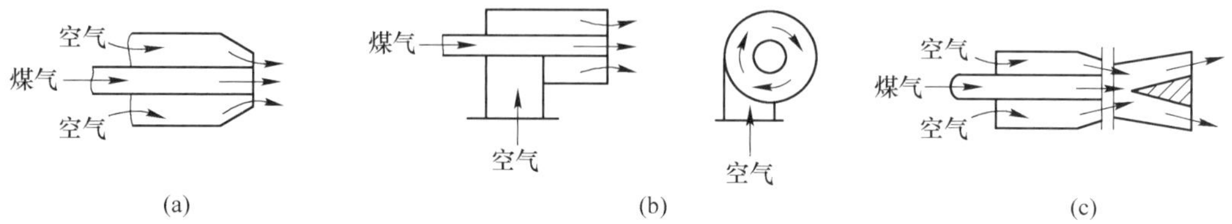

图 3-7　几种加强混合的方式

B　无焰燃烧（动力燃烧）方法

无焰燃烧法，指的是煤气和空气在进入炉膛（或燃烧室）之前预先进行了充分的混合，这时燃烧速度极快，整个燃烧过程在烧嘴砖（也称为燃烧坑道）内就可以结束，火焰很短，甚至看不到火焰，这种"预混式"的燃烧通称为"无焰燃烧"。因为它的着火和正常燃烧是传热和化学反应现象，主要取决于化学动力学方面的因素，故无焰燃烧的原理属于"动力燃烧"。

由于煤气与空气在烧嘴内部已完全混合好，则混合物一进入炉膛后即可立即进行燃烧，因产生的火焰辐射能力小，而清澈透明，似无焰，故称为"无焰燃烧"。

a　无焰燃烧的特点

（1）无焰燃烧时，由于燃烧速度快，煤气中的碳氢化合物来不及分解，火焰中的游离碳粒比较少，所以火焰清澈透明，黑度小，辐射能力弱；火焰长度短，且不易控制，高温区集中在烧嘴附近。

（2）要求煤气的压力较高，对于燃烧不同煤气的喷射式烧嘴所需煤气的压力大约在 500~3000mm H_2O 范围内，而且要求清洗净化后的煤气。

（3）无焰燃烧时，空、煤气的预热温度受到限制，原则上不能高于混合气体的着火温度，否则将造成严重的回火现象，使烧嘴无法正常工作。一般空气最高预热至 550℃，煤气最高预热至 300℃。

（4）由于混合较好，燃烧速度快，而且燃烧空间的热强度［指 $1m^3$ 燃烧空间在 1h 由于燃料的燃烧所发出的热量，kcal/(m^3·h) 或 kJ/(m^3·h)］高，比有焰燃烧时大 100~1000 倍之多，所以用较小的空气系数（n=1.02~1.05）就能达到完全燃烧，且理论燃烧温度较高。

（5）为了防止回火和爆炸，每个烧嘴的燃烧能力不宜过大。

（6）由于无焰燃烧是靠煤气的喷射作用自然带风，因而可省掉一套鼓风机等送风设备。对于使用冷风的炉子，可省去全部的空气管道，使炉子结构简单、紧凑。

b　无焰燃烧时的火焰稳定性

无焰燃烧虽有如上许多特点，但在生产实践中对无焰燃烧的火焰稳定性必须重视，这是因为无焰燃烧是煤气与空气已预先混合，故它在燃烧时火焰前沿就有可能传播到烧嘴内部而产生“回火”现象，使燃烧不稳定，严重时将把烧嘴烧坏或产生爆炸。

根据前述关于火焰前沿传播的基本原理，为了使无焰燃烧不致发生回火，最主要的是在设计和操作时，必须使可燃混合物的喷出速度调节到允许的最小值时，仍能大于实际火焰传播速度。这一点就限制了无焰烧嘴的调节比（即调节范围，指烧嘴最大与最小燃烧能力的比值）。

各种烧嘴的可燃混合物由烧嘴喷头喷出的最小速度取决于煤气种类、烧嘴喷口的直径及预热温度等条件。一般认为，在设计和操作时，该最小速度应为实际火焰传播速度的1.2~2倍，具体数值由实验测定。

下面讨论无焰燃烧火焰稳定的另一方面——“脱火”。可燃混合物的喷出速度大于火焰传播速度时，则发生脱火。脱火后，火焰中断，延续下去即有可能灭火，造成温度降低。

为了避免回火必须使烧嘴喷出速度大些。因此，还必须采取措施，使喷出速度大时，不致发生脱火。而“燃烧坑道”（见图3-8）就是这种稳定火焰的一种措施。它之所以能稳定火焰，是因为：第一，炽热的坑道内表面的辐射和对流传热，使可燃混合物一进入坑道就迅速接受热量，快速地被加热到着火温度而燃烧；第二，坑道的锥角很大，使得在混合物射流周围形成循环气流，燃烧后的高温气体循环回来加入到刚喷出的可燃混合物中去，起着“连续点火”的作用，使混合物迅速点火燃烧。由于上述两种作用使得混合物在燃烧坑道内的实际的火焰传播作用和燃烧强度达到了极高的程度，因而以一般喷射式烧嘴所能达到的速度来喷出混合物时，不会造成脱火的现象。

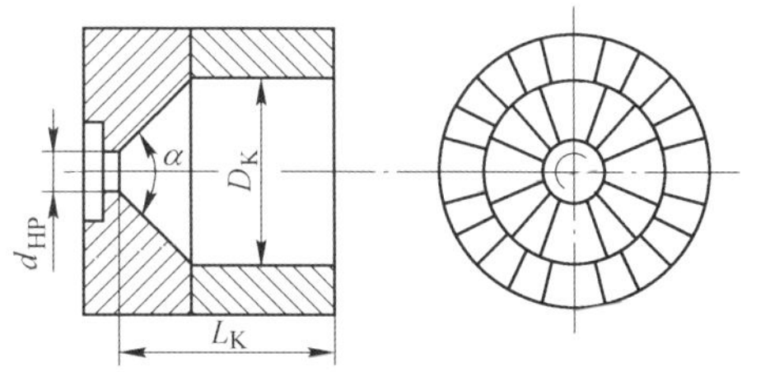

图3-8 燃烧坑道结构

燃烧坑道的尺寸是根据经验选取的，通常可作如下考虑：坑道的锥角 α 不小于90°，坑道直径 $D_K=(2.3\sim2.7)d_{HP}$，坑道的最小长度 $L_{K\cdot min}=0.87(D_K-d_{HP})$，在实际中一般常采用 $L_{K\cdot min}=D_K$。

3.3.3 液体燃料的燃烧

液体燃料也是冶金生产中常用的一种燃料，多用重油，个别情况下也有用焦油和柴油的。下面只重点研究重油的燃烧，其燃烧原理、燃烧方法和燃烧装置对其他液体燃料基本也是一样的。

3.3.3.1 重油燃烧过程的基本原理

A 油雾的燃烧

同煤气燃烧相同，为保证重油的完全燃烧，必须供给充足的空气以达到良好的混合和必要的着火热力条件。这是一切燃料燃烧的共同点。

但由于重油的性质与煤气不同，重油的燃烧也有它不同的特点。为了强化燃烧过程，增加与空气的接触面积，重油燃烧时，必须先把它破碎成微小颗粒的油雾，也就是“雾化"。

重油的燃烧是雾化后的油粒与空气的混合、着火和燃烧。所以重油的燃烧过程包括雾化与混合、着火和燃烧三个阶段。研究重油的燃烧就是重点研究油雾的燃烧。

油雾是由大量的细小油粒群所组成的，为了弄清油雾的燃烧规律，可从个别到整体，先研究单个油粒的燃烧过程。

图 3-9 是一个油粒燃烧过程的示意图。在油粒进入高温含氧的介质中时，由于油的沸点较低（一般在 200~300℃左右），受热后即开始蒸发，首先产生可燃的油蒸气，它们在高温下若与氧接触可以发生燃烧反应。同时因油及油蒸气都是由复杂的碳氢化合物所组成，如果在与氧分子接触之前就达到较高温度时，则发生热解与裂化。油的蒸气热解时产生固体碳和氢气。其反应式简单写出为：

$$C_mH_n \longrightarrow mC + \frac{n}{2}H_2$$

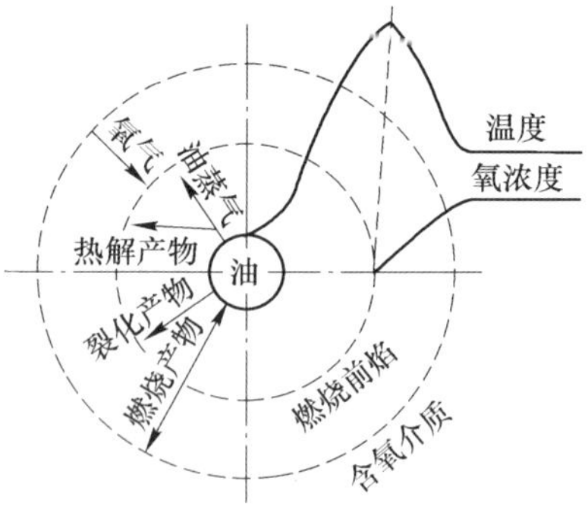

图 3-9　油粒燃烧示意图

对于没有来得及蒸发的油粒本身，如果剧烈受热而达到较高的温度，液体状态的油也会发生裂化现象。其结果产生一些较轻的气体可燃物，从油粒中跑出，剩下的较重分子，则是固体的焦粒或沥青。与此同时，在浓度差的作用下，油蒸气等气态碳氢化合物逐渐向外扩散，而周围的氧分子也逐渐向油粒表面扩散，两者混合，其浓度达到适当比例（n=1.0 附近），并被加热到着火温度时，便开始着火和燃烧。这样便沿着燃烧反应区形成一个前焰球面。在前焰面上，火焰温度最高，产生的热量则由前焰面向四周传递，燃烧产物也向四周扩散，而氧气的浓度则降到最低。在上述燃烧过程中，如果空气充足，油粒加热及时，而且氧气分子向油粒扩散速度足够快，则固态的裂化产物（碳粒），也就逐渐烧尽。

油蒸气等碳氢化合物的燃烧反应过程，也是分枝链锁反应，不过比煤气反应过程更为复杂，反应的过程也要慢些。这主要是因为，在反应过程中，除了生成反应的链以外，同时还发生链的中断，正是由于这种断链的作用妨碍了反应的进行。下面以甲烷为例来说明碳氢化合物的燃烧反应机理。

在氧的存在下，甲烷很容易放出一个氢原子，如：

$$CH_4 \longrightarrow CH_3 + H$$

它与氧分子作用而生成羟基为：

$$H + O_2 \longrightarrow OH + O$$

$$CH_3 + OH \longrightarrow CH_3OH\ (\text{甲醇})$$

而且甲醇要进一步氧化为：

$$CH_3OH + O \longrightarrow HCHO(\text{甲醛}) + H_2O$$

此甲醛很容易再分解成 H_2和 CO，即

$$HCHO \longrightarrow H_2 + CO$$

生成物将继续燃烧生成 CO_2和 H_2O，即

$$CO + O \longrightarrow CO_2$$

$$H_2 + O \longrightarrow H_2O$$

由以上油的燃烧过程可以看出，油燃烧的全过程包括传热过程、物质扩散过程和化学反应过程。但在这些过程中，油粒的加热和氧气分子的扩散是影响整个燃烧速度的主要因素。

在实际炉子中油雾的燃烧要比上述单个油粒燃烧复杂得多。油雾中，油粒的直径有大有小，油粒和空气（含氧介质）都是流动的，各处的温度不尽一样，各油粒燃烧后生成的热量互相传递，油粒之间互相影响等，都是与单个油粒燃烧不同的。但是，从本质上讲，油雾的燃烧仍是单个油粒燃烧的综合，其中仍然包含着上述几个阶段。

由上述分析可知，重油雾化的好坏是保证燃烧顺利进行的一个先决条件，只有雾化的好，才能蒸发的快。但只是蒸发的快还不行，还必须使蒸发产物与空气（氧气）迅速混合，才能燃烧的快。所以，研究重油燃烧过程时应着重研究两个条件：一是油的雾化；二是空气与油雾的混合。

B 油的雾化

因雾化可借助气体的冲击作用或机械作用而实现，所以现在冶金炉上常用的雾化方法有低压空气雾化、高压空气（或蒸气）雾化和机械雾化三种。在冶金生产中目前多采用气体雾化。根据雾化的方法不同，常把油喷嘴分为低压油喷嘴、高压油喷嘴和机械油喷嘴（油压式喷嘴）。在生产中喷嘴雾化质量的好坏直接影响重油的燃烧速度。如雾化的颗粒越小则雾化的质量越好，从而燃烧的效果也越好。经研究表明，燃料油、雾化剂和喷嘴结构都对雾化质量有一定的影响。

（1）燃料油。我国目前炉子上使用的燃料油多为减压渣油，有时也掺一些常压渣油，其油温、油压和油质都对雾化质量有很大影响。

1）油温。重油在0℃时都呈固体状态，固态油不能直接雾化。在生产实践中，为了保证雾化的良好条件，必须将油加热呈液体状态，要求油的黏度最好不超过5~15°E，为达到这一黏度要求，各种牌号的重油加热温度见表3-9。

表3-9 各种牌号的重油加热湿度

重油牌号	20号	60号	100号	200号
加热温度/℃	65~80	80~100	90~105	100~115

显然，为达到同一黏度要求，牌号越高的重油加热温度越高；在同一加热温度下，牌号越大的重油黏度越大。因此，为了保证雾化质量，应根据重油的牌号和喷嘴的允许黏度范围，将重油加热到所需要的温度。目前有些烧油的炉子雾化质量不好的原因往往是由于油加热器能力不足，而使油温达不到所需温度的要求，或者是油管的保温不好。

2）油压。油压的大小不仅直接影响到油的流速与流量，而且也能影响到雾化的质量。油从喷嘴喷出时，要求具有一定的喷出速度，因此油管内应保持一定的油压，用以克服油管内油的流动阻力和保持油喷口的喷出速度。采用气体雾化时，油压不宜太高，特别是对于低压喷嘴，油压高时，油的流速太快，使得雾化剂来不及对油充分起作用，使油得不到良好的雾化。对于低压喷嘴油压一般在1kg/cm^{2}以下，甚至到0.5kg/cm^2。对于高压喷嘴，除考虑上述原因外，还必须考虑高压雾化剂在和油射流相遇时的反压力的大小，应使油压高于该处的反压力，否则油会被雾化剂“封住”而喷不出来，这种情况对于内混式高压喷嘴来说要特别注意。

对于油压式喷嘴来说，它是靠油射流本身的脉动作用而实现雾化的，因此要求采用较高的油压，一般在20kg/cm^{2}左右，故常在油管路上安装油泵来提高油压。另外油压波动还会影响到燃烧的稳定性，因此在油路上还安装有稳压器以稳定油压。

3）油质。油中一般都含有1%～2.5%的机械杂质，它影响雾化质量，所以在管路上安置有油过滤器，以清除机械杂质。

（2）雾化剂。生产中常用的雾化剂有空气和蒸气。经研究，在其他条件相同时，蒸气雾化较空气雾化的质量好，但蒸气雾化需要多增加一套蒸气供应系统，而对脱碳要求较严，吸水作用特别敏感的炉子不宜用蒸气雾化。此两种雾化方法目前在生产中都在使用。

雾化质量与雾化剂的喷出速度有关，速度越大，雾化质量越好，所以在生产中要求雾化剂具有较高的原始压力，以达到较大的喷出速度。

根据雾化剂压力的大小，可以分为低压雾化和高压雾化。低压雾化多采用鼓风机将空气加压至1000mmH_2O的压力；高压雾化一般是用空压机将空气加压到3～8个大气压，或采用2～12个大气压的蒸气。

低压雾化一般都用燃烧所需空气量的65%～100%做雾化剂，故空气与油粒混合较好，空气消耗系数小（n=1.1～1.15）且燃烧过程较快，形成短而软的火焰。但由于压力低，空气喷出速度一般只有50～80m/s，因此油粒颗粒直径较大（半径为0.2～0.025mm），且喷嘴的结构尺寸也大，从而限制了这种喷嘴的燃烧能力。每个喷嘴的燃烧能力一般不超过250～300kg/h。但由于压力较低，故动力消耗少、生产费用低；生产时喷嘴噪声小、且维护也较容易。

高压雾化是用少量的雾化剂，如用燃烧所需空气量的10%～15%的压缩空气或每千克油采用0.5～0.8kg的高压蒸气作雾化剂，借助于高压所产生的高速气流（速度可达300～400m/s）将油雾化，雾化质量良好，油粒半径可达0.0021～0.0006mm。这种烧嘴结构紧凑，燃烧能力大，每小时可达数千千克。由于用较少的空气和蒸气做雾化剂，燃烧用的空气与油粒的混合较差，为保证完全燃烧，要求空气消耗系数大（n=1.2～1.25）。因此，高压雾化气油混合物的喷出速度大，燃烧的火焰长而硬。同时动力消耗大、生产费用高、喷嘴噪声大、维修困难。

实践表明，提高雾化剂温度，有利于提高雾化质量。低压雾化时，作为雾化剂的空气预热温度限制在250～300℃以下，这样可使喷嘴尺寸不致过大；高压雾化时，空气可预热到800℃左右。过热蒸气的温度可达300～400℃。

（3）喷嘴结构。喷嘴的结构形式很多，对雾化质量影响很大。在喷嘴结构中，影响雾化质量的主要结构因素是：雾化剂的出口断面，油出口断面，雾化剂与油流股的交角，雾化剂的旋转角度，油的旋转角度，雾化剂与油相遇的位置，雾化剂或油的出口孔数、各孔的形状以及它们之间的相对位置等。这些因素都影响着雾化剂对油射流单位表面上作用力的大小、作用面积和作用时间，因而影响颗粒的平均直径，同时也影响油雾的张角和流股断面上油粒的分布。

C　油雾与空气的混合

油被雾化成油雾之后，还必须与大量的空气良好地混合才能迅速燃烧。由于油雾与空气的混合，不像煤气与空气混合那样容易，所以重油燃烧就不像煤气燃烧那样容易得到短的火焰和达到完全燃烧。采用重油作燃料的炉子，必须要特别注意强化油雾与空气的混合过程。而油雾与空气的混合，基本上仍然是两个射流的混合，混合规律及影响因素同两个气体射流（如煤气与空气的混合）大体上相仿。所以可以根据流体力学的原理，凡是有利于气体射流混合的措施均可以运用在油喷嘴上以强化油雾与空气的混合。例如加大空气速度；使空气与油雾呈交角相遇，如图 3-10（a）所示；使空气成旋转气流与油雾相遇，如图 3-10（b）所示；使空气分两次与油雾相遇，如图 3-10（c）所示。当然在实现这些措施的时候，具体参数（速度、交角等）要由实验确定。

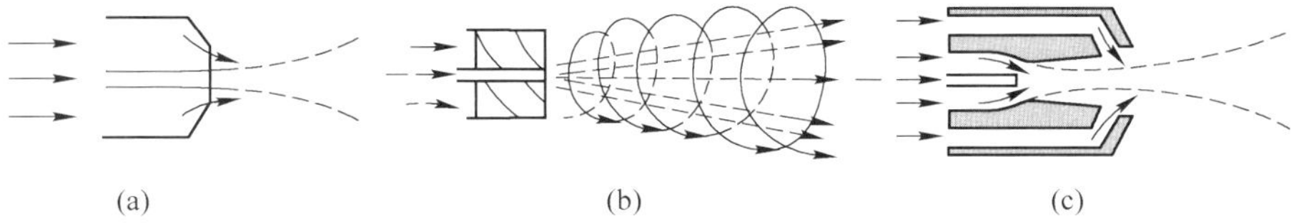

图 3-10 空气与油（或油雾）的混合方式

此外，油的雾化质量对混合好坏也有直接影响。只有雾化的很细，且油粒在断面上分布较均匀，才有可能与空气很好地混合；反之，如果油雾化的很不好，空气就无法与之很快的混合。雾化与混合也是互相联系的两个过程，特别是对于低压油喷嘴，由于燃烧用的空气同时又是雾化剂，所以雾化过程与混合过程是同时进行的，凡是影响雾化质量的因素同时也影响混合过程。如图 3-10（c）所示，空气与油分两次相遇，称为“两级混合”，也称“两级雾化”。

另外，重油在燃烧过程中会产生“烟粒”（直径 0.01~0.05μm）和“焦粒”（直径 25~150μm），这些固体颗粒燃烧速度很慢，所以重油燃烧时，总的燃烧强度［表示单位时间内在燃烧室的单位容积内最大可能完全燃烧掉的燃料量，单位是 kg/m^3 或 kJ(kcal)/(m^3·h)］以及完全燃烧程度（烟气中可燃物的发热量与燃料发热量的比值）主要受到这些固体颗粒燃烧速度的限制。因此，当强化油雾与空气混合时，考虑到固体颗粒扩散燃烧的特点，采用分段供给空气，组织分段燃烧是合理的。

D 温度条件

和煤气一样，重油也只有在达到着火温度时，才能着火燃烧。即使在着火温度下，重油也不像煤气那样能够瞬时就燃烧掉，所以燃烧重油时必须保证点火和连续稳定的温度条件。油、气混合物的着火温度一般为600℃左右。为了创造良好而稳定的着火条件以使油雾能迅速受热着火燃烧，除了靠燃烧室（或炉膛）的高温条件外，而更重要的是靠喷嘴砖所形成的高温气体循环。喷嘴砖与煤气燃烧时的燃烧坑道作用相同。温度很高的喷嘴砖内表面，把热量传给油雾并提高油雾温度；而且喷嘴砖的张角比油雾的张角大，这就可能在喷嘴砖内造成气体的循环，使高温的燃烧产物直接与油雾和空气相混合，可使油雾的温度更快地升高并加速蒸发、热解过程；同时，循环回来的高温气体起到了“点火”的作用，使油雾迅速燃烧。高温气体连续地循环，就起“连续点火”作用，而使油雾连续燃烧不致脱火。这样，不但强化了燃烧，而且也可保证燃烧的稳定性。所以采用循环高温气体的办法强化重油燃烧过程是很有效的。常用的方法有：利用突然扩张产生循环区；使气体旋转流动产生回旋气流；在喷嘴坑道中装一内套管，造成循环通道，使高温气体有组织地沿通道再循环回到火焰根部；靠抽力的作用强行将高温气体循环一部分到火焰根部。凡是采用循环气体的燃烧装置，一般都点火容易，燃烧稳定，燃烧强度较高，燃烧完全。

另一种利用高温气体强化重油燃烧过程的方法是采用“喷射式喷嘴”，它是利用其他燃料的燃烧产物（如天然气或焦炉煤气）作为雾化剂，因此，这种喷嘴的雾化剂不但速度大，而且温度高。这样重油在被很好雾化的同时，就被加热，使雾化、蒸发、热解等过程迅速进行。这种喷嘴可以达到很高的燃烧能力。

总之，有了良好的油、气混合物，且达到着火温度后，即可进行燃烧。但为了保证完全而正常的燃烧，还应根据油耗量的变化，随时调节雾化剂用量和燃烧所需的空气量。

以上所述是影响重油燃烧过程的几个主要方面。研究这些问题的目的是为了根据炉子热工的要求，正确地组织和强化重油燃烧过程。总之，雾化、混合和高温是强化重油燃烧的三要素。对于设计重油燃烧装置，掌握和改进烧重油炉子的热工操作，这些都是应注意的主要方面。

3.3.3.2　重油燃烧方法

现在一般冶金炉燃烧重油的方法都是雾化燃烧法。实现重油燃烧过程的主要燃烧装置为喷嘴。重油喷嘴的类型很多，通常是根据雾化的方法不同，分为以下三类。

（1）采用低压空气（用一般鼓风机空气）做雾化剂的，称为低压雾化油喷嘴（低压油喷嘴）。

（2）采用高压气体（用蒸气或压缩空气）做雾化剂的，称高压雾化油喷嘴（高压油喷嘴）。

（3）不用雾化剂，而靠机械作用使油雾化的，称机械雾化油喷嘴（机械油喷嘴）。

3.3.4　固体燃料的燃烧

3.3.4.1　块煤的燃烧

块煤的层状燃烧法是一种最简单最普通的燃烧方法。它是使煤炭在自身重力的作用下堆积成松散的料层，而助燃空气则自下而上穿过煤块之间的缝隙并和煤进行燃烧反应。这种燃烧方法的主要优点是设备简单和燃烧稳定。它的缺点是对煤炭质量要求较高，燃烧强度不能太大，加煤和清渣的体力劳动比较繁重。

（1）块煤的层状燃烧过程。块煤的层状燃烧是一个比较复杂的物理化学过程，其燃烧反应基本上与煤气发生炉中的汽化过程相同。也就是说，当煤炭加进燃烧室后，首先要经过干燥和干馏作用而放出水分和挥发分，然后才是固定碳的燃烧。挥发分多的煤火焰较长，反之则火焰较短。

关于料层内部固定碳本身的燃烧过程，可用图 3-11 中所给出的煤层高度方向上气体成分的变化曲线来说明。

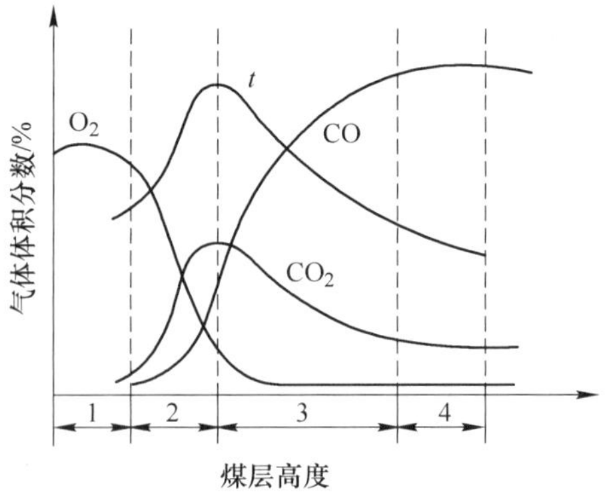

图 3-11　沿煤层高度方向上气体成分的变化

1—灰渣带；2—氧化带；3—还原带；4—干馏带；t—实验温度

从图中可以看出，在氧化带中，碳的燃烧除了产生 CO_2 以外，还产生少量 CO。在氧化带末端（该处氧气浓度已趋近于零），CO_2 的浓度达到最大，而且燃烧温度也最高。实验证明，氧化带的高度大约等于煤块尺寸的 3~4 倍。

当煤层厚度大于氧化带的厚度时，在氧化带之上将出现一个还原带，CO_2被 C 还原成 CO，因为是吸热反应，所以随着 CO 浓度的增大，气体温度逐渐下降。

上述情况说明，根据煤层厚度的不同，所得到的燃烧反应及其燃烧产物也不同，所以就出现了两种不同的层状燃烧法，即薄煤层燃烧法和厚煤层燃烧法。薄煤层燃烧法有的又称完全燃烧法，厚煤层燃烧法也称半煤气燃烧法。完全燃烧法和半煤气燃烧法的特征见表3-10。

表 3-10 完全燃烧和半煤气燃烧特征

燃烧方法		完全燃烧	半煤气燃烧
煤	煤质	块度要求较差	块度要求均匀
	煤量	炉栅强度 50~300kg/(m^2·h)	炉栅强度 100~400kg/(m^2·h)
	煤层厚/mm	100~400	200~1000
一次空气	风量	燃烧用全部空气量	燃烧用全部空气量的 60%~70%
	风温	不预热或预热温度较低	不预热或预热温度较低
	风压/mmH_2O	70~100	约 200
	风速/m·s^{-1}	10~15	10~15
二次空气	风量	—	燃烧用全部空气量的 30%~40%
	风温/℃	—	300~400
	风压/mmH_2O	—	约 100
	风速/m·s^{-1}	—	25~30
特征	n	1.3~1.7	1.3~1.7
	灰层	厚度为 50~100mm	厚度为 50~100mm
	温度	燃烧室高，炉温低	燃烧室低，炉温高
	构造	较简单	较复杂
	操作	较易	较难
应用特点		要求炉温较低，装备水平差，操作水平低的炉子	要求炉温较高，装备水平好，操作水平高的炉子

（2）块煤的层状燃烧室。在中小型燃煤炉中多采用人工加煤燃烧室，它是由燃烧室容积、燃料层、灰层、炉栅（炉箅）、灰坑（鼓风空间）等组成，如图 3-12 所示。

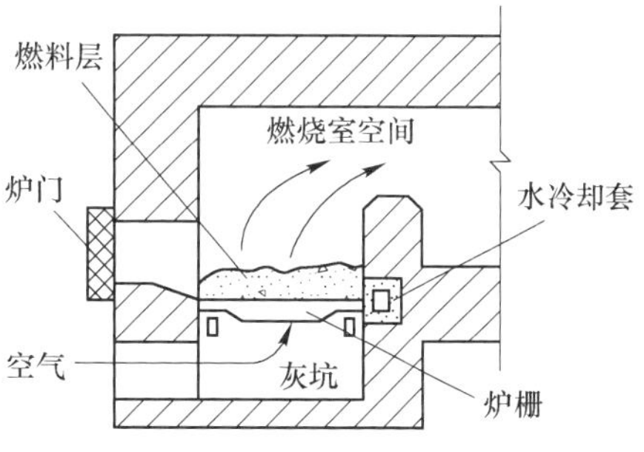

图 3-12 人工加煤燃烧室简图

1）燃烧室容积。燃烧室容积是指燃烧室中煤层上部的空间。其作用为：使燃烧产物顺利而均匀地由煤层逸出；并能使可燃气体在此空间能完全燃烧（对完全燃烧的燃烧室而言）。燃烧室的容积，一般是按照一定的燃烧室容积热强度来考虑的，同时和炉栅热强度也有关系。而这两个数据又都与煤质和操作方法有关。燃烧室容积过小时，会造成燃烧不完全，燃烧室内炉气压力过大，加煤门冒火。容积过大时虽能使煤中的可燃成分在燃烧室内充分燃烧，但炉内易抽入冷风，炉膛内温度反而不高，从而影响到炉子的产量和质量。根据生产实践，在用一般烟煤的条件下，对于熔炼炉或加热炉容积热强度 $q_V=60\times10^4\sim80\times10^4\mathrm{kcal/(m^3\cdot h)}$ ［$251\times10^4\sim335\times10^4\mathrm{kJ/(m^3\cdot h)}$］较为合适。在炉栅热强度为 $q_f=150\sim180\mathrm{kg/(m^2\cdot h)}$ 时选用下限，当 q_f 值加大时可相应提高容积热强度。当煤质差发热量低时，也应适当提高容积热强度以压低燃烧室高度。而对于干燥炉等低温炉子的燃烧室容积热强度 q_V 一般可采用 $25\times10^4\sim30\times10^4\mathrm{kcal/(m^3\cdot h)}$［$105\times10^4\sim126\times10^4\mathrm{kJ/(m^3\cdot h)}$］。

燃烧室容积的近似计算方法为：

$$V_{f、b}=\frac{Q_1\cdot B}{q_V} \tag{3-10}$$

式中，$V_{f、b}$为燃烧室容积，$\mathrm{m^3}$；Q_1 为燃料的发热量，kcal/kg 或 kJ/kg；B 为燃料消耗量，kg/h；q_V 为燃烧室的容积热强度，$\mathrm{kcal/(m^3\cdot h)}$ 或 $\mathrm{kJ/(m^3\cdot h)}$。

上述燃烧室容积的计算方法，是指完全燃烧的燃烧室，而对于高温的炉子讲，实际上是不需要这么大的容积的（因为多半是半煤气化过程）。另外燃烧室容积热强度也是一个经验数据，它和煤质量及操作方法有关，其数值见表 3-11。

表 3-11　燃烧室容积热强度

燃料种类	容积热强度 q_V /kcal·$(\mathrm{m^3\cdot h})^{-1}$	
	熔炼炉或加热炉	干燥炉（低温炉）
无烟煤	$(300\sim350)\times10^3$	—
烟煤	$(250\sim450)\times10^3$	$(200\sim300)\times10^5$
褐煤	$(250\sim350)\times10^3$	$(150\sim200)\times10^3$

注：1kcal = 4.187kJ。

2）燃料层。对于正常燃烧时的燃料层要求为，燃料层要有一定的厚度，在料层中燃料的块度为 10~50mm，燃料层必须在断面上厚薄均匀。另外气体的成分沿燃料层的高度也是变化的，所以根据燃料的种类及燃烧方法的不同，燃料层的厚度一般可按表 3-12 所列数据选取。

表 3-12　燃料层厚度　(mm)

燃料种类	完全燃烧室	半煤气化燃烧室
烟煤	100~200	200~400
褐煤	200~300	400~600
泥煤	300~400	600~800

3）灰层。灰分在燃料中与水分一样，在燃烧过程中，起着不良的影响。但在炉栅上保留约 50~100mm 厚的灰层，很有必要，因为它可保护炉栅，使其不受高温作用，能够得到比较均匀的风量分布，空气经过灰层而得到预热，能加强燃料燃烧。

在生产中发现，当烧煤的炉子强化操作及产量提高时，燃烧室四周的灰渣往往和炉墙黏结在一起，使得炉栅有效面积越来越小，并造成清渣的困难，甚至被迫停炉。为了解决这一问题，根据生产经验，可以在燃烧室周围靠近炉栅处安装冷却水箱。使用结果证明，这一措施对延长炉墙寿命、保证燃烧室的正常工作以及改善劳动条件等都有好处。但是它增加了燃烧室的热损失，采用时应慎重。

4）炉栅。炉栅也称炉箅和炉排，它的作用是为了支承燃料层和灰层，并使空气能够均匀进入。炉栅由铸钢或铸铁制成，形状有条状和板状的。炉栅的缝隙面积当用鼓风机鼓风时可取为炉栅总面积的10%~15%，如是自然抽风，则可取为炉栅总面积的50%。

5）灰坑。灰坑就是炉栅下面的空间，其作用主要是积存灰渣，并使一次空气沿炉栅分布均匀。灰坑的体积不能太小，不然需要经常清理炉灰，否则积灰易堵塞进风口，清灰频繁也影响炉子正常工作。所以灰坑的高度一般取为600~800mm。

3.3.4.2 粉煤的燃烧

虽然块煤的层状燃烧法的设备简单，建设快，但它对煤的质量及块度有一定要求。含碎屑多，灰分和水分高的煤，都不适于层状燃烧。还有块煤燃烧时因与空气接触面小，故燃烧速度慢，燃烧温度低，且燃烧极不完全。层状燃烧的燃烧过程也不易控制，劳动强度大、条件差。为了克服层状燃烧的缺点，在有些冶金炉上采用粉煤燃烧法。

A 粉煤的悬浮（炬式）燃烧

粉煤的炬式燃烧是将煤炭磨成一定细度的粉煤（一般是0.05~0.07mm），然后用空气沿管道通过燃烧器喷入炉内使煤粉呈悬浮状态进行火炬式燃烧。用来输送粉煤的空气，称为一次空气，约占燃烧所需空气量的15%~50%（煤中挥发物含量越高，一次空气量越大），其余的空气直接通入炉内，称为二次空气。

粉煤的燃烧过程，就其本质来说与煤的层状燃烧相似。首先是挥发物的逸出及燃烧，然后是剩下的焦炭进行燃烧。挥发物与空气在涡流情况下很容易混合，所以挥发物含量多的粉煤，比较容易点火，冶金工厂所使用的粉煤，其挥发物含量最好不小于20%。而剩下的焦炭燃烧是很缓慢的，因为在碳粒表面附有气态燃烧产物所形成的黏性薄膜，此薄膜的厚度是随温度的升高而增加，所以就阻碍了气体的扩散及燃烧反应的进行。为了提高燃烧速度，必须将附在碳粒表面的薄膜除掉，采用涡流式的粉煤烧嘴可达到这个目的。

和煤的层状燃烧比较起来，这种燃烧方法具有以下优点：由于粉煤颗粒细，与空气接触面积大，故燃烧速度快，在较少的空气消耗系数（$n=1.2\sim1.25$）下即可完全燃烧，因而能保证获得较高的燃烧温度；其燃烧过程易于调节，并可实现炉温自动控制。而且开炉敏捷，大大地改善了劳动强度；粉煤火焰具有较高的辐射能力；可以利用劣质煤和碎煤；二次空气预热的温度不受限制。

粉煤燃烧的主要缺点是粉煤燃烧后的灰分大部分落在炉膛中，对金属加热和熔炼质量均有影响，而且在高温下灰分易侵蚀炉体；另外在粉煤的制备上也还存在着设备和操作上的一些问题，而影响生产；在采用粉煤燃烧时应注意安全，当有高温热源存在时，粉煤易爆炸。另外粉煤在长期储存时会发生自燃而引起爆炸。

粉煤燃烧时生成的火焰很长，因粉煤颗粒在炉内燃烧完全需要一定的时间，故这种燃烧方法适用于大型的冰铜反射炉或大型回转窑等。

B 粉煤的制备

粉煤的制备系统一般包括原煤的储放、破碎、运输，煤的干燥粉碎、储存；粉煤的输送等。

在冶金厂中，由于车间多、粉煤用户点多，采用全厂集中供应的粉煤制备系统需要设备多，投资多，输送距离远，因而较少采用。根据经验，一般按一座或一组炉子建立单独的粉碎、输送系统；全厂或几个车间合用一套原煤堆放、破碎和干燥设施。这样，其结构紧凑，设备简单，造价低。缺点是供煤量及粉煤的细度波动大，且没有粉煤中间储存槽，粉煤机发生故障时要停炉。图 3-13 和图 3-14 所示即为这种粉煤的制备系统。

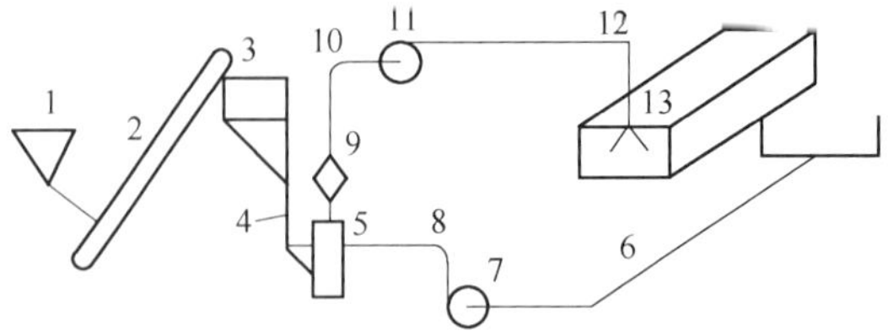

图 3-13　单独粉煤机系统

1，3—煤斗；2—斗式提升机；4—落下管；5—单级锤击式粉煤机；6—烟道；7—抽烟机；8—烟管；9—分离器；10—出粉管；11—送粉风机；12—粉煤管道；13—炉子

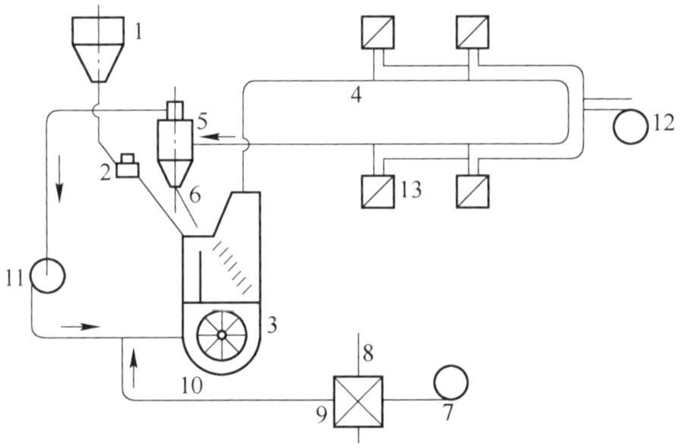

图 3-14　供几座炉子用的单独粉煤机系统

1—煤斗；2—给煤机；3—竖井式粉煤机；4—粉煤管道；5—旋风集粉器；6—回粉管；7—风机；8—烟道；9—换热器；10—热空气管道；11—风机；12—二次风风机；13—炉子

它们的工作情况，以图 3-13 为例说明。煤经斗式提升机加入煤斗内，由此落入粉煤机，磨细后的粉煤与一次空气以规定的流速送往粉煤烧嘴，然后进入炉内燃烧。在该系统中烟道 6、抽烟机 7 和烟管 8 是用来将炉内烟气抽回，利用其废热将煤进行干燥。

制造粉煤的原煤应具有挥发分大于 20%、灰分小于 10%、水分低于 10% 和尽可能少的硫分等。为此，粉煤多用 60%～70% 的无烟煤和 40%～30% 的烟煤混配而成。

复习思考题

3-3-1 简述如下基本概念：燃烧、着火温度、着火浓度范围、火焰传播速度、有焰燃烧、无焰燃烧。

3-3-2 气体燃料的燃烧分为哪三个阶段，简要说明。

3-3-3 影响空煤气混合的因素有哪些？

3-3-4 画图说明火焰传播过程，并说明“回火”“脱火”的条件。

3-3-5 试比较有焰燃烧和无焰燃烧的基本特点。

3-3-6 液体燃料的燃烧与气体燃料燃烧之间有何联系？

3-3-7 油的雾化有哪几种方式，其主要影响因素是什么？

3-3-8 简述粉煤的燃烧过程。

3-3-9 比较固体、液体、气体燃料的燃烧过程。

3.4 燃烧计算

3.4.1 概述

燃烧计算的目的是给炉子设计和炉子热工管理提供必要的数据。这些数据是选择风机、确定烟道和烟囱尺寸以及进行传热计算时不可缺少的依据。

3.4.1.1 有关燃烧计算的几个基本概念

（1）燃烧。如前所述，燃烧实质上是一种快速的氧化反应过程，要使燃烧稳定进行，其必不可少的条件是：连续不断地供给足够的空气，其中的氧与燃料接触良好；燃料必须加热到一定温度，氧化反应才能自动加速进行。

（2）完全燃烧与不完全燃烧。燃料中的可燃物全部与氧发生充分的化学反应，生成不能燃烧的产物 CO_2、H_2O、SO_2等的过程称为完全燃烧，例如

$$C + O_2 \longrightarrow CO_2$$

$$H_2 + \frac{1}{2}O_2 \longrightarrow H_2O$$

$$S + O_2 \longrightarrow SO_2$$

燃料的不完全燃烧存在以下两种情况。

1）化学性不完全燃烧。燃烧时燃料中的可燃物质没有得到足够的氧，或者与氧接触不良，因而燃烧产物中还含有一部分能燃烧的可燃物 H_2、CO 等被排走，这种现象称为化学性不完全燃烧。

燃烧产物中的一部分 CO_2和 H_2O，在 1600℃以上时热分解显著进行，增加了燃烧产物中可燃物的含量，造成不可避免的化学性不完全燃烧。

$$2CO_2 \rightleftharpoons 2CO + O_2$$

2）机械性不完全燃烧。指燃料中的可燃物未参加燃烧反应就损失掉的那部分。例如，煤未燃烧就从炉条间掉落，被煤渣带走的；被废气带走的细粒燃料；沿输送管道系统漏掉的煤气和重油等。

不论是哪种情况的不完全燃烧都造成燃料的损失，降低燃烧温度。所以必须分析原因，掌握其内部规律，采取可行的措施，主动地避免不完全燃烧损失。

（3）空气消耗系数。燃料燃烧所需的氧，工业上绝大部分来源于空气。燃料中可燃物燃烧时根据化学反应计算出来的空气量，称为理论空气需要量，以 L_0 表示。为了保证燃料完全燃烧，实际供给燃烧的空气量需大于理论空气需要量。实际空气需要量以 L_n 表示，它与理论空气需要量的比值称为空气消耗系数（也称为空气过剩系数），以 n 表示，即

$$n = \frac{L_n}{L_0} \tag{3-11}$$

下面对 n 值进行分析。

1）$n > 1$ 时，说明燃烧所供给的空气量比化学反应所需要的多，燃烧产物中有过剩的氧气，这种火焰称氧化焰。过多的这部分空气，燃烧后进入燃烧产物，增大了燃烧产物的体积数量，降低了炉温，对某些附属设备的容量也有所影响，所以 n 值越大越不利于冶金炉供

热。此外，还会由于燃烧产物的氧化性增强而使钢大量的氧化和脱碳，进而影响产品质量。所以 n 值过大不好，原则上应当是在保证燃料完全燃烧的基础上使空气过剩越小越好。

2）$n=1$ 时，供给的空气量正好满足化学反应的需要，燃烧产物中无过剩氧气，也无 CO、H_2等可燃性气体，这种火焰称中性焰。只要采取措施使燃料与空气混合均匀，接触良好，这种理想情况也是可以争取实现的。

3）$n<1$ 时，说明供给的空气不足，不能满足化学反应所需的氧，燃烧不能充分进行，燃烧产物中含有可燃物 H_2、CO 等，造成化学性不完全燃烧损失，这种火焰称为还原焰。若冶金的某些工艺过程需要在还原性气氛中进行，则以满足工艺技术要求为主。

空气消耗系数的大小与燃料种类、燃烧方法以及燃烧装置的结构特点有关。气体燃料的空气消耗系数一般在 1.05~1.15 之间；液体燃料为 1.10~1.25；固体燃料则更大一些，约为 1.20~1.50；人工加煤的小炉子可达 2。

实践证明，燃料与空气混合越好，n 值越小。n 值适当能得到较高的炉温，n 值过大或过小都将影响炉温降低。

3.4.1.2　燃烧计算的内容及假设条件

燃料燃烧的系统理论计算基础是化学计算，根据化学反应式找出反应物和生成物相互间量的变化规律。一般燃料燃烧计算包括下列内容：

（1）燃料燃烧时所需要的空气量的计算。

（2）燃烧产物量的计算。

（3）燃烧产物的成分和密度的计算。

（4）燃烧温度的计算。

（5）空气消耗系数的计算。

工程上为了适用、简便起见，燃烧计算在准确度允许的范围内采取以下假定：

（1）燃料中可燃成分完全燃烧。元素的相对分子质量取近似整数计算。例如氢的相对分子质量为 2.16，计算时相对分子质量取整数 2。

（2）气体的体积都按标准状态（0℃和 101325Pa）计算。任何气体在标准状态下的千摩尔体积都是 22.4m^3。

（3）当温度不超过 2100℃时，在计算中不考虑燃烧产物的热分解，也不考虑固体燃料中灰分的热分解产物。

例如：$CaCO_3 \longrightarrow CaO+CO_2$，计算中不考虑这部分 CO_2体积。

（4）计算空气量时，忽略空气中的微量稀有气体及 CO_2，认为干空气中 N_2和 O_2以及空气和 O_2 的比例分别为

$$\frac{N_2}{O_2}=\frac{79}{21}=3.762,\quad \frac{空气}{O_2}=\frac{100}{21}=4.762$$

干空气中，O_2 和 N_2 的体积分数分别为 21.0%和 79.0%，质量分数分别为 23.2%和 76.8%。

3.4.2　燃料燃烧的分析计算方法

燃料燃烧的分析计算法是根据化学反应进行计算的。计算中的关键是计算燃烧所需的氧，然后按空气中 N_2和 O_2比例就可求出所需的空气量和燃烧产物量。

3.4.2.1 气体燃料燃烧理论空气需要量和燃烧产物量的计算

气体燃料燃烧计算除上述共性外，还具有下列特殊点：

(1) 气体燃料的 L_0 及 V_0 指的是 $1m^3$气体燃料完全燃烧时所需要的空气量和生成的燃烧产物量，其单位为 m^3/m^3。

(2) 因为任何气体的千摩尔体积在工程计算中都可以看成 $22.4m^3$，所以燃烧反应方程式中反应物与生成物之间的摩尔比就是体积比。

例如：$CO+\frac{1}{2}O_2 \rightarrow CO_2$，既可以说是 1mol CO 需要$\frac{1}{2}$mol O_2，生成 1mol CO_2；也可以说是 $1m^3$CO 需要 $0.5m^3$ O_2，生成 $1m^3$ CO。因此，对于气体燃料来说，可以直接根据体积比进行计算。

气体燃料的组成成分以体积分数表示。燃烧计算时用湿成分。计算过程中取 $1m^3$，故各成分体积分数的绝对值，数值上与其体积相等。例如 $1m^3$的煤气中含 CO 为 30%，CO 的数量就是 $0.3m^3$。

气体燃料中可燃成分有 CO、H_2、CH_4、C_2H_4、H_2S，其化学反应式如下：

$$CO+\frac{1}{2}O_2 \longrightarrow CO_2$$

$$H_2+\frac{1}{2}O_2 \longrightarrow H_2O$$

$$CH_4+2O_2 \longrightarrow CO_2+2H_2O$$

$$C_2H_4+3O_2 \longrightarrow 2CO_2+2H_2O$$

$$H_2S+\frac{3}{2}O_2 \longrightarrow H_2O+SO_2$$

根据上述反应即可求得燃烧所需的氧（m^3/m^3）为

$$\frac{1}{2}\varphi(CO^v)+\frac{1}{2}\varphi(H_2^v)+2\varphi(CH_4^v)+3\varphi(C_2H_4^v)+\frac{3}{2}\varphi(H_2S^v)-\varphi(O_2^v)$$

则 $1m^3$的气体燃料燃烧，理论空气需要量（m^3/m^3）为

$$L_0=4.762\times\left[\frac{1}{2}\varphi(CO^v)+\frac{1}{2}\varphi(H_2^v)+2\varphi(CH_4^v)+3\varphi(C_2H_4^v)+\frac{3}{2}\varphi(H_2S^v)-\varphi(O_2^v)\right] \tag{3-12}$$

气体燃料中的 CO_2、N_2、H_2O 及少量 SO_2，燃烧过程中不反应，燃烧后直接进入废气。故 $1m^3$气体燃料燃烧的燃烧产物量（m^3/m^3）为

$$V_0=\varphi(CO^v)+\varphi(H_2^v)+3\varphi(CH_4^v)+4\varphi(C_2H_4^v)+2\varphi(H_2S^v)+\varphi(CO_2^v)+\varphi(N_2^v)+\varphi(SO_2^v)+\varphi(H_2O^v)+0.79L_0 \tag{3-13}$$

【例 3-4】 已知湿煤气的成分为：

成分	CO	H_2	CH_4	C_2H_4	CO_2	O_2	N_2	H_2O
体积分数 φ/%	29	11	3	1.0	4	0.3	50	2.7

求该煤气燃烧的理论空气需要量及燃烧产物量。

解： 取 $1m^3$煤气计算

$$L_0 = 4.762 \times \left[\frac{1}{2}\varphi(CO^v) + \frac{1}{2}\varphi(H_2^v) + 2\varphi(CH_4^v) + 3\varphi(C_2H_4^v) + 1\frac{1}{2}\varphi(H_2S^v) - \varphi(O_2^v)\right]$$

$$= 4.762 \times \left[\frac{1}{2} \times 0.29 + \frac{1}{2} \times 0.11 + 2 \times 0.03 + 3 \times 0.01 - 0.003\right]$$

$$= 1.37m^3/m^3$$

$$V_0 = \varphi(CO^v) + \varphi(H_2^v) + 3\varphi(CH_4^v) + 4\varphi(C_2H_4^v) + 2\varphi(H_2S^v) + \varphi(CO_2^v) + \varphi(N_2^v) + \varphi(SO_2^v) + \varphi(H_2O^v) + 0.79L_0$$

$$= 0.29+0.11+3\times0.03+0.04+0.04+0.5+0.027+0.79\times1.36$$

$$= 2.17m^3/m^3$$

【例 3-5】 已知混合煤气干成分为：

成分	CO	H_2	CH_4	C_2H_4	CO_2	N_2	O_2
体积分数 φ/%	17.6	27.7	12.8	1.0	7.3	33.2	0.4

其中 $g_{H_2O}^d = 35.1g/m^3$ 干气体。求该煤气的 L_0、V_0 各为多少？

解： 首先将干成分换算成湿成分：

水蒸气的湿成分为

$$\varphi(H_2O^v) = \frac{\dfrac{g_{H_2O}^d}{1000 \times 18} \times 22.4}{1 + \dfrac{g_{H_2O}^d}{1000 \times 18} \times 22.4} = \frac{0.00124 \times 35.1}{1 + 0.00124 \times 35.1} = 4.16\%$$

将各干成分换算为相应的湿成分：

CO 的湿成分为

$$\varphi(CO^v) = \varphi(CO^d)[1 - \varphi(H_2O^v)] = 17.6\% \times 0.958 = 16.86\%$$

同理得

$$\varphi(H_2^v) = 27.7\% \times 0.958 = 26.54\%$$

$$\varphi(CH_4^v) = 12.8\% \times 0.958 = 12.28\%$$

$$\varphi(C_2H_4^v) = 1\% \times 0.958 = 0.96\%$$

$$\varphi(CO_2^v) = 7.3\% \times 0.958 = 7\%$$

$$\varphi(O_2^v) = 0.4\% \times 0.958 = 0.38\%$$

$$\varphi(N_2^v) = 33.2\% \times 0.958 = 31.82\%$$

$$L_0 = 4.762 \times \left[\frac{1}{2}\varphi(CO^v) + \frac{1}{2}\varphi(H_2^v) + 2\varphi(CH_4^v) + 3\varphi(C_2H_4^v) + 1\frac{1}{2}\varphi(H_2S^v) - \varphi(O_2^v)\right]$$

$$= 4.762 \times \left[\frac{1}{2} \times 0.1686 + \frac{1}{2} \times 0.2654 + 2 \times 0.1228 + 3 \times 0.0096 - 0.0038\right]$$

$$= 2.32m^3/m^3$$

$$V_0 = \varphi(CO^v) + \varphi(H_2^v) + 3\varphi(CH_4^v) + 4\varphi(C_2H_4^v) + 2\varphi(H_2S^v) + \varphi(CO_2^v) + \varphi(N_2^v) + \varphi(SO_2^v) + \varphi(H_2O^v) + 0.79L_0$$

$$= 0.1686+0.2654+3\times0.1228+4\times0.0096+0.07+0.3182+0.0416+0.79\times2.32$$

$$= 3.1m^3/m^3$$

3.4.2.2 固体和液体燃料燃烧理论空气需要量和燃烧产物量的计算

固体和液体燃料燃烧计算除与气体燃料燃烧计算具有共性外，其独自的特点是计算过程是以千摩尔数作为计算单位，其最终结果仍应换算为体积表示。固体和液体燃料燃烧的理论空气需要量及理论空气燃烧产物量，仍分别用 L_0 和 V_0 代表，单位是 m^3/kg，它表示 1kg 固体或液体燃料完全燃烧时所需要的空气和生成的燃烧产物的体积。

固体和液体燃料的可燃成分为碳、氢、硫，其完全燃烧时的化学反应方程式为：

碳（C）	C	+	O_2	═══	CO_2
	12kg		32kg		44kg
			$22.4m^3$		$22.4m^3$
氢（H）	H_2	+	$1/2O_2$	═══	H_2O
	2kg		16kg		18kg
			$1/2\times22.4m^3$		$22.4m^3$
硫（S）	S	+	O_2	═══	SO_2
	32kg		32kg		64kg
			$22.4m^3$		$22.4m^3$

根据碳的燃烧反应式可以看出，碳在完全燃烧时，反应物与生成物之间的分子数之比为 1∶1∶1。也就是 1kmol 的碳（12kg），需要 1kmol 的氧（32kg），生成 1kmol 的二氧化碳（44kg）。在标准状态下，1kmol 的任何气体，其体积均为 $22.4m^3$。

以其中的可燃元素碳的燃烧为例叙述如下。

设有 24kg 碳，求其完全燃烧时的理论空气需要量及理论燃烧产物量。

首先写出碳燃烧的化学反应式

$$C+O_2 = CO_2$$

根据上述反应式得知反应物与生成物之间量的关系是，1kmol 的碳燃烧，需要 1kmol 的氧，生成 1kmol 的二氧化碳。

将 24kg 碳换算成千摩尔数，即

$$\frac{\text{质量(kg)}}{\text{分子千摩尔质量(kg/kmol)}} = \frac{24}{12} = 2\text{kmol}$$

根据化学反应式所提供的分子数之比得，2kmol 碳燃烧需要 2kmol 的氧，生成 2kmol 的二氧化碳。

氧来源于空气，干空气中 $N_2 : O_2 = 79 : 21 = 3.762$。即 1kmol 的氧，同时带入 3.762kmol 的氮。所以 24kg 碳燃烧所需的空气量为氧气量与氮气量的总和，具体数值为：

$$2 + 2 \times 3.762 = 2 \times 4.762 = 9.524\text{kmol}$$

气体习惯以体积作单位，故 9.524kmol 的气体体积为：

$$9.524 \times 22.4 = 213.3m^3$$

综上所述，则

$$L_0 = \frac{22.4}{24} \times 2 \times 4.762 = 8.89m^3/kg$$

24kg 碳燃烧所生成的理论燃烧产物量为生成的二氧化碳与带入的氮气的和，具体数值为：

$$2\times 4.762=9.524\text{kmol}=9.524\times 22.4=213.3\text{m}^3$$

$$V_0=\frac{22.4}{24}\times 2\times 4.762=8.89\text{m}^3/\text{kg}$$

这里 L_0 与 V_0 数值上虽相等，但所表示的具体内容不同，不能混淆。

只要懂得了一种可燃物的燃烧计算方法，实际所使用的固体、液体燃料燃烧计算也就容易明白了。因为实际使用的燃料只不过组成成分多一些，计算复杂一些，但基本方法是一致的。

工业上所使用的固体或液体燃料组成成分共有七种，即

$$w(\text{C})^y+w(\text{H})^y+w(\text{O})^y+w(\text{N})^y+w(\text{S})^y+w(\text{A})^y+w(\text{W})^y=100\%$$

上述七种组成物性质不同，燃烧计算时的处理情况也不同。灰分不参加燃烧反应，也不变成气态燃烧产物，所以不计算它。碳、氢、硫均为可燃成分，能燃烧放热，燃烧所需的氧就是根据它们的燃烧反应来计算的。氮、水分不发生变化，燃烧后直接进入废气中。$w(\text{O})^y$ 是指燃料中原有的氧。

为方便起见，取 1kg 燃料进行燃烧计算，先将各组成成分的质量换算成千摩尔数 $w(\text{C})^y/12$、$w(\text{H})^y/2$、$w(\text{O})^y/32$、$w(\text{N})^y/28$、$w(\text{S})^y/32$、$w(\text{W})^y/18$。根据前述方法，可得出 1kg 燃料燃烧时所需要的氧千摩尔数为

$$\frac{w(\text{C})^y}{12}+\frac{1}{2}\times\frac{w(\text{H})^y}{2}+\frac{w(\text{S})^y}{32}-\frac{w(\text{O})^y}{32}$$

1kg 燃料燃烧所需的理论空气量（kmol）为

$$4.762\times\left[\frac{w(\text{C})^y}{12}+\frac{1}{2}\times\frac{w(\text{H})^y}{2}+\frac{w(\text{S})^y}{32}-\frac{w(\text{O})^y}{32}\right]$$

将上式以千摩尔数表示的理论空气量换算成体积，即 1kg 燃料燃烧的理论空气量（m^3/kg）为

$$L_0=22.4\times 4.762\times\left[\frac{w(\text{C})^y}{12}+\frac{1}{2}\times\frac{w(\text{H})^y}{2}+\frac{w(\text{S})^y}{32}-\frac{w(\text{O})^y}{32}\right]\tag{3-14}$$

燃烧产物由燃料燃烧后所生成的气体与空气中的氮两部分组成，所以 1kg 燃料燃烧的理论燃烧量的千摩尔数为

$$\left[\frac{w(\text{C})^y}{12}+\frac{w(\text{H})^y}{2}+\frac{w(\text{S})^y}{32}+\frac{w(\text{N})^y}{28}+\frac{w(\text{W})^y}{18}\right]+3.762\times\left[\frac{w(\text{C})^y}{12}+\frac{w(\text{H})^y}{4}+\frac{w(\text{S})^y}{32}-\frac{w(\text{O})^y}{32}\right]$$

加号之前括号内的数值是燃烧后所生成的气体产物，加号以后的数值为空气中的氮。

将上式以千摩尔数表示的理论燃烧产物量换算成体积，则 1kg 燃料燃烧的理论燃烧产物量（m^3/kg）为

$$V_0=22.4\times\left[\left(\frac{w(\text{C})^y}{12}+\frac{w(\text{H})^y}{2}+\frac{w(\text{S})^y}{32}+\frac{w(\text{N})^y}{28}+\frac{w(\text{W})^y}{18}\right)+3.762\times\left(\frac{w(\text{C})^y}{12}+\frac{w(\text{H})^y}{4}+\frac{w(\text{S})^y}{32}-\frac{w(\text{O})^y}{32}\right)\right]\tag{3-15}$$

【例 3-6】 某煤矿精矿的供用成分如下：$w(\text{C})^y=84.43\%$，$w(\text{H})^y=5.03\%$，

$w(N)^y=1.39\%$，$w(S)^y=1.9\%$，$w(O)^y=2.36\%$，$w(W)^y=0.4\%$，$w(A)^y=4.49\%$。求该煤燃烧时的理论空气需要量及理论燃烧产物量。

解：该煤可燃成分的燃烧反应如下

$$C+O_2 = CO_2$$
$$H_2+1/2O_2 = H_2O$$
$$S+O_2 = SO_2$$

根据上述反应计算 1kg 煤燃烧时所需氧的千摩尔数为

$$\frac{0.8433}{12}+\frac{0.0503}{4}+\frac{0.019}{32}-\frac{0.0236}{32}=0.0829\text{kmol}$$

等号前最后一项是燃料中原有氧（即有些可燃成分已经氧化的千摩尔数），减去该项，就是由空气供给氧的千摩尔数。空气中氮气是氧气的 3.762 倍，所以燃烧所需空气的千摩尔数为

$$4.762\times 0.0829=0.3948\text{kmol}$$

将空气的千摩尔数换算成体积，求出 1kg 煤燃烧所需的理论空气量为

$$L_0=0.3948\times 22.4=8.84\text{m}^3/\text{kg}$$

燃料燃烧后所生成的气体有化学反应生成的 CO_2、H_2O、SO_2 及燃料中原有的氮和水分，加上空气中的氮就得到燃烧产物的总千摩尔数为

$$\left(\frac{0.8433}{12}+\frac{0.0503}{4}+\frac{0.019}{32}+\frac{0.0139}{28}+\frac{0.004}{18}\right)+0.0829\times 3.762=0.4088\text{kmol}$$

将废气的千摩尔数换算成体积，求出 1kg 煤燃烧所生成的理论燃烧产物量为

$$V_0=0.4088\times 22.4=9.16\text{m}^3/\text{kg}$$

3.4.2.3 燃料燃烧的实际空气需要量和实际燃烧产物量的计算

在实际生产条件下，为了保证燃料的完全燃烧，一般都要比理论空气多供给一些空气，即空气消耗系数 $n>1$。此外，空气中都含有一些饱和水蒸气。因此需要进一步讨论实际空气需要量和实际燃烧产物量的计算问题。

（1）当空气消耗系数 $n>1$ 时，实际空气需要量为

$$L_n = nL_0 \tag{3-16}$$

式中，L_n 为空气消耗系数为 n 时的实际空气需要量，m^3/kg 或 m^3/m^3；n 为空气消耗系数；L_0 为理论空气需要量，m^3/kg 或 m^3/m^3。

实际燃烧产物量（m^3/kg 或 m^3/m^3）为

$$V_n = V_0 + (n-1)L_0 \tag{3-17}$$

（2）当考虑到空气中的饱和水蒸气时，如果用符号 $g^d_{H_2O}$ 代表 $1m^3$ 干空气在该温度下所能吸收的饱和水蒸气的克数，则这些水蒸气的体积（m^3）应当是

$$\frac{22.4}{1000\times 18}\times g^d_{H_2O} = 0.00124g^d_{H_2O}$$

所以这种情况下的实际空气需要量（m^3/kg 或 m^3/m^3）应为

$$L^v_n = L^d_n + 0.00124g^d_{H_2O}\times L^d_n = L^d_n(1+0.00124g^d_{H_2O}) \tag{3-18}$$

实际燃烧产物量（m^3/kg 或 m^3/m^3）为

$$V_n^y = V_n^d + 0.00124 g_{H_2O}^d \times L_n^d \tag{3-19}$$

【例 3-7】 求 $n = 1.2$ 时例 3-6 所示精煤的实际空气需要量及实际燃烧产物量。

解：根据例题 3-6 的计算结果可知

$$L_0 = 8.84\text{m}^3/\text{kg};\ V_0 = 9.16\text{m}^3/\text{kg}$$

$$L_n = nL_0 = 1.2 \times 8.84 = 10.6\text{m}^3/\text{kg}$$

$$V_n = V_0 + (n-1)L_0 = 9.16 + (1.2-1) \times 8.84 = 10.93\text{m}^3/\text{kg}$$

3.4.2.4　燃烧产物成分和密度的计算

燃烧产物的成分是指燃烧产物中各种组分所占的体积分数。燃烧产物的密度是指 1m^3 燃烧产物所具有的质量，单位是 kg/m^3。燃烧产物的成分和密度都是进行热工计算时必须知道的原始数据。其中燃烧产物成分是计算炉气黑度的依据，燃烧产物密度在气体力学方面的计算中要经常用到。

A　固体和液体燃料的燃烧产物成分和密度的计算

（1）燃烧产物成分。固体和液体燃料的燃烧产物由 CO_2、H_2O、SO_2、N_2 和 O_2 所组成。根据燃烧产物成分的定义，上述气体在燃烧产物中的成分可用下列公式计算：

$$\varphi'(CO_2) = \frac{\text{燃烧产物中的 } CO_2 \text{ 的体积}}{\text{燃烧产物的总体积}} \times 100\% = \frac{\dfrac{w(C)^y}{12} \times 22.4}{V_n} \times 100\%$$

$$\varphi'(H_2O) = \frac{\text{燃烧产物中的 } H_2O \text{ 的体积}}{\text{燃烧产物的总体积}} \times 100\% = \frac{\left[\dfrac{w(H)^y}{2} + \dfrac{w(W)^y}{18}\right] \times 22.4}{V_n} \times 100\%$$

$$\varphi'(SO_2) = \frac{\text{燃烧产物中的 } SO_2 \text{ 的体积}}{\text{燃烧产物的总体积}} \times 100\% = \frac{\dfrac{w(S)^y}{32} \times 22.4}{V_n} \times 100\%$$

$$\varphi'(N_2) = \frac{\text{燃烧产物中的 } N_2 \text{ 的体积}}{\text{燃烧产物的总体积}} \times 100\% = \frac{\dfrac{w(N)^y}{28} \times 22.4 + 0.79L_n}{V_n} \times 100\%$$

$$\varphi'(O_2) = \frac{\text{燃烧产物中的 } O_2 \text{ 的体积}}{\text{燃烧产物的总体积}} \times 100\% = \frac{0.21(n-1)L_0}{V_n} \times 100\%$$

（2）燃烧产物的密度有两种计算方法。

1）当已知燃烧产物的成分时，燃烧产物的密度 ρ（kg/m^3）可用下式计算

$$\rho = \frac{44\varphi'(CO_2) + 18\varphi'(H_2O) + 64\varphi'(SO_2) + 28\varphi'(N_2) + 32\varphi'(O_2)}{22.4}$$

2）当不知燃烧产物的成分时，可以根据质量守恒定律（参加燃烧反应的原始物质的质量应等于燃烧反应生成物即燃烧产物的质量），用下式计算燃烧产物的密度（kg/m^3）

$$\rho = \frac{[1 - w(A)^y] + 1.293L_n}{V_n}$$

式中，$w(A)^y$ 是燃料中灰分的质量分数；1.293 是空气的密度，kg/m^3。

B 气体燃料的燃烧产物成分和密度的计算

（1）燃烧产物成分。根据气体燃料的燃烧反应方程式和燃烧产物成分的定义，不难得出下列计算公式：

$$\varphi'(CO_2)=\frac{\varphi(CO)+\varphi(CH_4)+m\varphi(C_mH_n)+\varphi(CO_2)}{V_n}\times 100\%$$

$$\varphi'(H_2O)=\frac{\varphi(H_2)+2\varphi(CH_4)+\frac{n}{2}\varphi(C_mH_n)+\varphi(H_2S)+\varphi(H_2O)}{V_n}\times 100\%$$

$$\varphi'(SO_2)=\frac{\varphi(H_2S)}{V_n}\times 100\%$$

$$\varphi'(N_2)=\frac{\varphi(N_2)+0.79L_n}{V_n}\times 100\%$$

$$\varphi'(O_2)=\frac{0.21(n-1)L_0}{V_n}\times 100\%$$

（2）燃烧产物的密度。

1）当已知燃烧产物成分时，计算方法与固体和液体燃料相同。

2）当不知燃烧产物成分时，其计算公式为

$$\rho=\frac{28\varphi(CO)+2\varphi(H_2)+(12m+2n)\varphi(C_mH_n)+34\varphi(H_2S)+44\varphi(CO_2)+28\varphi(N_2)+18\varphi(H_2O)}{22.4}+\frac{1.239L_n}{V_n}$$

【例 3-8】 已知发生炉煤气的湿成分如下：

成分	CO	H_2	CH_4	C_2H_4	CO_2	N_2	O_2	H_2O
体积分数 φ/%	29.0	15.0	3.0	0.6	7.5	42.0	0.2	2.7

并知 $L_0=1.41m^3/m^3$，$V_0=2.19m^3/m^3$。求空气消耗系数 $n=1.2$ 时的空气需要量，燃烧产物量，燃烧产物成分和密度。

解：

$$L_n=nL_0=1.2\times1.41=1.69m^3/m^3$$

$$V_n=V_0+(n-1)L_0=2.19+0.2\times1.41=2.47m^3/m^3$$

燃烧产物成分为

$$\varphi'(CO_2)=\frac{\varphi(CO)+\varphi(CH_4)+2\varphi(C_2H_4)+\varphi(CO_2)}{V_n}\times 100\%$$

$$=\frac{0.29+0.03+2\times0.006+0.075}{2.47}\times 100\%=16.5\%$$

$$\varphi'(H_2O)=\frac{\varphi(H_2)+2\varphi(CH_4)+2\varphi(C_2H_4)+\varphi(H_2S)+\varphi(H_2O)}{V_n}\times 100\%$$

$$=\frac{0.15+2\times0.03+2\times0.006+0.027}{2.47}\times 100\%=10.1\%$$

$$\varphi'(N_2)=\frac{\varphi(N_2)+0.79L_n}{V_n}\times 100\%=\frac{0.42+0.79\times1.69}{2.47}\times 100\%=71\%$$

$$\varphi'(O_2)=\frac{0.21(n-1)L_0}{V_n}\times 100\%=\frac{0.21\times 0.2\times 1.41}{2.47}\times 100\%=2.4\%$$

燃烧产物密度

$$\rho=\frac{44\varphi'(CO_2)+18\varphi'(H_2O)+28\varphi'(N_2)+32\varphi'(O_2)}{22.4}=\frac{44\times 0.165+18\times 0.101+28\times 0.71+32\times 0.024}{22.4}$$

$$=1.33\text{kg/m}^3$$

3.4.3 燃烧温度

3.4.3.1 燃烧温度的概念

燃料燃烧放出的热量，全部被燃烧产物所吸收，燃烧产物所能达到的温度叫燃料的燃烧温度。

燃烧温度既与燃料内部的化学组成有关，又受外部燃烧条件的影响。化学组成相同的燃料，燃烧条件不同，燃烧产物的数量也不同，燃烧产物中所含的热量也就不同。所以燃烧温度的高低，取决于燃烧产物中所含热量的多少。燃烧产物中所含的热量越多，它的温度就越高。燃烧产物中所含热量的多少，取决于燃烧过程中热量的收入和支出。

根据能量守恒和转化定律，燃烧过程中燃烧产物的热量收入和热量支出之间必然相等。因此，只要找出燃料燃烧时的这个热量平衡关系，也就是写出它的热平衡方程式，就可以算出它的燃烧温度。

在生产实际条件下，燃料燃烧时，热量的来源（即燃烧过程热平衡方程式的收入项）有：燃料的化学热 $Q_{低}$（kJ/kg 或 kJ/m^3），空气的物理热 Q_a（kJ/kg 或 kJ/m^3），煤气的物理热 Q_f（kJ/kg 或 kJ/m^3）。热量的支出项有：燃烧产物得到的热量 Q_L（kJ/kg 或 kJ/m^3），传给周围介质的热量 Q_s（kJ/kg 或 kJ/m^3），由于不完全燃烧所损失的热量 Q_m（kJ/kg 或 kJ/m^3），由于燃烧产物的热分解而损失的热量 Q_c（kJ/kg 或 kJ/m^3）。

因此，燃烧过程的热平衡方程式为

$$Q_{低}+Q_a+Q_f=Q_L+Q_s+Q_m+Q_c$$

根据热平衡方程式，可求出燃烧产物所含的热量为

$$Q_L=Q_{低}+Q_a+Q_f-Q_s-Q_m-Q_c$$

又因

$$Q_L=V_nC_Lt_L$$

等式两边相等，所以

$$t_L=\frac{Q_{低}+Q_a+Q_f-Q_s-Q_m-Q_c}{V_nC_L} \tag{3-20}$$

式中，V_n 为燃烧产物的体积，m^3/kg 或 m^3/ m^3；C_L 为燃烧产物的平均热容量，kg/(m^3 · ℃)；t_L 为燃烧产物的温度，即燃烧温度，℃。

t_L 反映了在生产实际条件下燃烧产物所能达到的实际温度，所以称为实际燃烧温度。

从上式可以看出：燃料的实际燃烧温度不仅和燃料本身的性质有关（例如燃料的发热量 $Q_{低}$、燃烧产物量 V_n），而且还和燃烧条件有关（例如空气消耗系数、空气及煤气的预热温度、传给周围介质的热量、不完全燃烧所损失的热量）。因此在生产条件下，为了

提高燃料的实际燃烧温度，应当尽量提高空气和煤气的预热温度，减少炉墙的散热损失和保证燃料的完全燃烧，并且在保证完全燃烧的基础上尽量减小空气消耗系数。

在完全燃烧和绝热条件下，也就是当 Q_m 和 Q_s 都等于零时，燃烧产物所能达到的温度称为理论燃烧温度，即

$$t_L^0 = \frac{Q_{低} + Q_a + Q_f - Q_c}{V_n C_L} \tag{3-21}$$

可见，理论燃烧温度是当燃烧条件一定时（即 $Q_{低}$、Q_a、Q_f 等一定），燃烧产物所能达到的最高温度。

根据生产实践和科学实验所积累的经验可知，在一定条件下，实际燃烧温度和理论燃烧温度之间存在一定关系，即

$$t_L = \eta t_L^0 \tag{3-22}$$

上式中的比例系数 η 称为炉温系数，它主要和炉子的温度制度、炉子生产率的大小、炉子的结构和形状等因素有关。炉温系数 η 的经验值见表 3-13。

表 3-13 炉温系数的经验值

炉子形式	炉温系数 η
缓慢装料封闭结构的隧道窑	0.75~0.82
带材加热炉	0.75~0.80
直通式炉	0.72~0.76
连续加热炉	0.70~0.75
室状炉	0.65~0.70
水泥煅烧回转窑	0.65~0.75
冰铜反射炉	0.75~0.85

当生产条件一定时，为了保证生产工艺所需要的炉温（即实际燃烧温度 t_L），燃料的理论燃烧温度必须达到

$$t_L^0 = \frac{t_L}{\eta}$$

因此，燃料的理论燃烧温度是设计炉子时选择燃料和确定燃烧条件的重要依据。

3.4.3.2 燃烧温度的计算

燃料的实际燃烧温度 t_L 只能通过直接测量来确定，这主要是因为有些项目（例如不完全燃烧所造成的热损失 Q_m、散失到周围介质中的热量 Q_s 等）很难精确计算。

对于新设计的炉子，所能达到的实际燃烧温度则可以间接地根据 $t_L = \eta t_L^0$ 来判断。也就是说，只要算出理论燃烧温度 t_L^0 就可以大体上知道炉子所能达到的温度水平。

下面着重讨论理论燃烧温度的计算。根据理论燃烧温度的概念

$$t_L^0 = \frac{Q_{低} + Q_a + Q_f - Q_c}{V_n C_L}$$

可见，为了计算理论燃烧温度，必须分别求出以下各项参数：

（1）燃烧产物的体积 V_n。

（2）燃烧产物的平均热容量 C_L，可以根据燃烧产物的成分及每种成分的平均热容量来计算。

（3）燃料的低发热量 $Q_{低}$。

（4）空气的物理热 Q_a，可用下式计算

$$Q_a = L_n C_a t_a$$

式中，L_n 为燃料燃烧时所需要的空气量，m^3/kg 或 m^3/m^3；C_a 为空气在 0～t_a 范围内的平均热容量，kJ/(m³·℃)，可从表 3-14 中查到有关数值；t_a 为空气的预热温度，℃。

（5）煤气的物理热 Q_f，计算公式为

$$Q_f = C_f t_f$$

式中，C_f 为煤气在 0～t_f 范围内的平均热容量，kJ/(m³·℃)，可根据煤气成分及每种成分的热容量求出；t_f 为煤气的预热温度，℃。

表 3-14　空气、煤气及燃料灰分的平均热容量（平均比热容）

温度/℃	热容量/kJ·(m·℃)$^{-1}$													
	CO_2	N_2	O_2	H_2O	干空气	湿空气	CO	H_2	H_2S	CH_4	C_2H_4	灰分	产物	热含量/kJ·kg^{-1}
0	1.6202	1.2991	1.3075	1.4913	1.3008	1.3247	1.3020	1.2769	1.5156	1.5658	1.7668	0.7285	1.4235	0.0
100	1.7199	1.3012	1.3192	1.5018	1.3050	1.3288	1.3020	1.2895	1.5407	1.6537	2.1059	0.7619	1.4235	75.3
200	1.8078	1.3029	1.3368	1.5172	1.3096	1.3339	1.3104	1.2979	1.5742	1.8505	2.3278	0.7954	1.4235	159.0
300	1.8807	1.3079	1.3581	1.5378	1.3180	1.3427	1.3188	1.3020	1.6077	1.8924	2.5288	0.8289	1.4402	247.0
400	1.9435	1.3171	1.3628	1.5591	1.3301	1.3552	1.3314	1.3020	1.6454	2.0222	2.7214	0.8624	1.4570	343.3
500	2.0452	1.3293	1.4004	1.5830	1.3439	1.3695	1.3439	1.3439	1.6872	2.1436	2.8930	0.8959	1.4737	447.9
600	2.0590	1.3418	1.4193	1.6077	1.3581	1.3837	1.3607	1.3104	1.7207	2.2692	3.0479	0.9294	1.4905	556.8
700	2.1076	1.3552	1.4369	1.6336	1.3724	1.3983	1.3732	1.3146	1.7584	2.3822	3.1903	0.9629	1.5072	674.0
800	2.1515	1.3682	1.4528	1.6600	1.3862	1.4126	1.3900	1.3188	1.7961	2.4953	3.3410	0.9922	1.5198	795.4
900	2.1913	1.3816	1.4662	1.6864	1.3992	1.4260	1.4025	1.3230	1.8296	2.5958	3.4499	1.0215	1.5323	921.0
1000	2.2265	1.3927	1.4800	1.7132	1.4117	1.4390	1.4151	1.3272	1.8631	2.6962	3.5671	1.0467	1.5449	1046.7
1100	2.2591	1.4055	1.5336	1.7396	1.4235	1.4511	1.4276	1.3355	1.8924	2.7842	0.0000	1.0676	1.5574	1176.4
1200	2.2885	1.4163	1.5022	1.7655	1.4343	1.4624	1.4402	1.3439	1.9217	4.1281	0.0000	1.0885	1.5658	1306.2
1300	2.3157	1.4289	1.5122	1.7906	1.4452	1.4737	1.4486	1.3523	1.9468	0.0000	0.0000	1.1053	1.5784	1436.0
1400	2.3404	1.4373	1.5219	1.8149	1.4549	1.4838	1.4611	1.3607	1.9719	0.0000	0.0000	1.1178	1.5909	1565.8
1500	2.3634	1.4469	1.5311	1.8388	1.4641	1.5059	1.4695	1.3690	1.9971	0.0000	0.0000	1.1304	1.6035	1695.6
1600	2.3848	1.4553	1.5380	1.7362	1.4729	1.5026	1.4779	1.3774	0.0000	0.0000	0.0000	1.1429	1.6286	1829.6
1700	2.4040	1.4624	1.5482	1.8840	1.4808	1.5110	1.4863	1.3858	0.0000	0.0000	0.0000	1.1513	1.6286	1959.4
1800	2.4224	1.4704	1.5558	1.9054	1.4888	1.5193	1.4946	1.3492	0.0000	0.0000	0.0000	1.1597	1.6142	2089.2
1900	2.4392	1.4779	1.5637	1.9250	1.4959	1.5269	1.4988	1.3983	0.0000	0.0000	0.0000	1.1681	1.6537	2219.0
2000	2.4551	1.4850	1.5713	1.9447	1.5030	1.5340	1.5072	1.4067	0.0000	0.0000	0.0000	1.1723	1.6663	2344.6
2100	2.4697	1.4913	1.5784	1.9631	1.5093	1.5407	1.5114	1.4151	0.0000	0.0000	0.0000	1.1764	0.0000	2470.2
2200	2.4836	1.4980	1.5851	1.9811	1.5172	1.5478	1.5198	1.4235	0.0000	0.0000	0.0000	1.1848	0.0000	2608.3
2300	2.4970	1.5030	1.5922	1.9983	1.5219	1.5537	1.5239	1.4318	0.0000	0.0000	0.0000	1.1890	0.0000	2739.9
2400	2.5095	1.5085	1.5989	1.0146	1.5273	1.5595	1.5281	1.4402	0.0000	0.0000	0.0000	1.1932	0.0000	2863.7
2500	3.7773	1.5143	1.6056	1.0305	1.5340	1.5658	2.3739	1.4486	0.0000	0.0000	0.0000	1.1932	0.0000	2985.1

（6）燃烧产物的热分解所损失的热量 Q_c，指的是燃烧产物中三原子以上的气体（主要是 CO_2 和 H_2O）在高温下发生分解时所消耗的热量，其分解反应方程式是

$$CO_2 = CO + \frac{1}{2}O_2, \quad \Delta_r H_m^{\ominus} = -12770 kJ/m^3$$

$$H_2O = H_2 + \frac{1}{2}O_2, \quad \Delta_r H_m^{\ominus} = -10800 kJ/m^3$$

可见，由于 CO_2 和 H_2O 的分解，燃烧产物的体积和成分都要跟着发生变化。而且，CO_2 和 H_2O 的分解度还和燃烧产物的温度有关，而这个温度正是所求的未知数。因此，Q_c 的计算就变得非常繁琐。它需要先假设一个燃烧温度，根据这个温度下的分解度求出 Q_c，然后代入公式中算出理论燃烧温度，如果算出的燃烧温度与假设的燃烧温度不符，则要重新假设和另行计算。

在炉子设计等工程计算中，为了避免 Q_c 的繁琐计算，可以利用现成的图表来求理论燃烧温度，其中应用比较广泛的是罗津和费林格编制的 $i-t$ 图（见图 3-15）。$i-t$ 图的纵坐标是燃烧产物的热含量 i（kJ/m^3 及 $kcal/m^3$），横坐标是理论燃烧温度 t（℃），它的用法如下。

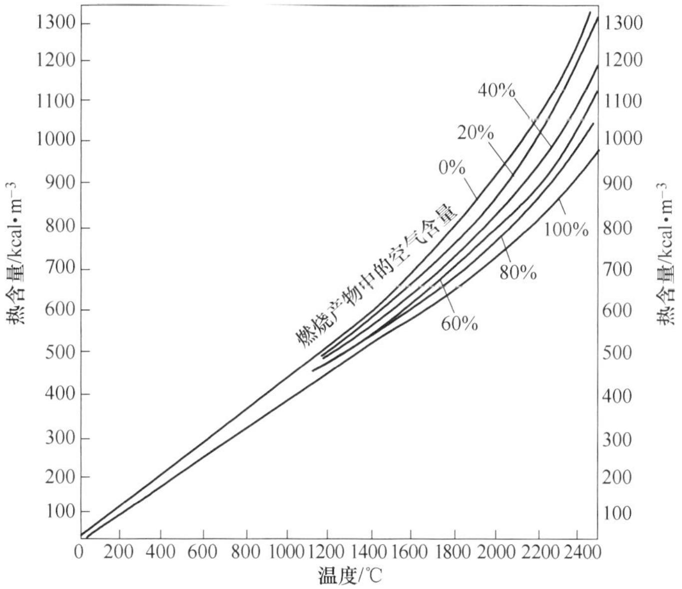

图 3-15 计算理论燃烧温度用的 $i-t$ 图（1kcal＝4.1868kJ）

（1）求出燃烧产物的热含量 i。燃烧产物的热含量指的是 $1m^3$ 燃烧产物所含有的热量，它来自三个方面，即

$$i = C_L t_L = i_{net} + i_a + i_f \tag{3-23}$$

其中

$$i_{net} = \frac{Q_{低}}{V_n}$$

$$i_a = \frac{Q_a}{V_n} = \frac{L_n}{V_n} C_a t_a$$

$$i_t = \frac{Q_f}{V_n} = \frac{1}{V_n} C_f t_f$$

（2）求出燃烧产物中过剩空气的体积分数 $\varphi(V_L)$，即

$$\varphi(V_L) = \frac{V_n - V_0}{V_n} \times 100\% \tag{3-24}$$

【例 3-9】 根据例 3-8 的已知条件及计算结果，并知该煤气的低发热量为 6762kJ/m³。求：（1）空气消耗系数 $n = 1.2$ 时的理论燃烧温度；（2）空气消耗系数 $n = 1.2$ 时，空气预热到 300℃，煤气预热到 200℃ 的理论燃烧温度。

解：（1）空气与煤气不预热时，燃烧产物的热含量为

$$i = i_{net} = \frac{Q_{低}}{V_n} = \frac{6762}{2.47} = 2738\text{kJ/m}^3$$

燃烧产物中过剩空气的体积分数为

$$\varphi(V_L) = \frac{V_n - V_0}{V_n} \times 100\% = \frac{2.47 - 2.19}{2.47} \times 100\% = 11\%$$

查 $i - t$ 图，得到 $t_L^0 = 1640℃$。

（2）当 $n = 1.2$，$t_a = 300℃$，$t_f = 200℃$ 时，该发生炉煤气的理论燃烧温度的计算如下：

$$i = C_L t_L = i_{net} + i_a + i_f$$

$$i_{net} = \frac{Q_{低}}{V_n} = \frac{6762}{2.47} = 2738\text{kJ/m}^3$$

根据表 3-14，300℃ 时干空气的平均热容量为 1.318kJ/(m³·℃)。

$$i_a = \frac{L_n}{V_n} C_a t_a = \frac{1.69}{2.47} \times 1.318 \times 300 = 271\text{kJ/m}^3$$

从表 3-14 中查到，当煤气温度为 200℃ 时，各种煤气组成成分的平均热容量为：
$C_{CO} = 1.310$kJ/(m³·℃)，$C_{H_2} = 1.298$kJ/(m³·℃)，$C_{C_2H_4} = 2.328$kJ/(m³·℃)，$C_{CH_4} = 1.851$kJ/(m³·℃)，$C_{CO_2} = 1.808$kJ/(m³·℃)，$C_{N_2} = 1.303$kJ/(m³·℃)，$C_{O_2} = 1.337$kJ/(m³·℃)，$C_{H_2O} = 1.517$kJ/(m³·℃)。

根据煤气成分及各种成分的平均热容量，可以计算该发生炉煤气在 200℃ 时的热容量为

$$\begin{aligned} C_f &= C_{CO} \times \varphi(CO^v) + C_{H_2} \times \varphi(H_2^v) + C_{CH_4} \times \varphi(CH_4^v) + C_{C_2H_4} \times \varphi(C_2H_4^v) + \\ &\quad C_{CO_2} \times \varphi(CO_2^v) + C_{N_2} \times \varphi(N_2^v) + C_{O_2} \times \varphi(O_2^v) + C_{H_2O} \times \varphi(H_2O^v) \\ &= 1.310 \times 0.29 + 1.298 \times 0.15 + 1.851 \times 0.03 + 2.328 \times 0.006 + 1.808 \times \\ &\quad 0.075 + 1.303 \times 0.42 + 1.337 \times 0.002 + 1.517 \times 0.027 \\ &= 1.371\text{kJ/(m}^3 \cdot ℃) \end{aligned}$$

$$i_f = \frac{Q_f}{V_n} = \frac{1}{V_n} C_f t_f = \frac{1}{2.47} \times 1.371 \times 200 = 111\text{kJ/m}^3$$

$$i = i_{net} + i_a + i_f = 2738 + 271 + 111 = 3120\text{kJ/m}^3$$

$$\varphi(V_L) = \frac{V_n - V_0}{V_n} \times 100\% = \frac{2.47 - 2.19}{2.47} \times 100\% = 11\%$$

查 $i-t$ 图，得到 $t_L^0 = 1840℃$。

3.4.3.3 提高燃烧温度的途径

提高燃烧温度是强化冶金过程的重要措施之一。通过实际燃烧温度的热平衡方程进行分析，显然要提高 t_L 的数值，必须增大下式中分子的数值，或者减小下式中分母的数值。

$$t_L = \frac{Q_{低} + Q_a + Q_f - Q_s - Q_m - Q_c}{V_n C_L}$$

增大式中分子的数值可以从下面几点考虑。

(1) 提高燃料的发热量。燃料发热量高低，取决于燃料内部的化学组成，在燃料已选定的情况下，发热量也就定了。一般随发热量增加，燃烧产物的量也增加，所以对提高炉温所起的作用不是很显著。在符合经济原则的前提下，可选用优质燃料。

(2) 实现燃料的完全燃烧。采用合理的燃烧技术，实现燃料的完全燃烧，加快燃烧速度，是提高燃烧温度的基本措施。

(3) 降低炉体散热损失。冶金炉炉体散热损失数值较大，冶金工作者应引起足够的重视，要做到冶金炉绝热好、保温好、气密性好，把炉体散热损失降至最低。

(4) 预热燃料和空气。预热燃料和空气是提高燃烧温度的有效途径。因为这部分物理热不会引起燃烧产物体积增加。燃烧固体燃料一般不预热，但燃烧气体燃料则可预热至较高温度。

减小式中分母的数值可从下面两点考虑。

(1) 降低空气消耗系数。在保证燃料完全燃烧的前提下，采用最小的空气消耗系数，以减少分母中 V_n 的数值，从而有利于提高燃烧温度。

(2) 富氧鼓风和氧气助燃。富氧鼓风就是增加空气中氧的浓度，相对降低氮的含量，n 数值也随之减少，有利于提高燃烧温度。增加空气中氧的浓度，一般低于 28%~30%效果显著。空气中氧的浓度增加，燃烧产物的热分解也增加，燃烧温度提高有限。使用纯氧助燃，对提高燃烧温度是非常有利的，但成本高，目前除钢铁冶金使用外，有色冶金炉上使用的还不多。

生产实践中究竟采用哪种方法来提高燃烧温度，应根据冶金炉的具体情况作具体分析。

3.4.4 空气消耗系数的计算

空气消耗系数可以根据经验数值选定，由于多种原因（如燃料量波动、漏风漏气、测量不准等），炉内实际的情况与规定的数值往往有出入。要根据燃料产物的成分来计算空气消耗系数，并且在实践中根据这个结果去调整空气量。

燃烧产物的成分可以用气体分析器测定。

设干烟气的成分为

$$\varphi'(CO_2) + \varphi'(CO) + \varphi'(H_2) + \varphi'(CH_4) + \cdots + \varphi'(O_2) = 100\%$$

式中氧含量包括两部分：一部分是过剩空气中的 O_2；另一部分是由于 CO、H_2、CH_4 等的不完全燃烧，而未利用的 O_2，即

$$\varphi'(O_2) = \varphi^{过}(O_2) + \varphi^{未}(O_2) \tag{3-25}$$

其中　$$\varphi^{\text{未}}(O_2) = 0.5\varphi'(CO) + 0.5\varphi'(H_2) + 2\varphi'(CH_4) + \cdots \tag{3-26}$$

令 $L_{\text{过}}$ 代表过剩空气量，即

$$L_{\text{过}} - L_n - L_0$$

$$n = \frac{L_n}{L_0} = \frac{L_n}{L_n - L_{\text{过}}} = \frac{1}{1 - L_{\text{过}}/L_n} \tag{3-27}$$

过剩空气中的氧量　$\varphi^{\text{过}}(O_2) \times V_n = 0.21L_{\text{过}}$

或　$$L_{\text{过}} = \frac{\varphi^{\text{过}}(O_2) \times V_n}{0.21} \tag{3-28}$$

L_n 可根据氮的平衡关系求得，即

烟气中的氮量=空气带进的氮+燃料中的氮

$$\varphi'(N_2)V_n = 0.79L_n + V_{N\text{燃}}$$

$$L_n = \frac{\varphi'(N_2)V_n - V_{N\text{燃}}}{0.79} \tag{3-29}$$

将式（3-28）、式（3-29）代入式（3-27）中，可得

$$n = \frac{1}{1 - \dfrac{L_{\text{过}}}{L_n}} = \frac{1}{1 - \dfrac{\varphi^{\text{过}}(O_2) \times V_n}{0.21} \times \dfrac{0.79}{\varphi'(N_2)V_n - V_{N\text{燃}}}} = \frac{1}{1 - \dfrac{79}{21} \times \dfrac{\varphi^{\text{过}}(O_2)}{\varphi'(N_2) - V_{N\text{燃}}/V_n}} \tag{3-30}$$

式中的 V_n 和燃烧产物成分有一定关系。

燃烧产物中二氧化物的体积为

$$V_{RO_2} = V_n[\varphi'(CO_2) + \varphi'(CO) + \varphi'(CH_4) + \cdots]$$

即　$$\frac{1}{V_n} = \frac{\varphi'(CO_2) + \varphi'(CO) + \varphi'(CH_4) + \cdots}{V_{RO_2}} \tag{3-31}$$

将式（3-25）、式（3-26）、式（3-31）代入式（3-30）中，可得

$$n = \frac{1}{1 - \dfrac{79}{21} \times \dfrac{\varphi'(O_2) - 0.5\varphi'(CO) - 0.5\varphi'(H_2) - 2\varphi'(CH_4) - \cdots}{\varphi'(N_2) - \dfrac{V_{N\text{燃}}[\varphi'(CO_2) + \varphi'(CO) + \varphi'(CH_4) + \cdots]}{V_{RO_2}}}} \tag{3-32}$$

上式便可用来计算在空气中燃烧时的空气消耗系数。式中除包含烟气成分外，还包含 $V_{N\text{燃}}$ 和 V_{CO_2}，它们可根据燃料成分确定，即

对于气体燃料

$$V_{N\text{燃}} = \varphi(N_2)$$

$$V_{CO_2} = \varphi(CO_2) + \varphi(CO) + \sum m\varphi(C_mH_n) + \varphi(H_2S)$$

对于固体燃料

$$V_{N\text{燃}} = \frac{w(N)}{14} \times 22.4$$

$$V_{CO_2} = \left[\frac{w(C)}{12} + \frac{w(S)}{32}\right] \times 22.4$$

如对含氮很少的燃料（固体燃料、液体燃料、天然煤气、焦炉煤气等），$V_{N燃}$ 可忽略不计，令 $V_{N燃}=0$，则

$$n=\frac{1}{1-\frac{79}{21}\times\frac{\varphi'(O_2)-0.5\varphi'(CO)-0.5\varphi'(H_2)-2\varphi'(CH_4)-\cdots}{\varphi'(N_2)}} \tag{3-33}$$

若是完全燃烧时，燃烧产物中没有 CO、H_2、CH_4，则

$$n=\frac{1}{1-\frac{79}{21}\times\frac{\varphi'(O_2)}{\varphi'(N_2)}} \tag{3-34}$$

对于氧含量很少的燃料，如焦炭、无烟煤等，计算可知 $\varphi'(N_2)\approx 79\%$，则

$$n=\frac{0.21}{0.21-\varphi'(O_2)} \tag{3-35}$$

上两式中仅包含烟气成分，便于应用，但要注意它们各自的应用条件，否则将造成大的计算误差。

【例 3-10】 已知高炉煤气成分为：$\varphi(CO_2)=10.66\%$，$\varphi(CO)=29.96\%$，$\varphi(CH_4)=0.27\%$，$\varphi(H_2)=1.65\%$，$\varphi(N_2)=57.46\%$。设在空气中燃烧，测得烟气成分为：$\varphi'(CO_2)=14.00\%$，$\varphi'(CO)=1.2\%$，$\varphi'(O_2)=9.00\%$。求燃烧时的空气消耗系数。

解：根据已知条件显然是气体燃料的不完全燃烧，则

$$V_{N燃}=\varphi(N_2)=0.5746$$

$$V_{CO_2}=\varphi(CO_2)+\varphi(CO)+\varphi(CH_4)=0.1066+0.2996+0.0027=0.4089$$

$$\varphi'(N_2)=1-\varphi'(CO_2)-\varphi'(O_2)-\varphi'(CO)=1-0.14-0.09-0.012=0.758$$

$$n=\frac{1}{1-\frac{79}{21}\times\frac{0.09-0.5\times0.012}{0.758-0.5746\times(0.14+0.012)/0.4089}}=2.38$$

复习思考题

3-4-1 燃料的燃烧计算包括哪些项目，其中的主要计算内容是什么？

3-4-2 气体燃料为什么可以直接用体积作单位进行计算？

3-4-3 固体和液体燃料为什么不直接用质量计算，而必须换算成千摩尔数？

3-4-4 什么叫空气消耗系数，其值的大小对燃烧过程有何影响？

3-4-5 什么叫燃烧温度，实际燃烧温度与理论燃烧温度有何区别，如何提高燃烧温度？

3-4-6 燃料的不完全燃烧包括哪两种情况？简要说明。

3-4-7 燃烧计算有哪些假设，其作用是什么？

3-4-8 已知：煤气的湿成分为

成分	CO	H_2	CH_4	O_2	CO_2	H_2O	N_2
体积分数 φ/%	32.00	12.0	2.6	0.4	2.0	3.0	48.0

求：完全燃烧时的 L_0、V_0 及 $n=1.2$ 时 L_n、V_n。

3-4-9 已知：烟煤应用成分为

成分	C	H	S	O	W	N	A
体积分数 φ/%	72.00	4.00	0.32	8	3.60	0.84	11.24

求：完全燃烧时的 L_0、V_0 及 $n=1.2$ 时 L_n、V_n。

3-4-10 某精矿精煤的成分为 $w(C)^y = 69.28\%$，$w(H)^y = 4.16\%$，$w(O)^y = 11.25\%$，$w(N)^y = 0.69\%$，$w(S)^y = 0.5\%$，$w(A)^y = 10.92\%$，$w(W)^y = 3.2\%$。试求该煤燃烧时的理论空气量、理论燃烧产物量，以及 $n = 1.4$ 时的空气需要量、燃烧产物量、燃烧产物成分及密度。

3-4-11 某厂使用的煤气成分为 $\varphi(CO^v) = 30\%$，$\varphi(H_2^v) = 12\%$，$\varphi(CH_4^v) = 1\%$，$\varphi(CO_2^v) = 4\%$，$\varphi(N_2^v) = 50\%$，$\varphi(H_2O^v) = 2.5\%$，$\varphi(O_2^v) = 0.5\%$。试求该煤气燃烧时的 L_0、V_0，以及 $n = 1.1$ 时的 L_n、V_n、燃烧产物成分及密度。

3-4-12 已知发生炉煤气的干成分为 $\varphi(CO^g) = 29.8\%$，$\varphi(H_2^g) = 15.4\%$，$\varphi(CH_4^g) = 3.08\%$，$\varphi(C_2H_4^g) = 0.62\%$，$\varphi(CO_2^g) = 7.71\%$，$\varphi(N_2^g) = 43.18\%$，$\varphi(O_2^g) = 0.21\%$。煤气温度为23℃，空气预热到300℃，用 $n = 1.2$ 进行燃烧，试求该煤气的发热量、L_0、V_0、L_n、V_n、燃烧产物成分及密度、理论燃烧温度。

3-4-13 某重油燃烧炉的排烟组成是

成分	RO_2	CO	O_2	N_2
体积分数 φ/%	11.6	1.0	6.0	81.4

求燃烧时的空气消耗系数。

技能训练 1：固体燃料燃烧的测定

实训内容

固体燃料的燃烧。

实验目的

通过煤粉与不同氧气配比的燃烧实验，了解在氧量不足、恰好、过剩情况下煤粉燃烧时的温度、压力、烟气成分的变化情况，学会喷粉罐的使用方法，进一步熟悉数据采集系统、气体分析仪的使用方法。

实验原理与设备

实验原理见“燃烧计算”部分。

实验设备主要有数据采集系统、燃烧炉、气体分析仪、喷粉罐、供气系统、煤氧枪等。实验燃料用煤粉（煤粉粒度随实验条件来定）；输送气体用压缩空气；助燃气体用氧气。部分实验设备前边已做了介绍，下面主要介绍喷粉罐与煤氧枪。

（1）喷粉装置。

1）装置结构。DXF-1 型多功能喷射装置由进料部料罐、给料部、减速调速系统、称重系统、气路系统和机架 7 部分组成，其气路原理图如图 3-16 所示。

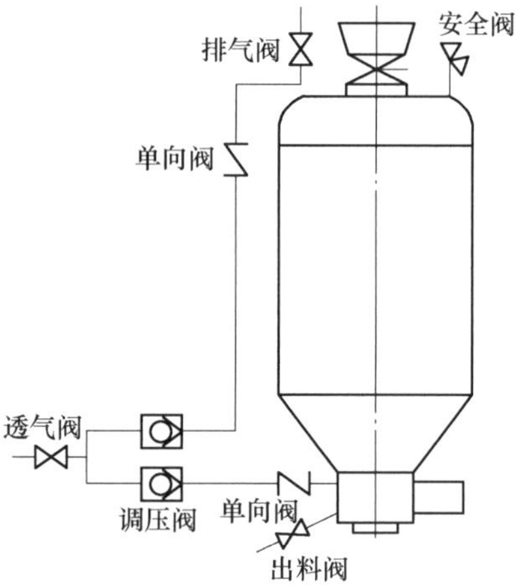

图 3-16　喷粉罐气路原理图

2）主要技术参数。

喷粉能力：0.2～2kg/min，0.6 堆密度的粉料；0.6～6kg/min，1.65 堆密度的粉料。料罐最大装料重：100kg。称重系统：精度 3/10000。粉料粒度：≤1mm。控制方式：自动、手动。机架形式：可移动式。载气压力：≤0.5MPa。

（2）煤氧枪。煤氧枪结构示意图如图 3-17 所示。

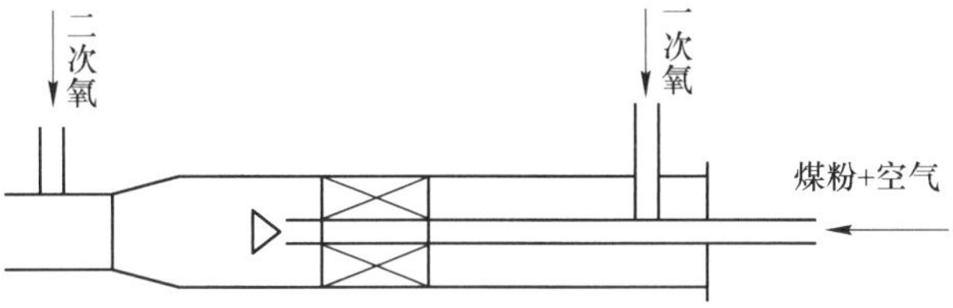

图 3-17　煤氧枪结构示意图

实验步骤

（1）开启压缩空气系统，至压力表显示达到所需压力，待用。

（2）开启计算机控制系统，设定煤粉流量、输送气体（压缩空气）流量，将系统预热 30min。

（3）将喷粉系统准备到待用状态，将气体分析仪准备到待用状态。

（4）设定氧流量，使氧过剩系数 $n=1$。

（5）依次打开氧、压缩空气、喷粉罐开关。

（6）点火。

（7）用分析仪测量烟气成分与压力并记录，记录采集系统采集的温度数据。

（8）测量完毕后，依次关闭喷粉、压缩空气、氧气开关。

（9）重新设定氧流量，使 $n<1$，重复实验步骤（5）～（8）。

（10）设定 $n>1$，重复实验步骤（5）～（8）。

（11）实验结束，将实验设备恢复到实验前状态。

实验报告

实验报告应包括实验目的、实验原理、设备简述、实验步骤及实验结果的整理与分析。

思考题

若煤粉粒度变大或变小，实验结果将会如何变化？

技能训练 2：液体燃料燃烧的测定

实训内容

喷油的燃烧。

实验目的

通过柴油与不同氧气配比的燃烧实验，了解在氧量不足、恰好、过剩情况下柴油燃烧时的温度、压力、烟气成分的变化情况，并学会压力控制器（用来调节油量）的使用方法，熟悉计算控制系统的操作及各测量仪器的使用。

实验原理和设备

实验原理见“燃烧计算”部分。

实验设备包括数据采集系统、燃烧炉装置、喷油装置、压缩空气装置、喷枪等。

实验燃料为柴油；输送气体用压缩空气；助燃气体用氧气。

喷油装置由油箱、油泵、压力表、压力控制器等组成，如图 3-18 所示。该装置的压力控制器用来调节流量输出，压力控制器的控制系统如图 3-19 所示。

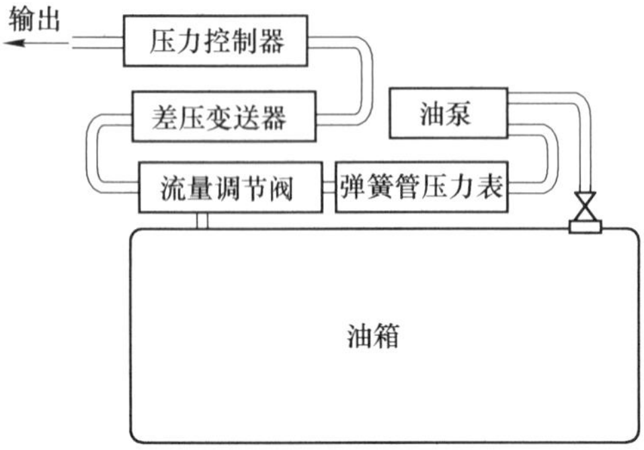

图 3-18　喷油装置简图

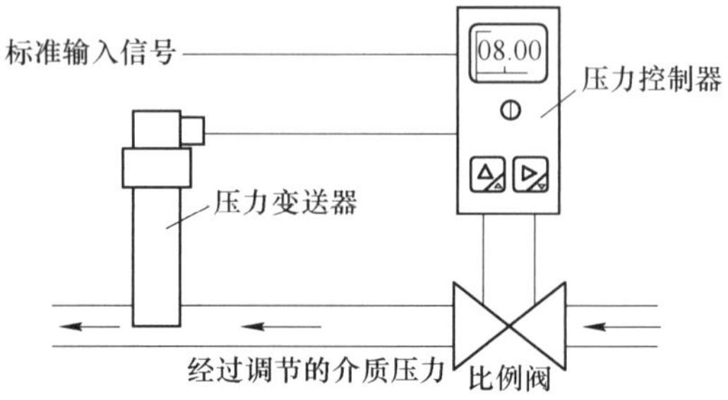

图 3-19　压力控制器的控制系统图

压力控制器的调节步骤大致如下：

（1）设置刻度放大倍数，设置放大倍数为 0.1。

（2）变送器输入校正，在此范围内输入带单位的校正值（例如标准信号 4～20mA 对应的设定值范围，即 4mA 对应于下限，20mA 对应于上限）。

（3）设置下限值，设置为 0.00，如低于下限显示故障信息 E.01。

（4）设置上限值，本实验规定为 25.00，如高于上限显示故障信息 E.01。

（5）选择控制器的反向或者不反向操作，选择 0.00。

（6）选择缺省设定值，设定为 C.01（C.01 为压力控制器出厂设置内部设定值）。

（7）设定流量值，分为两部分，首先设定小数点前面的数值，然后设定小数点后面的数值。设定值范围为 0～25。

（8）设置放大倍数 KP，实验室规定设置为 $KP=0.5$。

（9）设置积分时间为 TN，$TN=0.49$。

油喷枪如图 3-20 所示。

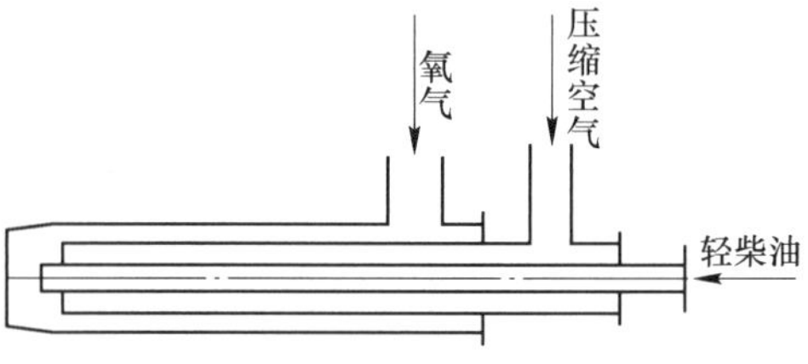

图 3-20　油喷枪简图

实验步骤

(1) 将气泵打开直到压力表显示至所需压力。

(2) 开启计算机控制系统，预热30min。

(3) 将气体分析仪准备至待用状态。

(4) 利用喷油装置上的压力控制器调节油的流量至所需流量。

(5) 设置氧流量使 $n=1$。

(6) 气泵压力达到以后，依次打开空气、氧气、油开关。

(7) 点火进行实验。

(8) 用气体分析仪测量烟气成分并记录，将相对应的烟气温度从数据采集系统中摘录下来。

(9) 设置 $n<1$，重复实验步骤 (8)。

(10) 设置 $n>1$，重复实验步骤 (8)。

(11) 实验完毕后，依次关闭油、氧、空气的开关，使各实验设备恢复到实验前状态。

(12) 进行数据分析，写实验报告。

实验报告

实验报告包括实验目的、实验原理、设备简述、实验步骤及实验结果的整理与分析。

思考题

分析油的雾化情况对实验结果的影响。

技能训练3：气体燃料燃烧的测定

实训内容

气体燃料的燃烧。

实验目的

通过液化气与空气不同配比量的燃烧实验，了解空气量在不足、恰好、过剩各种情况下温度，烟气成分的变化情况。在空气过剩系数 $n=1$ 的情况下，控制不同的冷却水流量，观察烟气的温度、成分的变化情况，对其数据有大致的了解。

实验原理与设备

实验原理见“燃烧计算”部分，采用物料平衡热平衡计算的燃烧产物成分、温度的计算公式。实验设备主要有数据采集系统、燃烧炉系统、气体分析仪、供气系统、氧枪。

使用的气体燃料为液化气；供氧气体为压缩空气机提供的空气。

实验步骤

（1）打开压缩空气气泵，直至达到所需压力。

（2）启动计算机，进入 MCGS 下的数据采集系统，将其预热 30min。

（3）将气源准备到待用状态，将气体分析仪准备到待用状态。

（4）设置液化气流量为常用流量 Q_R，根据液化气流量计算所需空气流量 Q_K，使 $n<1$、$n=1$、$n>1$；分别计算空气流量。首先使 $n<1$。

（5）依次打开空气、液化气开关。

（6）打开除尘系统。

（7）点火。

（8）用气体分析仪对各个点的烟气成分进行检测，并对各个点的温度与成分作相应记录。

（9）重新设置空气流量使 $n>1$，重复实验步骤（8）。

（10）设置空气流量使 $n=1$，打开冷却水装置，重复实验步骤（8）。

（11）实验结束，依次关闭液化气、空气开关，使各实验设备恢复到使用前状态。

实验报告

实验报告内容要求包括实验目的、实验原理、设备简述、实验步骤及实验结果的整理与分析。

4 传　　热

【学习目标】

（1）掌握热量传递的三种基本方式及其关系。

（2）掌握稳态导热的基本方程式及导热系数的物理意义、影响因素。

（3）能够进行稳态导热的热量计算（平壁、圆筒壁）。

（4）掌握非稳态导热过程中的一些基本概念。

（5）掌握对流换热的基本概念及种类。

（6）了解相似三定理、单值性条件及相似准数的有关知识。

（7）能够进行强制对流时对流给热系数及对流换热量的计算。

（8）掌握辐射传热的基本概念及基本定律。

（9）掌握角度系数的定义及基本性质。

（10）能够熟练进行两个固体表面间辐射热交换量的计算。

（11）了解气体与固体间辐射热交换的特点及换热量的计算。

（12）掌握综合传热的概念及一种流体通过平壁传热给另一流体的综合传热量的计算。

（13）了解冶金炉内的实际传热过程。

【相关知识】

4.1 概　　述

传热学是一门研究热能传递的客观规律的科学。传热过程即热的传递过程，是自然界和工程技术领域中极为普遍的一种热量传递过程。只要温度差存在的地方就有热量的传递，而且热量永远是从高温物体自发地传给低温物体，就像水总是从高处流向低处、电流总是自发地由高电位流向低电位一样。在自然界和工程技术领域中温度差是普遍存在的，所以传热过程可以在相当广泛的范围内发生，如建材、能源、化工、动力、冶金、航空、机械、建筑等工业过程中都存在传热问题。

冶金工业热工过程中涉及的传热问题主要有两类：一类是如何增强传热；另一类是如何减弱传热。例如冶金行业的各种冶金炉在进行生产时，在炉内要将燃料燃烧产生的热有效地传给被加物料，使其进行必要的物理、化学变化而完成各种冶金过程；在水泥、陶瓷、耐火材料工业中都有烘干设备，在其中需要将烟气的热量传给湿物料，使水分蒸发变成干物料。此外，大多数炉窑设有余热利用装置（蓄热室、换热器、余热锅炉等），以回收废气带走的热。对以上这些传热过程都应采取有效措施加以强化，但为了减少各种冶金炉及各种冶金设备表面的散热，减少输气、输油管道的散热损失等，就要削弱这方面的传热。

研究传热的目的就是要运用传热过程的基本理论与实践知识，提出强化和削弱传热的途径和措施，最大限度地提高各种冶金炉等热工设备的热效率和生产率，达到高产、优质、低耗的目的。因此，掌握冶金炉热工设备的传热过程、熟悉传热的基本原理是十分重要的。

4.1.1　传热过程的分类

传热过程是一种复杂的物理现象，按物理本质的不同，将其分为三种基本的传热形式：传导传热、对流传热、辐射传热。

（1）传导传热。热量从物体中温度较高的部分传递到温度较低的部分，或者从温度较高的物体传递到与之接触的温度较低的另一物体的过程称为传导传热（或热传导）。传导传热是物体中微观粒子（分子、原子、电子）热运动时相互碰撞的结果。其特点是物体各部分之间不发生相对位移，也没有能量形式的转换，这种热量传递属于接触传热。例如炉墙的内表面温度高于外表面，热量通过炉墙向外传递，炉墙内部的传热就是传导传热。

固体中热量的传递是典型的传导传热。在金属导体中，导热起因于自由电子的运动，而在不良热导体的固体中，传导传热是通过晶格结点的振动（即原子、分子在其平衡位置附近的振动）来实现的；液体的传导传热类似于非导电的固体，主要依靠弹性波的作用；在气体中，热传导是由分子不规则热运动时相互碰撞而产生的。

（2）对流传热。对流传热是指流体各部分之间发生相对移动时所引起的热量传递过程。对流传热仅发生在液体和气体中，而且必然伴随着传导传热现象。

在工程实践中，大量遇到的是流体流过温度与其不同的固体表面所发生的热量传递过程。由于边界层的存在，它往往包括传导传热与对流传热两种传热形式，综合称为对流换热。在冶金炉中讨论对流换热一般是指热量由流体传到固体壁面（或反之）的过程。例如，冶金炉内高温气体与被加热物料或炉子内衬之间的传热，冶金炉外表面向大气散热均属对流换热。

根据引起流体流动的原因不同，对流换热可分为自然对流换热和强制对流换热两类。自然对流换热是由于流体受热后因密度不同而引起的，如暖气片表面附近的空气因受热密度变小而向上流动，将热量带至房间的其他地方。如果流体的运动是由于外界的机械作用（风机、泵）所产生的换热称为强制对流换热。

（3）辐射传热。辐射传热是一种以电磁波的形式来传递热量的过程。它与传导传热和对流传热有着本质的区别。任何物体只要其温度在 0K 以上都会以电磁波的形式向外界发射热辐射能。当辐射能投射到另一物体时便会部分或全部地被吸收，又重新变为热能，这种传递不需要任何介质，是非接触传热，这是辐射传热区别于传导传热、对流传热的一个根本特点；另一个特点是它不仅产生能量的转移，而且还伴随着能量形式的转化，即从热能转换为辐射能以及从辐射能又转换为热能。辐射传热在生产和生活中较为常见。例如，人们站在燃烧的火焰旁（或将高温窑炉的门打开）会感到烘烤；太阳和地球相距遥远，但太阳发出的热量能够传递到地球上。

不同的传热方式有不同的传热规律，研究每一种传热规律是非常必要的。但在实际生产和生活中，上述三种传热基本方式往往不是单独进行的，多数情况是两种或三种基本传热方式同时存在，而在某种条件下，以某种传热方式为主，称为综合传热。例如回转窑内的传热，就存在着高温火焰以辐射和对流的方式传热给物料及窑内衬表面，使其温度升高；随着窑的转动，窑内衬表面被埋在物料中时，因其温度高于物料表面温度，便将热量以传导传热的方式传给物料。

由于三种传热方式的规律有较大差别，故本章将分别加以讨论，在此基础上进行综合传热的分析。

4.1.2　传热过程的性质

实际上，很难存在某种单一的传热方式，也就是说，传热过程实际上具有复杂性。以火焰炉为例，火焰对物料的传热，包括辐射和对流；物料内部的传热有时也很复杂，对液体金属则有对流和传导；对散状物料则可能三种传热方式都同时存在（料层料孔隙中）。有些情况下，各种传热方式的作用很难严格地划分开来。

在实际计算中，往往将这些过程当作一个整体来看待。如流体与表面之间的传热（对流与传导的综合作用）称为“对流给热”或“对流换热”，将通过多孔物体的传热（三种传热方式的综合作用）以导热来表示。

4.1.3　传热的表示形式

没有温度差，传热就不可能发生。温度差越大，传热过程也越强烈，因此温度差是传热的动力。

对于阻碍传热的各种因素，如传热两方的距离，物体的导热、辐射或吸收能力等，这些综合因素称为“热阻”。传热方式不同，热阻的内容和表现形式也不同。热阻越大，传热量越小。实际传热过程往往是两种或两种传热方式同时存在的综合作用，因而热阻也将是几种传热方式综合在一起的热阻。

由于热量总是自发地从高温物体流向低温物体，而电量总是从高电位流向低电位，有温度差就有热量的传递，有电位差就有电流。由此可知，热量传递现象与电量的传递现象相类似，即温度差与热阻的对比关系决定传热量的大小，类似于电路中的电流、电压与电阻的关系，即

$$\text{电流} = \text{电压} / \text{电阻}$$

单位时间的传热量也可称为热流，温度差可称为热压，则热流、热压与热阻之间也呈现着同样的规律，即

$$\text{热流} = \text{热压} / \text{热阻}$$

4.1.4　传热学的任务

研究不同条件下热压和热阻的具体内容和数值，从而能计算出传热量大小，并合理地控制和改善传热过程。

在学习过程中，首先分别研究各种传热方式单独存在时的传热规律和热阻，然后再扩大到研究一般的实际传热过程。

4.1.5　传热系数

实践证明，传热过程所传递的热量与传热体的温度差及传热面积成正比，用公式表示。即

$$Q = K\Delta tF \tag{4-1}$$

式中，Q 为单位时间内，通过总传热面积 F 传递的热量，W；F 为传热面积，m^2；Δt 为冷热物体的温度差，℃；K 为比例系数，称为传热系数，$W/(m^2 \cdot ℃)$。

当 $\Delta t = 1℃$，$F = 1m^2$时，在数值上 $Q = K$，即传热系数表示了温度为1℃，传热面积为$1m^2$条件下传热量数值的大小。它可反映传热过程强烈的程度。对不同传热过程进行比较时，应以传热系数作为指标，传热系数越大，传热过程越强烈，反之则越弱。

如用单位时间内通过单位面积所传递的热量表示热流量 q，式（4-1）可写成

$$q = \frac{Q}{F} = K\Delta t \tag{4-2}$$

式（4-2）称为传热方程式，是传热计算的基本公式，单位是 W/m^2。

4.1.6　与传热有关的名词

物体的传热和温度的分布情况有着密切的关系，因此，在研究传热问题时，需首先建立与温度分布有关的基本概念。

（1）温度场。温度场是指在某一瞬间，物体内部所有各点温度的分布情况。温度场内各点的温度有可能各不相同，某一点的温度也可能随着时间的延续而变化，因此，温度场内的温度是空间和时间的函数，其数学表达式为

$$t = f(x,\ y,\ z,\ \tau) \tag{4-3}$$

由式（4-3）可以看出：温度场中某一点的温度，与该点的坐标值 x、y、z 有关，同时与时间 τ 有关，这样的温度场称为不稳定温度场。例如刚点火升温的冶金炉，炉内及炉壁内各点温度随时间而变化，属于不稳定温度场。

如果温度场内各点温度不随时间而变化（$dt/d\tau = 0$），这样的温度场称为稳定温度场，其数学表达式为

$$t = f(x,\ y,\ z) \tag{4-4}$$

实际上绝对稳定的温度场是不存在的，但如果在所考察的时间间隔内，温度相对地稳定，则可以近似地将其当作稳定温度场。

在实际工程上，为使问题简化往往略去次要方向温度的变化，只着重研究主要传热方向上的温度分布。若稳定温度场内只考虑两个或一个坐标方向，则称为二维或一维稳定温度场，其数学表达式为

$$t = f(x,\ y) \quad 或 \quad t = f(x) \tag{4-5}$$

（2）等温面与等温线。温度场中同一瞬间，由所有温度相同的点连接所构成的面称为等温面。等温面上各点连接而成的曲线称为等温线。由于物体同一点不能同时存在两个温度，所以，等温面或等温线不能相交。在连续的温度场中，等温面或等温线也是连续的。

在同一等温面上没有温度差，因此，也就没有热量传递；在不同的等温面之间，必然

会有热量的传递。

（3）温度梯度。温度梯度如图 4-1 所示。在温度场中，只有沿着穿过等温面的方向才会有温度差。在两个相邻的等温面之间以法线方向的距离为最短，所以沿等温面法线方向的温度变化率最大。

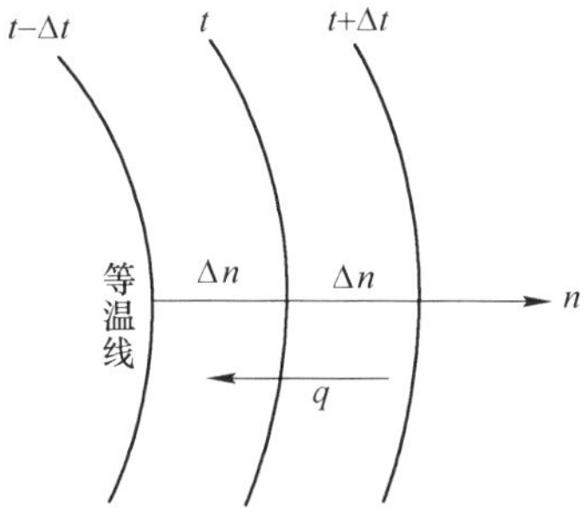

图 4-1 温度梯度示意

两个等温面之间的温度差 Δt 与其法线方向上，两个等温面距离 Δn 的比值的极限称为温度梯度。它是一个向量，正方向朝着温度增加的一方。

对稳定和单向温度场的温度梯度应为

$$\lim_{\Delta n \to 0} \frac{\Delta t}{\Delta n} = \frac{dt}{dn} \tag{4-6}$$

温度梯度的物理意义是沿着等温线的法线方向，单位距离上温度的变化。它的正方向朝着温度升高的方向，与热流的方向正好相反。

（4）稳态导热与非稳态导热。在稳定的温度场中的传热为稳态导热，稳态导热的显著特点是传热量不随时间变化而变化。稳态导热时，传入某系统的热量等于传出的热量。在不稳定的温度场中传热为非稳态导热。非稳态导热的显著特点是温度和传热量随着时间变化而变化。

稳态导热和非稳态导热的规律各不相同，因此，在研究传热过程时，首先要正确判断是哪种传热过程。在连续稳定作业的冶金炉壁内的传热，可近似地看成稳态传热。一般的冶金炉热工操作都希望作业温度稳定在某一范围内，为了使问题简化，可以取平均值作为计算依据，但整个过程仍作为稳态导热过程处理。在间歇作业的冶金炉中点火、升温、烘窑、停窑的窑炉中多为非稳态导热。

复习思考题

4-1-1 热量传递的基本方式有哪几种？

4-1-2 研究传热的目的是什么？

4-1-3 阐述基本概念：传导传热、对流传热、辐射传热。

4-1-4 热量传递的三种基本方式之间有何联系和区别？

4-1-5 什么是等温线、等温面及温度梯度？

4-1-6 何为稳态导热与非稳态导热，二者的主要特点是什么？

4.2 传导传热

4.2.1 稳态下的传导传热

导热作用是物体内部两相邻质点（如分子、原子、离子）通过热振动，将热量依次传递给低温部分。稳态导热就是指导热系统内各部分的温度不随时间发生变化，或者说同一时间内传入物体任一部分的热量与该部分物体传出的热量是相等的。如炉壁的散热，就属于稳态下的传导传热。

4.2.1.1　导热的基本方程式（傅里叶方程式）

如图 4-2 所示，设两等温面间距离为 dx，温度差为 dt，则传导的热量 Q(W) 应与温度差及传热面积成正比，而与距离成反比。

引入比例系数 λ，可写成

$$Q=-\lambda\frac{\mathrm{d}t}{\mathrm{d}x}F \tag{4-7}$$

式中，Q 为沿 x 轴方向的热流，W；F 为与热流垂直的传热面积，m^2；λ 为与物体性质有关的比例系数，称为导热系数，即当温度沿 x 轴向的变化率为 1 个单位时，通过单位面积的热流。

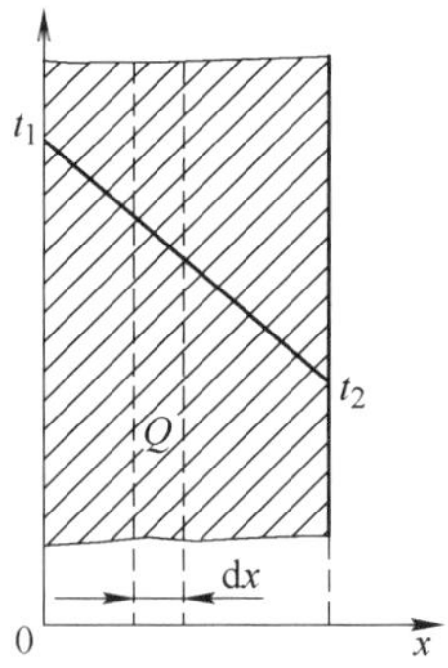

图 4-2　物体导热

式（4-7）就是稳态下单向导热时的傅里叶方程式。

式中的负号是考虑到热流以温度降低的方向为正（即热流总是指向温度降低的方向），而 dt 是以温度降低的方向为负，两者方向相反。

4.2.1.2　导热系数

导热系数是衡量物质导热能力的一个物理参数，单位为 W/(m·℃) 由式（4-7）可知

$$\lambda=\frac{Q}{\frac{\mathrm{d}t}{\mathrm{d}x}\times F} \tag{4-8}$$

导热系数的物理意义表示传热物体厚度为 1m，两个表面的温度差为 1℃，传热面积为 1m^2，在 1s 内所传递的热量。

导热系数的大小取决于材料的性质和温度。各种物质的导热系数都是由实验方法测定的。

不同的物质，其导热系数相差很大，一般来说，金属的导热系数最大，合金次之，再依次为非金属材料和液体，而气体的导热系数最小。下面简单介绍有关材料的导热系数。

（1）固体的导热系数。固体材料包括金属材料和非金属材料。固体的导热系数比较大，其中以金属材料的导热系数最大，在 2.3~427W/(m·℃) 之间，其中纯银的导热系数最高，常温下可达 427W/(m·℃)，其次是铜、金、铝等。

纯金属的导热系数一般随着温度的升高而降低。例如，铝在常温固态时，导热系数为 230W/(m·℃)，但在 700℃的熔融状态下，导热系数为 92W/(m·℃)。另外，当金属内含有杂质时，其导热系数会降低很多，因此合金的导热系数比纯金属低。一些金属材料的导热系数见表 4-1。

表 4-1　几种金属材料在不同温度下的导热系数　　[W/(m·℃)]

材料名称	0℃	100℃	200℃	300℃	400℃	600℃	800℃
银	428	422	415	407	399	384	—
纯铜	401	393	389	384	379	366	352
黄铜（70Cu，30Zn）	106	131	143	145	148	—	—
青铜（89Cu，11Sn）	24	28.4	33.2	—	—	—	—

续表 4-1

材料名称	0℃	100℃	200℃	300℃	400℃	600℃	800℃
纯铝	236	240	238	234	228	215	—
纯铁	83.5	72.1	63.55	56.5	50.3	39.4	29.6
碳钢[w(C)=1%]	43.0	42.8	43.2	46.5	40.6	36.7	32.2
铬钢[w(Cr)=5%]	36.3	35.2	34.7	33.5	31.4	28.0	27.2
镍钢[w(Ni)=35%]	13.4	15.4	17.1	18.6	20.1	23.1	—
铅	35.5	34.3	32.8	31.5	—	—	—

无机非金属材料中，导热系数最小的是保温材料，其次是建筑材料。建筑材料的导热系数在0.2~3.0W/(m·℃)之间。这类材料的导热系数与材料的结构、孔隙率、湿度、密度等有关。一般优质保温材料的导热系数在0.035~0.07W/(m·℃)之间，耐火材料的导热系数一般在0.7~5.8W/(m·℃)之间。

绝大多数耐火材料的导热系数随温度升高而增大。但是镁砖和铬镁砖例外，其导热系数随温度升高而减小，因为镁砖和铬镁砖主要由晶体组成，而晶体的导热系数和温度成反比。常见建筑材料和耐火材料的导热系数和温度系数见表 4-2。

表 4-2 常见建筑材料和耐火材料的导热系数和温度系数

材料名称	密度 /kg·m^{-3}	λ_0 /W·(m·℃)$^{-1}$	温度系数 b	材料名称	密度 /kg·m^{-3}	λ_0 /W·(m·℃)$^{-1}$	温度系数 b
半酸性砖	1600~2300	0.872	0.45×10^{-3}	炭砖	1350~1500	23.26	30.00×10^{-3}
黏土砖	2000~2100	0.697	0.55×10^{-3}	锆英石制品	3100~3400	1.303	0.55×10^{-3}
高铝砖	2190~2500	1.532	0.16×10^{-3}	高岭土砖（浇筑）	2300~2400	1.047~1.861	—
莫来石砖（烧结）	2200~2400	1.686	0.20×10^{-3}	白云石砖（不浇）	2800~2900	3.256	—
刚玉砖（烧结）	2600~2900	2.093	0.80×10^{-3}	氧化锆制品	3200~3300	1.075	0.64×10^{-3}
硅砖	1900	1.047	0.16×10^{-3}	锆莫来石砖(电熔)	2800~3000	2.326~2.908	—
镁砖	2600~2800	4.303	-0.40×10^{-3}	锆刚玉（电熔）	3300~3700	2.326~2.908	—
铬镁砖	2800	2	-0.30×10^{-3}	石英砖（电熔）	2000	2.093	—
轻质黏土砖	1300	0.407	0.30×10^{-3}	膨胀蛭石	60~280	0.057~0.07	0.27×10^{-3}
	100	0.291	0.22×10^{-3}	水玻璃蛭石砖	400~450	0.081~0.105	0.22×10^{-3}
	800	0.209	0.37×10^{-3}	硅藻土石棉粉	450	<0.069	0.27×10^{-3}
	400	0.093	0.14×10^{-3}	石棉绳	800	0.073	0.27×10^{-3}
轻质高铝砖	700~1500	0.656	0.07×10^{-3}	石棉板	1150	0.057	0.16×10^{-3}
轻质硅砖	1200	0.582	0.37×10^{-3}	矿渣棉	150~180	0.052~0.058	0.135×10^{-3}
硅藻土砖	450	0.063	0.12×10^{-3}	矿渣棉砖	350~450	0.07	0.135×10^{-3}
	650	0.100	0.196×10^{-3}	红砖	1500~2100	0.465	0.44×10^{-3}
碳化硅制品	2400~2650	9.3~13.96	-9.00×10^{-3}	珍珠岩制品	220	0.052	0.025×10^{-3}
石墨制品	1600	162.82	35.00×10^{-3}	—	—	—	—

（2）液体的导热系数。液体中，水的导热系数最大，为 0.6W/(m · ℃）左右。一般液体的导热系数大致在 0.07~0.7W/(m · ℃）之间。大多数液体的导热系数随温度升高时而略为减小，但水和甘油例外。水的导热系数见表 4-3。

表 4-3　水的导热系数　　[W/(m · ℃)]

温度/℃	导热系数	温度/℃	导热系数	温度/℃	导热系数
0	0.558	30	0.643	70	0.663
20	0.596	50	0.647	100	0.681

（3）气体的导热系数。气体的导热系数一般在 0.06~0.61W/(m · ℃)，其中氢气的导热系数最大，为 0.6W/(m · ℃)。当温度升高时，气体分子的热运动速度加快，导热系数增大，因此气体的导热系数随温度升高而增大；在相当大的压力范围内，压力对气体的导热系数无明显影响，只有当压力很低（小于 2.7kPa）或很高（大于 200MPa）时，导热系数才随压力增加而增大。因此可以说，在很大的压力范围内，气体的导热系数仅是温度的函数，而与压力无关。

另外，混合气体的导热系数不遵循加和法则，要用实验来测定。常见的几种气体的导热系数见表 4-4。

表 4-4　几种气体的导热系数　　[W/(m · ℃)]

温度/℃	空气	氧气	二氧化碳	水蒸气	烟气
0	0.0244	0.0246	0.0147	0.0162	0.0228
50	0.0279	0.0291	0.0186	0.0198	0.0271
100	0.0321	0.0329	0.0228	0.0240	0.0313
200	0.0293	0.0406	0.0301	0.0330	0.0401
300	0.0460	0.0480	0.0390	0.0433	0.0484
400	0.0520	0.0550	0.0472	0.0550	0.0570
500	0.0570	0.0614	0.0548	0.0675	0.0656
600	0.0621	0.0674	0.0620	0.0820	0.0742
700	0.0665	0.0727	0.0686	0.0975	0.0827
800	0.0705	0.0775	0.0750	0.1150	0.0915
900	0.0740	0.0817	0.0808	0.1332	0.1000
1000	0.0770	0.0856	0.0860	0.1520	0.1090
1100	0.0802	0.0936	—	—	0.1170
1200	0.0843	0.0982	—	—	0.1260

注：烟气成分为 $\varphi(CO_2)=13\%$，$\varphi(H_2O)=11\%$，$\varphi(N_2)=76\%$。

（4）影响导热系数的因素。总体上讲，建筑材料、绝热材料和耐火材料的特点是内部具有较多的孔隙。热量通过实体部分是靠固体的导热，而通过孔隙部分是以辐射及其中介质的对流和传导传热的复杂方式来进行的。故各种材料的导热系数相差很大，对同一种材料，导热系数还受温度、湿度和密度等因素的影响。

1）温度的影响。经验证明，对于大多数建筑材料、保温材料及耐火材料，在一定的

温度范围内，其导热系数与温度呈线性关系，即

$$\lambda_t = \lambda_0 + bt \tag{4-9}$$

式中，λ_0 为0℃时（或常温下）的导热系数，W/(m·℃)；b 为温度系数，只在指定的温度范围内适用。b 值有正有负，一般气体的 b 值为正值，而大多数金属为负值。对多数耐火材料，b 值为正，即 λ 随温度升高而变大。

在工程计算中，式（4-9）所采用的温度是取材料的算术平均值，例如温度为 t_1 和 t_2 之间的平均导热系数为

$$\lambda_t = \lambda_0 + b\frac{t_1 + t_2}{2} \tag{4-10}$$

2）湿度的影响。自然环境下，材料因孔隙多而吸水，故总有一定的湿度。水的导热系数比空气大得多，而且它将从高温区向低温区迁移而携带热量，因此湿材料的导热系数一般比干燥材料和水的都要大。例如，某干砖的导热系数为 0.33 W/(m·℃)，水的导热系数为 0.55 W/(m·℃)，而该湿砖的导热系数可达 1W/(m·℃) 左右，因此对这类材料应采取适当的防潮措施。

3）密度的影响。密度小的材料内部孔隙多，因为空气的导热系数很小，故密度小的材料导热系数也小。但要注意其中孔隙与空洞的区别，孔隙不能引起明显的对流作用，而因孔隙连成较大的空洞则可能因其中介质的对流作用加强，反而使材料的导热能力提高，这将不利于隔热保温。

总之，影响导热系数的因素是复杂的，而且关于导热机理的某些方面尚待进一步探讨。

4.2.2 稳态下的传导传热量的计算

4.2.2.1 稳态下的平壁导热

在连续生产的热工设备中，如窑炉的炉壁、热交换的管壁等，均可以看成是与时间无关的稳定温度场，此时的传热即为稳定传热。

A 单层平壁的导热

当平壁面积较大而厚度较薄时，可忽略向周边的传热，此时可认为平壁的温度只沿着垂直于壁面的 x 轴方向发生变化，属于单向导热。设平壁两表面温度为 t_1 和 t_2，平壁厚度为 S，如图4-3所示。

根据傅里叶定律 $Q = -\lambda_{均}\dfrac{dt}{dx}F$

将此式进行变换 $q = \dfrac{Q}{F} = -\lambda_{均}\dfrac{dt}{dx} = -(\lambda_0 + bt)\dfrac{dt}{dx}$

将上式分离变量并积分

$$q\int_0^s dx = \int_{t_1}^{t_2} -(\lambda_0 + bt)dt$$

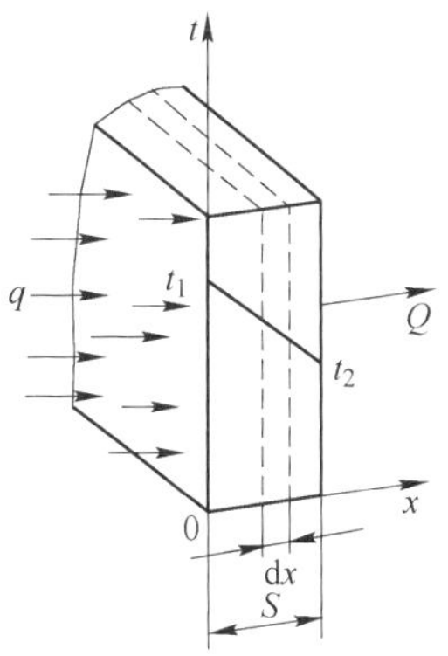

图 4-3 单层平壁导热示意图

$$qS = \int_{t_2}^{t_1} \lambda_0 \mathrm{d}t + \int_{t_2}^{t_1} bt\mathrm{d}t$$

$$qS = \lambda_0(t_1 - t_2) + \frac{b}{2}(t_1^2 - t_2^2) = (t_1 - t_2)\left(\lambda_0 + b\frac{t_1 + t_2}{2}\right) = (t_1 - t_2)\lambda_{均}$$

所以
$$q = \lambda_{均}\frac{t_1 - t_2}{S} \tag{4-11}$$

则
$$Q = \frac{t_1 - t_2}{S/\lambda_{均} F} \tag{4-12}$$

热阻
$$R = \frac{S}{\lambda_{均} F} \tag{4-13}$$

由式（4-11）可见，单层平壁导热的热流量与两壁面的温度差成正比，与平壁的厚度成反比，并与平壁材料的导热系数有关。

利用式（4-11）可以解决一些工程上的实际问题：

（1）计算炉墙向外界的散热损失（已知 λ、S、t_1 和 t_2，计算 q 和 Q）。

（2）计算不同材料的导热系数（已知 q、S、t_1 和 t_2，计算 λ）。

（3）给定允许的热损失，计算所需的保温层厚度（已知 q、λ、t_1 和 t_2，计算 S）。

（4）推算炉壁不同厚度处的温度。例如，假设在炉壁内 x 处取一个与表面平行的平面，此面上的温度为 t_x，因为是稳定传热，通过 S 厚层和 x 厚层的热流量是相等的，根据式（4-11）可得

$$q = \lambda_{均}\frac{t_1 - t_2}{S} = \lambda_{均}\frac{t_1 - t_x}{x}$$

$$t_x = t_1 - q\frac{x}{\lambda_{均}}$$

即
$$t_x = t_1 - q\frac{x}{\lambda_{均}} = t_1 - \frac{t_1 - t_2}{S}x \tag{4-14}$$

【例 4-1】 试求通过某加热炉炉壁的单位面积向外的散热量。已知炉壁为黏土砖，厚为 360 mm，壁内外表面温度各为 800℃及 50℃。若换用轻质黏土砖作炉壁，其他条件不变，减少热损失多少？

解：（1）对黏土砖

$$\lambda_{均} = \lambda_0 + b\frac{t_1 + t_2}{2} = 0.697 + 0.00055\left(\frac{800 + 50}{2}\right) = 0.931\ \mathrm{W/(m \cdot ℃)}$$

$$Q_1 = \frac{t_1 - t_2}{\dfrac{S}{\lambda_{均} F}} = \frac{800 - 50}{\dfrac{0.36}{0.931 \times 1}} = 1939\ \mathrm{W}$$

（2）对轻质黏土砖

$$\lambda_{均} = \lambda_0 + b\frac{t_1 + t_2}{2} = 0.29 + 0.00022\left(\frac{800 + 50}{2}\right) = 0.384\ \mathrm{W/(m \cdot ℃)}$$

$$Q_2 = \frac{t_1 - t_2}{\dfrac{S}{\lambda_{均} F}} = \frac{800 - 50}{\dfrac{0.36}{0.384 \times 1}} = 800\ \mathrm{W}$$

$$Q_1 - Q_2 = 1939 - 800 = 1139 \text{ W}$$

即使用轻质黏土砖代替普通耐火黏土砖后，减少热损失约59%。

【例4-2】 某窑炉耐火砖的厚度为1m，内壁温度为200℃，外壁温度为80℃，耐火砖的导热系数 $\lambda_t = 0.7 + 0.55 \times 10^{-3} t$ [W/(m·℃)]，试求通过炉壁的热流量及炉壁0.5m处的温度。

解：(1) 耐火砖的导热系数为

$$\lambda_{均} = 0.7 + 0.55\left(\frac{200 + 80}{2}\right) \times 10^{-3} = 0.777 \text{ W/(m·℃)}$$

由式（4-11）可知，通过炉壁向外散失的热流量为

$$q = \lambda_{均}\frac{t_1 - t_2}{S} = 0.777 \times \frac{200 - 80}{1} = 93.24 \text{ W}$$

(2) 由式（4-14）计算炉壁0.5m处的温度

$$t_x = t_1 - q\frac{x}{\lambda_{均}} = 200 - 93.24 \times \frac{0.5}{0.777} = 140 \text{ ℃}$$

B 多层平壁的稳态导热

实际炉壁多数由两层或多层材料构成。各层材料的导热系数不同，现以两层平壁为例。

如图4-4所示，已知壁内外两侧温度各为 t_1、t_3，各层壁厚为 S_1 及 S_2，导热系数分别为 λ_1、λ_2。假定两层壁为紧密接触，且接触面两边温度相同，并假令其为 t_2。

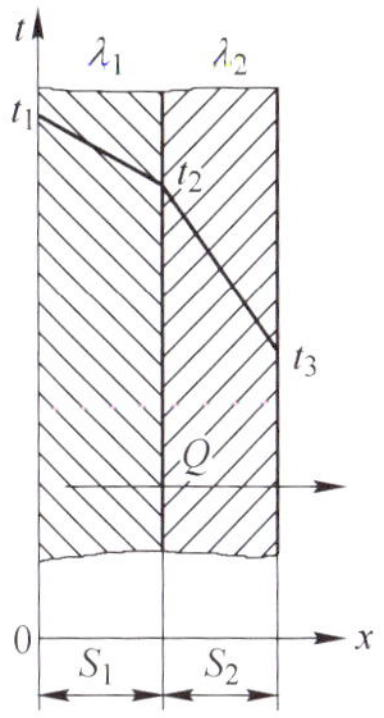

图4-4 多层平壁导热示意图

首先按单层平壁导热公式分别计算各层热流（W）。

第一层平壁

$$Q_1 = \frac{t_1 - t_2}{S_1/\lambda_1 F} \tag{4-15}$$

第二层平壁

$$Q_2 = \frac{t_2 - t_3}{S_2/\lambda_2 F} \tag{4-16}$$

假定均为稳定热态，通过物体的热流应相等，即

$$Q_1 = Q_2 = Q$$

由式（4-15）和式（4-16）得

$$Q = \frac{(t_1 - t_2) + (t_2 - t_3)}{S_1/\lambda_1 F + S_2/\lambda_2 F} = \frac{t_1 - t_3}{S_1/\lambda_1 F + S_2/\lambda_2 F} \tag{4-17}$$

对于平壁，若内外侧的面积都相等，上式可变为

$$Q = \frac{t_1 - t_3}{S_1/\lambda_1 + S_2/\lambda_2}F \tag{4-18}$$

当 Q 求出后，可按式（4-15）或式（4-16）求出中间温度 t_2

$$t_2 = t_1 - Q\frac{S_1}{\lambda_1 F} \quad 或 \quad t_2 = t_3 + Q\frac{S_2}{\lambda_2 F} \tag{4-19}$$

从式（4-17）或式（4-18）可看出，通过两层平壁导热的热量等于两层的热压之和与

两层热阻之和的比值，即

$$Q=\frac{\Delta t_1+\Delta t_2}{R_1+R_2}=\frac{t_1-t_3}{R_1+R_2} \tag{4-20}$$

可用同样方法证明，通过 n 层平壁的导热量为

$$Q=\frac{t_1-t_{n+1}}{\sum_{i=1}^{n}R_i} \tag{4-21}$$

其中

$$R_i=\frac{S_i}{\lambda_i F_i} \tag{4-22}$$

应当注意，在推导多层平壁公式时，曾假定各层紧密接触，而接触的两表面温度相同。实际中往往由于表面不平滑两相邻面很难紧密贴在一起，而且空气薄膜的存在，将使多层热阻增加。这种附加热阻称为“接触热阻”，其数值与空隙大小、充填物种类及温度高低都有关系。当应用式（4-18）或式（4-19）时，需要确定各层的平均导热系数，因而要知道各接触面的温度。但实际中往往难于测定这些温度。

为解决这一问题，一般采用试算逼近法，具体步骤为：先假定接触面温度为两端温度的某种中间值，依此算出 Q 值后，再验算中间温度。若相差太多则以验算结果为第二次假定温度，再算一次，直至两个数值相近为止。

实际上，由于中间温度对导热系数的影响程度不大，对 Q 值的影响范围更小，一般假定 1~2 次就能达到要求。

【例 4-3】 设有一炉墙，用黏土砖和红砖两种材料砌成，厚度均为 230mm，炉墙内表面温度为 1200℃，外表面温度为 100℃，试求每秒通过每平方米炉墙的热损失。如果红砖的允许使用温度为 800℃，那么在此条件下能否使用。

解：（1）设中间温度 $t_2=\frac{t_1+t_3}{2}=\frac{1200+100}{2}=650℃$

根据表 4-2 查得各层的平均导热系数为：

$$\lambda_1=\lambda_{01}+b_1\frac{t_1+t_2}{2}=0.697+0.00055\left(\frac{1200+650}{2}\right)=1.206\ \mathrm{W/(m\cdot ℃)}$$

$$\lambda_2=\lambda_{02}+b_2\frac{t_2+t_3}{2}=0.465+0.00044\left(\frac{650+100}{2}\right)=0.630\ \mathrm{W/(m\cdot ℃)}$$

（2）代入式（4-18）中

$$Q=\frac{t_1-t_3}{S_1/\lambda_1+S_2/\lambda_2}F=\frac{1200-100}{0.23/1.206+0.23/0.630}\times 1=1978\ \mathrm{W}$$

（3）验算中间温度。由式（4-19）有

$$t_2=t_1-Q\frac{S_1}{\lambda_1 F}=1200-1978\times\frac{0.23}{1.206\times 1}=822\ ℃$$

$$t_2=t_3+Q\frac{S_2}{\lambda_2 F}=100+1978\times\frac{0.23}{0.630\times 1}=822\ ℃$$

求出的中间温度与假设的中间温度相差太远，应再次假设。

(4) 第二次计算。假设 $t_2 = 822℃$，各层的平均导热系数

$$\lambda_1 = \lambda_{01} + b_1 \frac{t_1 + t_2}{2} = 0.697 + 0.00055\left(\frac{1200 + 822}{2}\right) = 1.253\ \text{W/(m·℃)}$$

$$\lambda_2 = \lambda_{02} + b_2 \frac{t_2 + t_3}{2} = 0.465 + 0.00044\left(\frac{822 + 100}{2}\right) = 0.668\ \text{W/(m·℃)}$$

故
$$Q = \frac{t_1 - t_3}{S_1/\lambda_1 + S_2/\lambda_2}F = \frac{1200 - 100}{0.23/1.253 + 0.23/0.668} \times 1 = 2083\ \text{W}$$

再来验算中间温度 t_2

$$t_2 = t_1 - Q\frac{S_1}{\lambda_1 F} = 1200 - 2083 \times \frac{0.23}{1.253 \times 1} = 817\ ℃$$

求出的温度与第二次假设的温度（822℃）相差不多，故第二次计算正确。

由此得出：

(1) 通过此炉墙的热损失为 2083W；

(2) 红砖在此条件下使用不太适宜。

4.2.2.2 稳态下的圆筒壁导热

A 单层圆筒壁导热计算

平壁导热的特点是导热面积保持不变，而对于圆筒形炉及室状炉的筒壁向外导热时，导热面积不断地增大，这时不能简单地套用上述公式。

在工程上遇到的圆筒壁，其长度远远大于其直径，因此沿其长度方向的导热可以忽略不计，而温度仅仅沿着半径发生变化。这种传热也可以认为是单向稳态传热。它的等温面是与圆筒同心的圆柱面。

为使问题简化，假定温度沿表面分布均匀，而且等温面都与表面平行。如图 4-5 所示，假设圆筒的内半径为 r_1，内壁温度为 t_1，外半径为 r_2，外壁温度为 t_2。则在半径 r 处取一个厚度为 $\mathrm{d}r$ 的薄层，若圆筒的长度为 L，则半径为 r 处的传热面积为 $F = 2\pi rL$。

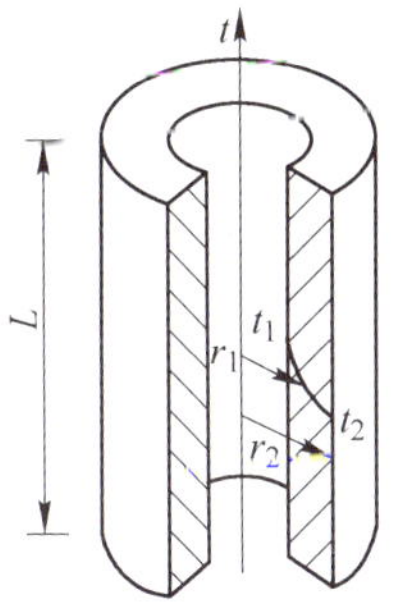

图 4-5 单层圆筒壁导热示意图

令 $r_2 - r_1 = S$，根据傅里叶定律，对此薄圆筒层可写出传导的热量（W）为

$$Q = -\lambda \frac{\mathrm{d}t}{\mathrm{d}r} \times 2\pi rL$$

以 λ 表示平均导热系数，分离变量后积分得

$$\frac{\lambda}{Q}\int_{t_1}^{t_2} -\mathrm{d}t = \int_{r_1}^{r_2} \frac{\mathrm{d}r}{2\pi rL}$$

$$\frac{\lambda}{Q}(t_1 - t_2) = \frac{1}{2\pi rL}\ln\frac{r_2}{r_1}$$

整理后得

$$Q = \frac{t_1 - t_2}{S/\lambda} \times \frac{F_2 - F_1}{\ln(F_2/F_1)} \tag{4-23}$$

其中，$\dfrac{F_2 - F_1}{\ln(F_2/F_1)}$ 称为 F_2 与 F_1 的对数平均值，用 $F_{均}$ 表示。

于是式（4-23）可写作

$$Q = \frac{t_1 - t_2}{S/\lambda F_{均}} \tag{4-24}$$

与平壁导热公式比较可知：圆筒壁导热公式与平壁导热公式完全相同，只是取内外面积的对数平均值（$F_{均}$）代替平壁的传热面（F）。

B　多层圆筒壁的导热

取一段由三层不同材料组成的多层圆筒壁（见图 4-6）。设各层之间接触很好，两接触面具有同样的温度。已知多层壁内外表面温度为 t_1 和 t_4，各层内、外半径为 r_1、r_2、r_3、r_4，各层导热系数为 λ_1、λ_2、λ_3。层与层之间两接触面的温度 t_2 和 t_3 是未知数。

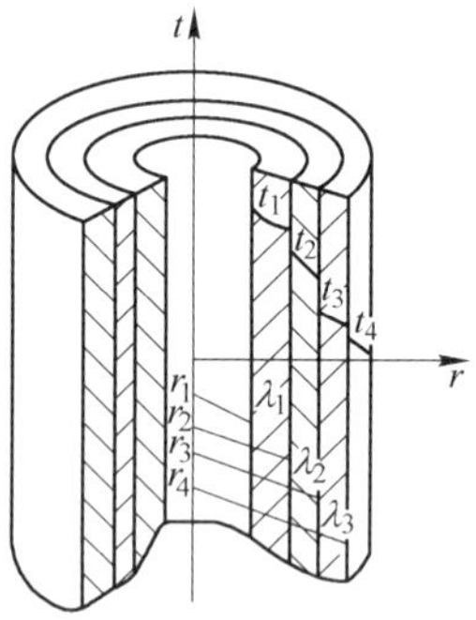

图 4-6　多层圆筒壁导热示意图

通过各层的热量（W）为

$$Q_1 = \frac{2\pi L(t_1 - t_2)}{\dfrac{1}{\lambda_1}\ln\dfrac{r_2}{r_1}}$$

$$Q_2 = \frac{2\pi L(t_2 - t_3)}{\dfrac{1}{\lambda_2}\ln\dfrac{r_3}{r_2}}$$

$$Q_3 = \frac{2\pi L(t_3 - t_4)}{\dfrac{1}{\lambda_3}\ln\dfrac{r_4}{r_3}}$$

在稳态条件下，通过各层的热量都是相等的，即 $Q_1 = Q_2 = Q_3 = Q$。

利用上面这些方程式可求出每一层里面的温度变化，即

$$t_1 - t_2 = \frac{Q}{2\pi L} \times \frac{1}{\lambda_1} \times \ln\frac{r_2}{r_1}$$

$$t_2 - t_3 = \frac{Q}{2\pi L} \times \frac{1}{\lambda_2} \times \ln\frac{r_3}{r_2}$$

$$t_3 - t_4 = \frac{Q}{2\pi L} \times \frac{1}{\lambda_3} \times \ln\frac{r_4}{r_3}$$

将上面方程组中各式相加得总温差为

$$t_1 - t_4 = \frac{Q}{2\pi L} \times \left(\frac{1}{\lambda_1}\ln\frac{r_2}{r_1} + \frac{1}{\lambda_2}\ln\frac{r_3}{r_2} + \frac{1}{\lambda_3}\ln\frac{r_4}{r_3}\right)$$

由此求得热流 Q(W) 的计算式

$$Q = \frac{2\pi L(t_1 - t_4)}{\dfrac{1}{\lambda_1}\ln\dfrac{r_2}{r_1} + \dfrac{1}{\lambda_2}\ln\dfrac{r_3}{r_2} + \dfrac{1}{\lambda_3}\ln\dfrac{r_4}{r_3}} \tag{4-25}$$

按照同样的推理，可以直接写出包含 n 层圆筒壁的导热计算公式为

$$Q=\frac{2\pi L(t_1-t_{n+1})}{\sum\limits_{i=1}^{n}\frac{1}{\lambda_i}\ln\frac{r_{i+1}}{r_i}}=\frac{t_1-t_{n+1}}{\sum\limits_{i=1}^{n}\frac{1}{2\pi L\lambda_i}\ln\frac{r_{i+1}}{r_i}} \tag{4-26}$$

或者写成

$$Q=\frac{t_1-t_{n+1}}{\sum\limits_{i=1}^{n}R_i}=\frac{\Delta t}{R} \tag{4-27}$$

式中，Δt 为 n 层圆筒内外表面温度差；R 为多层圆筒壁的总热阻，℃/W。

$$R=\sum_{i=1}^{n}R_i=\sum_{i=1}^{n}\frac{1}{2\pi L\lambda_i}\ln\frac{r_{i+1}}{r_i} \tag{4-28}$$

可求得各层的接触面温度

$$t_2=t_1-\frac{Q}{2\pi L\lambda_1}\ln\frac{r_2}{r_1}$$

$$t_3=t_2-\frac{Q}{2\pi L\lambda_2}\ln\frac{r_3}{r_2}=t_1-\frac{Q}{2\pi L}\left(\frac{1}{\lambda_1}\ln\frac{r_2}{r_1}+\frac{1}{\lambda_2}\ln\frac{r_3}{r_2}\right)$$

或

$$t_3=t_4+\frac{Q}{2\pi L\lambda_3}\ln\frac{r_4}{r_3}$$

多层圆筒壁中，每一层内的温度是按照对数曲线变化，而整个多层壁内温度变化曲线则是一条不连续的曲线（见图 4-6）。

为了简化计算，常把圆筒壁当作平壁计算。

对多层圆筒壁，可按多层平壁导热的原理推导出下列公式

$$Q=\frac{t_1-t_{n+1}}{\sum\limits_{i=1}^{n}\frac{S_i}{\lambda_i F_{均i}}} \tag{4-29}$$

式中，S_i 为各层壁的厚度，m；λ_i 为各层壁的平均导热系数，W/(m · ℃)；$F_{均i}$ 为各层内外表面的对数平均值，m²，若 $F_{i+1}/F_i<2$，则对数平均值可用算术平均值代替，即 $F_{均i}=(F_i+F_{i+1})/2$。

【例 4-4】 蒸汽管内外直径各为 160mm 及 170mm，管外包扎两层隔热材料，第一层隔热材料厚 30mm；第二层厚 50mm。因温度不高，可视各层材料的导热系数为不变的平均值，数值如下：管壁 $\lambda_1=58$W/(m · ℃)，第一层隔热层 $\lambda_2=0.175$W/(m · ℃)，第二层隔热层 $\lambda_3=0.093$W/(m · ℃)。若已知蒸汽管内表面温度 $t_1=300$℃，最外表面温度 $t_4=50$℃，试求每米长管段的热损失和各层界面温度。

解：（1）求各层界面面积。由已知条件知

$$S_1=\frac{D_2-D_1}{2}=\frac{170-160}{2}=5\text{mm}=0.005\text{m}$$

$$S_2=30\text{mm}=0.03\text{m},\ S_3=50\text{mm}=0.05\text{m}$$

$$F_1=\pi D_1L=3.14\times0.16\times1=0.5\text{m}^2$$

$$F_2 = \pi D_2 L = 3.14 \times 0.17 \times 1 = 0.53\text{m}^2$$

$$F_3 = \pi(D_2 + 2S_2)L = 3.14 \times (0.17 + 2 \times 0.03) \times 1 = 0.72\text{m}^2$$

$$F_4 = \pi(D_2 + 2S_2 + 2S_3)L = 3.14 \times (0.17 + 2 \times 0.03 + 2 \times 0.05) \times 1 = 1.03\text{m}^2$$

因 F_2/F_1、F_3/F_2、F_4/F_3 皆小于 2，故各层面积可用算术平均值求得：

$$F_{均1} = \frac{F_1 + F_2}{2} = \frac{0.5 + 0.53}{2} = 0.515\text{m}^2$$

$$F_{均2} = \frac{F_2 + F_3}{2} = \frac{0.53 + 0.72}{2} = 0.625\text{m}^2$$

$$F_{均3} = \frac{F_3 + F_4}{2} = \frac{0.72 + 1.04}{2} = 0.87\text{m}^2$$

（2）代入式（4-29），可得每米长管段的热损失为

$$Q = \frac{t_1 - t_4}{\dfrac{S_1}{\lambda_1 F_{均1}} + \dfrac{S_2}{\lambda_2 F_{均2}} + \dfrac{S_3}{\lambda_3 F_{均3}}} = \frac{300 - 50}{\dfrac{0.005}{58 \times 0.515} + \dfrac{0.03}{0.175 \times 0.625} + \dfrac{0.05}{0.093 \times 0.87}} = 282\text{ W}$$

（3）若用对数平均值

$$F_{均1} = \frac{F_2 - F_1}{\ln \dfrac{F_2}{F_1}} = \frac{0.53 - 0.50}{\ln \dfrac{0.53}{0.50}} = 0.515\text{m}^2$$

$$F_{均2} = \frac{F_3 - F_2}{\ln \dfrac{F_3}{F_2}} = \frac{0.72 - 0.53}{\ln \dfrac{0.72}{0.53}} = 0.620\text{m}^2$$

$$F_{均3} = \frac{F_4 - F_3}{\ln \dfrac{F_4}{F_3}} = \frac{1.03 - 0.72}{\ln \dfrac{1.03}{0.72}} = 0.87\text{m}^2$$

$$Q = \frac{t_1 - t_4}{\dfrac{S_1}{\lambda_1 F_{均1}} + \dfrac{S_2}{\lambda_2 F_{均2}} + \dfrac{S_3}{\lambda_3 F_{均3}}} = \frac{300 - 50}{\dfrac{0.005}{58 \times 0.515} + \dfrac{0.03}{0.175 \times 0.620} + \dfrac{0.05}{0.093 \times 0.87}} = 280\text{ W}$$

误差小于 1%。

（4）求界面温度

$$t_2 = t_1 - Q\frac{S_1}{\lambda_1 F_{均1}} = 300 - 282 \times \frac{0.005}{58 \times 0.515} = 299.95\ ℃$$

$$t_3 = t_4 + Q\frac{S_3}{\lambda_{31} F_{均3}} = 50 + 282 \times \frac{0.05}{0.093 \times 0.87} = 222\ ℃$$

4.2.3　非稳态导热

非稳态导热可以分成周期性及非周期性两大类。周期性非稳态导热的特点是物体中各点温度随时间做周期性的变化。例如建筑壁内温度随着外界空气温度及太阳辐射的变化而做周期性的变化（周期为 24h）。在非周期性非稳态导热中，物体的温度随时间不断增加

或减小，越来越接近四周介质的温度。例如金属在加热炉中加热，炉墙在升温过程中的加热等均属非周期性的非稳态导热问题。本书主要讨论的是后者。

4.2.3.1 非稳态导热过程

本书所研究的非稳态导热是指物体（主要是金属）在加热或冷却过程中的导热问题。

物体在加热或冷却的整个过程大体可以分为三个阶段。第一阶段称为开始阶段，其特点是温度变化逐渐由表面向中心扩展，此阶段内物体的温度分布及各点温度变化速率受初始条件影响很大，没有固定的规律，常称为“不规则过程”。而后，这种温度分布不规则规律开始消失，此时物体内部所有各点温度随时间的变化规律均相等，并且受该物体的物理性质及加热（冷却）的外部条件的影响，这个阶段称为“正常过程”。再经过相当长时间（理论上为无限长时间），物体达到“稳定状态”，此时物体内各点温度不再随时间变化，这就是第三阶段，称为稳态导热阶段。

为了说明非稳态导热的特点，举例说明如下。如图 4-7 所示。设有一平壁其温度为 t_0，现突然使其左侧表面温度升高到 t_1（例如将它同恒温高温表面 t_1 紧密接触），而右侧仍保持为 t_0（与 t_0 的空气接触）。这时紧挨高温表面那部分温度升高很快，而其余部分仍保持为 t_0，如图中曲线 *HBD* 所示。随着时间的推移，比较靠右的壁面温度也依次升高，如图中曲线 *HCD*、*HE*、*HF*，它们示意性地表示了这种变化过程。最后达到稳定状态的温度分布，若导热系数为常数则如图中 *HG* 所示，为一直线。在这个过程中，平板右侧温度在开始升高以前的一段时间内，平板右侧与空气间没有热量传输，平板左侧所获得的热量全部储存于自身之中。故非稳态导热与热流垂直截面上的热流不相等，在本例中是沿途逐渐减少的，减少的热量用于自身温度的升高。随着热量自左向右传输，物体各点温度也依次升高。如果 Q_1 表示从左侧传入的热量，Q_2 表示从右侧传出的热量，则可得图 4-8 所示的热量变化曲线。当 $Q_1 = Q_2$ 时，平板就进入了稳态导热的阶段。两条曲线间的面积（图中阴影部分）则为该平板在非稳态导热中所获得的热量，它以内能形式储存于平板之中。

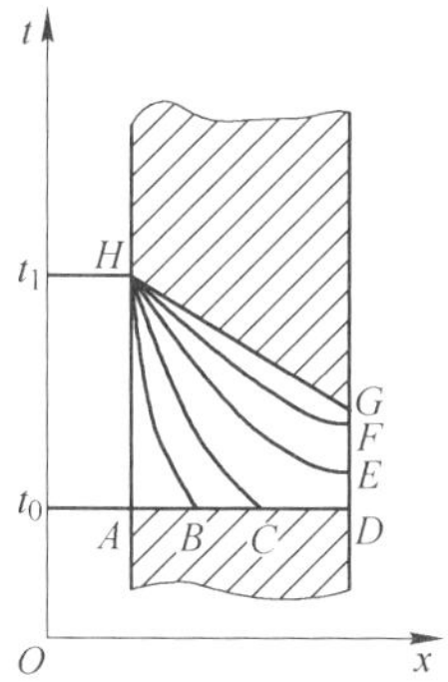

图 4-7 非稳态导热过程中温度分布示意图

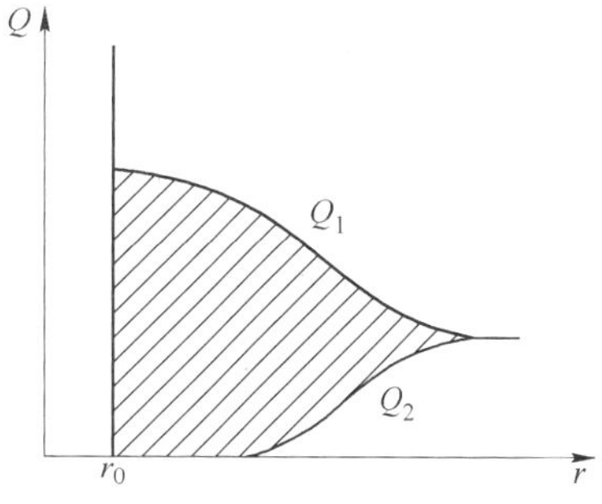

图 4-8 非稳态导热中平板能量收支的变化

研究非稳态导热问题的目的，在于找出物体在加热（冷却）过程中任意部位的温度与所传输的热量随时间而改变的规律，或者求解达到指定的温度场所需的时间。例如金属在加热过程中，前者是指计算加热温度，而后者是指计算加热时间。

4.2.3.2 非稳态导热中的主要相似数

非稳态导热中的解常表达为特征数的形式，常用的特征数有两个，即傅里叶数 *Fo* 与

毕欧数 Bi 。

（1）傅里叶数。

$$Fo = \frac{a\tau}{l^2}$$

式中，a 为热导率（物性参数），表示式为 $a = \frac{\lambda}{\rho \cdot C_p}$，$m^2/s$；$\tau$ 为时间，s；l 为定型尺寸（在平板中用厚度 δ，圆柱中用半径 r 表示），m。

Fo 是表示温度场随时间变化的非稳态导热的特征数，Fo 越大温度场越稳定。

（2）毕欧数。

$$Bi = \frac{\alpha l}{\lambda}$$

式中，α 为物体表面与介质间的外部换热系数，包括对流与辐射换热系数，W/(m^2 · ℃)；l 为定型尺寸，m；λ 为导热系数（指被加热物体），W/(m · ℃)。

将毕欧数作如下变换可得

$$Bi = \frac{l/\lambda}{1/\alpha} = \frac{\text{物体内部的导热热阻}}{\text{物体表面以外的热阻}}$$

值得注意的是，毕欧数与努谢尔数 Nu 有相似的表达式，但它们的物理意义不同。Nu 是指流体的对流换热与流体本身传导传热之间的关系，式中的 λ 是流体的导数系数。Bi 是指物体表面与介质之间的换热与物体内部导热之间的关系，式中的 λ 是物体本身的导热系数。两者的定型尺寸也不一样，切不可混淆。关于 Nu 将在 4.3.2 节中进行介绍。

4.2.3.3　非稳态导热中的“薄材”与“厚材”

物体的厚薄本是对几何尺寸而言。在非稳态导热中的薄材与厚材却有其特定的含义。从物体加热的观点出发，将物体加热过程中所形成的断面温度差作为定义薄材与厚材的标志。温差较小者称为薄材，反之称为厚材。理想的薄材应不存在断面温差。

显然，非稳态导热过程中的薄材与厚材不仅与几何尺寸有关，而且在很大程度上取决于物体内部导热与外部换热的相对关系，这也正是 Bi 的物理含义。当 Bi 较大时，物体内部导热热阻相对而言比较大，在物体断面上就容易形成较大的温度差，反之亦然。所以，提出以 Bi 的大小来区分薄材与厚材。例如从加热应力出发，规定 $Bi < 0.25$ 时为薄材，$Bi > 0.5$ 时为厚材，当 $0.25 < Bi < 0.5$ 时，视被加热材料的种类和形状而定。

4.2.3.4　非稳态导热中的“有限厚”与“无限厚”

“有限”与“无限”是对函数的取值范围而言，也称为“有界”、“无界”。非稳态导热中的温度场作为温度对空间和时间的函数也就有数学上的有限与无限，称为“有限厚”与“无限厚”。所以有限厚与无限厚并不是指厚度的有限与无限，而是温度场的数学特性。

非稳态导热中的不稳定温度场只有两种情况：一为有限厚，即温度取值两面均有界；二为半无限厚，即一面有界一面无界，半无限厚常称为无限厚。

图 4-9 所示为一维非稳态导热温度场 $t = f(x, \tau)$，图 4-9（a）为有限厚，温度的取值

范围在 $x=0\sim\delta$ 及 $x=0\sim-\delta$ 之间，图 4-9（b）为无限厚 $x=0\sim\infty$，即在物体厚度范围 δ 内对应不定点 x_1，x_2，…，各点，它的右侧是无界的。

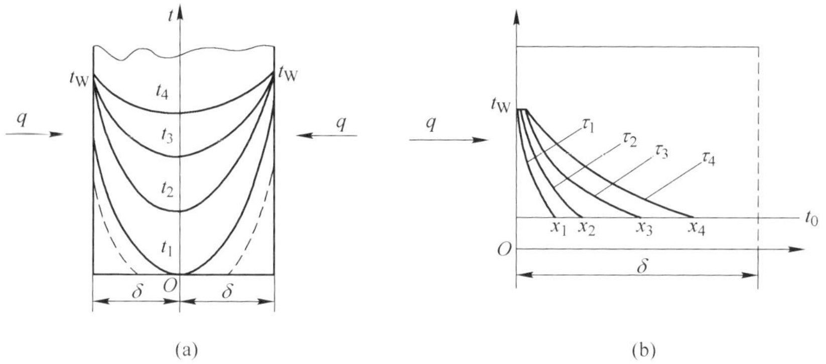

图 4-9 有限厚与无限厚的概念
（a）有限厚；（b）无限厚

有限厚的物理意义为，物体在非稳态导热过程中，其内部各点温度均随时间而变化，即透热深度超过物体的实际厚度（图中的 δ）时，即为有限厚的温度场。反之为无限厚温度场，此时透热深度小于物体的实际厚度 δ，物体内部存在温度未变的区域。有限厚与无限厚是个相对概念，即使是有限厚物体，在开始导热阶段仍为无限厚，如图 4-9（a）中的虚线所示，在工程计算中对开始阶段的短暂时间往往忽略不计，即按有限厚来考虑。也有例外，比如厚度不大的物体表面淬火时就具有无限厚的温度场。

区分有限厚与无限厚温度场，不仅与物体的几何厚度有关，而且在很大程度上取决于物体内部导热与蓄热以及物体外部换热，即与 Fo、Bi 有密切关系。Fo 大，易形成有限厚温度场，Bi 越大也越易于形成有限厚温度场，反之亦然。

复习思考题

4-2-1 举例说明什么是稳态导热，什么是非稳态导热？

4-2-2 导热的基本公式对不同情况如何应用？

4-2-3 导热系数有什么意义，如何减少炉壁的热损失？

4-2-4 试用本节所学知识，设想一个测定材料导热系数的方法。

4-2-5 平壁与圆管壁材料相同，厚度相同，在两侧表面温度相同条件下，圆管内表面积等于平壁表面积，试问哪种情况下导热量大？

4-2-6 在严寒的北方地区，建房用砖采用实心砖还是多孔的空心砖好？为什么？

4-2-7 非稳态导热主要研究内容是什么？

4-2-8 区分非稳态导热中的“薄材”与“厚材”，“有限厚”与“无限厚”。

4-2-9 试计算单层炉墙的每平方米面积上的导热热流。已知墙厚 360mm，两侧表面温度为 800℃ 与 50℃，砖的导热系数 $\lambda_t=0.465+0.00051t$。

4-2-10 某炉墙由两层耐火材料砌成，内层为硅砖，厚 460mm，外层为轻质黏土砖，厚 230mm。现测得内外表面温度分别为 1000℃ 与 150℃，求通过每平方米炉墙的热损失。

4-2-11 已知氧枪外管的外径 $d=200\text{mm}$，管壁厚 $\delta=9\text{mm}$，壁的导热系数 $\lambda=52\text{W}/(\text{m}\cdot℃)$。若枪身受热长度 $L=6\text{m}$，并知道通过管壁的导热量 $Q=2.33\times10^{-6}\text{W}$。求氧枪管壁内外表面温度差为多少？

4-2-12 为保护钢筋混凝土烟囱的强度及提高抽风效果，需限制混凝土内壁温度（t_2）不超过 200℃，且每米烟囱散热量不超过 2326W/m。试计算混凝土壳体内加衬耐火砖的最小厚度（S_1）及烟囱外表温度（t_3）。已知钢筋混凝土壳的内径 $d_2=800\text{mm}$，外径 $d_3=1500\text{mm}$，混凝土的 $\lambda_2=1.30\text{W}/(\text{m}\cdot℃)$，耐火砖的 $\lambda_1=0.58\text{W}/(\text{m}\cdot℃)$，耐火砖衬内壁温度 $t_1=450℃$。

4-2-13 蒸汽管的内、外直径各为 200mm 和 220mm。管的外面裹着两层绝热材料，第一层绝热材料的厚度 $S_2=50\text{mm}$，第二层绝热材料的厚度 $S_3=60\text{mm}$。管壁和两层绝热材料的导热系数分别为：$\lambda_1=58\text{W}/(\text{m}\cdot℃)$，$\lambda_2=0.15\text{W}/(\text{m}\cdot℃)$，$\lambda_3=0.10\text{W}/(\text{m}\cdot℃)$。蒸汽管的内表面温度 $t_1=350℃$，第二层绝热材料的外表面温度 $t_2=50℃$，试求每米长蒸汽管的热损失和各层之间的界面温度。

4-2-14 某蒸汽换热器出口处的管内壁温度为 500℃，外壁温度为 50℃，换热器管子的尺寸为 $\phi45\text{mm}\times5\text{mm}$，导热系数为 $25.55\text{W}/(\text{m}\cdot℃)$。(1) 试求每米管长所传递的热量。(2) 如管内结有 1mm 厚的水垢，导热系数为 $1.63\text{W}/(\text{m}\cdot℃)$，水垢表面温度仍为 500℃，热流强度不变时，试求此时的管外壁温度。

4-2-15 某厂蒸汽管道为 $\phi180\text{mm}\times5\text{mm}$ 的钢管，外面包了一层 100mm 的石棉保护层，管壁和石棉的导热系数分别为 $58.15\text{W}/(\text{m}\cdot℃)$ 和 $0.116\text{W}/(\text{m}\cdot℃)$，管道内表面温度为 300℃，保温层外表面为 50℃，求每米管长内热损失。

4.3 对流传热

4.3.1 概述

4.3.1.1 对流传热的相关概念及影响因素

A 与对流换热有关的概念

(1) 对流换热。运动的流体与固体表面之间通过热对流和导热作用所进行的热交换过程，称为对流换热或对流给热。它既包括流体位移时所产生的对流，又包括流体分子间的导热作用，因此，对流换热是传导传热和对流传热共同作用的结果。

(2) 流体边界层（动力边界层）。流体在流动时，与固体接触的表面处形成一个流速近似等于零的薄膜层，从这个薄膜层到流速恢复远方来流速度的区域就是流体边界层。

(3) 主流。基本上没有速度梯度的流体部分称为“主流”或“流体核心”。

(4) 传热边界层。在有放热现象的系统中，流体与表面的温降主要集中在靠近边界的这一薄膜层内，这种有温度变化（即温度梯度）的边界层称为“传热边界层”。

B 对流换热的影响因素

对流换热是一种很复杂的过程，影响对流换热的因素有很多，主要有以下几个方面：

(1) 流体的流动状态。在流体力学中已经介绍过，流体的流动有两种状态，层流与紊流（也称湍流）。由于层流和紊流的物理状态不同，所以确定了层流与紊流热量转移规律也不同。因此，在研究对流换热问题时，区分层流和紊流具有十分重要的意义。层流时，热量的传递主要依靠传导传热；而紊流时，热量的传递除传导传热外，还同时有紊流扰动的对流传热，此时的换热强度主要取决于层流边界层中的热阻。

(2) 流体流动的动力。流体的运动分为自然流动和强制流动两大类。流体作强制流动时，也会同时发生自然流动，流体内各部分间温度差越大，以及强制流动速度越小，则自然流动的相对影响也越大。但当强制流动相当强烈时，附加的自然流动影响就很小，常可略去不计。

(3) 流体的物理性质。影响对流换热的物理性质有流体的比热容（C_p）、密度（ρ）、导热系数（λ）和黏度（μ）等。

比热容和密度大的流体，单位体积能携带更多的热量，对流转移热量的能力也大。例如常温下水的比热容 $C_p = 4187\text{kJ/(m}^3 \cdot ℃)$，空气的比热容 $C_p = 121\text{kJ/(m}^3 \cdot ℃)$，两者相差甚多，造成它们对流换热系数的巨大差别。

导热系数较大的流体，层流底层的热阻较小，换热较强。以水和空气为例，水的导热系数是空气的 20 多倍，这也是水的对流换热系数远比空气大的主要原因之一。

黏度大的流体，流动时黏性剪应力大，边界层增厚，换热系数将减小。除了由于流体种类不同而黏度不同外，还要注意温度对黏度的影响。液体的黏度随温度增高而降低，气体的黏度则随温度的增高而加大，都会影响对流换热系数的大小。

(4) 换热面的形状和位置。即便是一些最简单形状的换热面，例如平板，也因平放、竖放或斜放而影响对流换热过程的强弱。换热面的形状、大小、表面粗糙度等均能影响对流换热系数的大小。

C 边界层概述

以流体流过平壁为例，简要地讨论边界层的有关问题。流体在边界层内的流动状态，可以是层流，也可以是紊流，在层流与旺盛紊流边界层之间的区域称为过渡流。当边界层厚度较小时，总是属于层流；当其厚度超过一定数值时，则形成紊流边界层。应该注意，在紊流边界层里，紧贴壁面的一个薄层还是层流，称为层流底层。图 4-10 所示为流体流过平壁时边界层的变化情况。

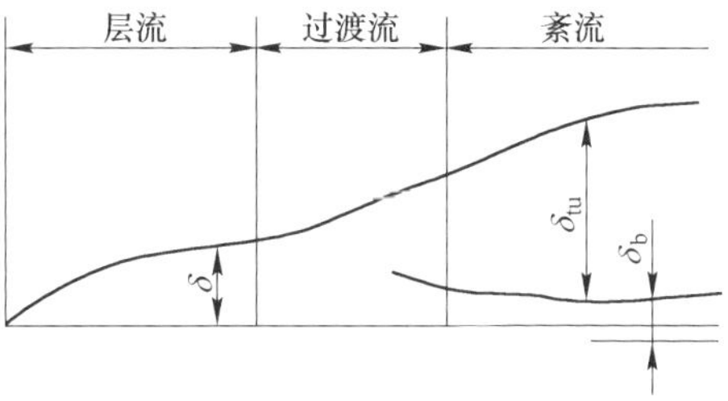

图 4-10 平壁上的层流边界层与紊流边界层
δ_{tu} —紊流边界层；δ_b —层流底层

在厚度为 δ 的一个薄层内，流速从壁面上的零增加到离垂直壁面方向距离为 δ 的接近主流速度。这一厚度为 δ 的薄层称为边界层，在边界层外面，可认为速度梯度等于零，因此，任何流动着的流体可被划分为两个区域，即有速度梯度存在的边界层和边界层以外的主流，在主流中可以认为是无摩擦的。

当流体为层流流动时，边界层很厚，则流体内部的混合只能靠分子扩散作用来实现。此时整个对流换热过程都表现出导热的特征。由于层流边界层内流体分子无径向位移和掺混现象，因而通过该层的换热只能靠导热来实现。即使在紊流边界层下换热也必须在层流底层内由导热来完成。

边界层虽然很薄但其热阻却相当大。这就是说高温表面向低温流体，或高温流体向低温表面进行对流换热时，热阻主要发生在边界层内，所以温度降落也主要出现在边界层内。

当流体呈紊流流动时，边界层减薄了，同时流体内部的混合作用也随着紊流程度的增大而显著加强，此时的对流换热过程仅仅在层流底层才有导热特征。因此对流换热在紊流程度提高时得到了明显的强化。

当流体的紊乱程度较大时，边界层内的一部分流体由层流变成紊流。只是靠近固体壁面处，仍保持一个小小的作层流流动的薄膜层，即“层流底层”或称“层流内层”。

对流换热不仅仅包括热对流作用和边界层的导热作用，同时还伴随着流体分子的扩散混合过程，即传质过程在内。所以，对流换热过程极为复杂，一切影响边界层内导热速率及流体紊乱混合强度的因素都直接影响到对流换热量的大小。

4.3.1.2　对流传热的种类

流体流过固体壁面（流体温度与壁面温度不同）时的传热过程称为对流传热。对流传热机理较复杂，其传热速率与很多因素有关。根据流体在传热过程中的状态，对流传热可分为无相变的对流传热和有相变的对流传热两类。

（1）流体无相变的对流传热。流体在传热过程中不发生相变化的对流传热即为无相变的对流传热。依据流体流动原因不同，无相变对流传热可分为两种情况。

1）强制对流传热：流体因外力作用而引起的流动；

2）自然对流传热：仅因温度差产生流体内部密度差而引起的流体流动。

（2）流体有相变的对流传热。流体在传热过程中发生相变化的对流传热即为有相变的对流传热，它分为两种情况。

1）蒸气冷凝：蒸气在传热过程中全部或部分冷凝为液体。

2）液体沸腾：液体在传热过程中沸腾气化，部分液体转变为气体。

4.3.1.3　对流传热的基本定律（牛顿冷却定律）

从对流换热过程的分析可知，对流换热是一个相当复杂的过程，对其作精确的理论计算比较困难。目前常采用牛顿冷却定律作为对流换热计算的基础，它的数学表达式为

$$Q = \alpha_{对}(t_1 - t_2)F \tag{4-30}$$

式中，Q 为对流换热量，W；F 为换热面积，m^2；t_1为流体的温度,℃；t_2为固体表面的温度,℃；$\alpha_{对}$为对流给热系数，W/(m^2·℃)。

由上式可得

$$\alpha_{对} = \frac{Q}{(t_1 - t_2)F} \tag{4-31}$$

由定义式可知 $\alpha_{对}$的物理意义，即当流体与壁面的温差为1℃时，单位面积上单位时间内的对流给热量，它的单位是 W/(m^2·℃)。

同样也可以把对流给热量写成欧姆定律的形式

$$Q = \frac{t_1 - t_2}{\dfrac{1}{\alpha_{对} F}} \tag{4-32}$$

对流给热的热阻

$$R=\frac{1}{\alpha_{对} F} \tag{4-33}$$

牛顿公式只给出了计算对流给热的方法，但未解决对流给热系数的计算问题，因此对流给热系数的计算成了关键。

4.3.1.4 对流给热系数的影响因素

由前面讨论可知，对流给热系数 $\alpha_{对}$是代表对流换热能力大小的一个参数，影响对流给热系数的因素有很多，它们之间的关系可用下列函数式表示：

$$\alpha_{对}=f(l, \rho, \mu, \lambda, v, C_p, g\beta\Delta t) \tag{4-34}$$

式中，$\alpha_{对}$为流体的对流给热系数，W/(m^2·℃)；l 为流体流动管道尺寸，m；ρ 为流体的密度，kg/m^3；μ 为流体的黏度，Pa·s；λ 为流体的导热系数，W/(m·℃)；v 为流体的流速，m/s；C_p 为流体的比热容，J/(kg·℃)；$g\beta\Delta t$ 为流体内部的浮升力，N。

由以上函数式可以看出，影响对流给热系数的因素有很多，要从理论上推导一个普遍适用的公式来计算不同情况下的对流给热系数是非常困难的。目前常用的方法有两种：一种是相似原理的应用，另一种是量纲分析法。

本书只介绍相似原理的应用。

4.3.2 相似理论指导下的对流传热的实验方法

相似理论是进行实验研究，特别是进行模型实验研究所依据的基本原理。它是研究相似系统的性质，以及如何指导实验研究来解决实际问题的一门科学。同时也回答了在实验中应测量哪些量；对实验的数据应如何整理；在模型上应满足哪些条件以使所进行的过程与实物上进行的过程相似；实验结果怎样才能推广使用等问题。

相似原理在许多科学部门中都已被广泛应用，是一种很成功的指导实验的理论。应用相似原理研究实验模型中气体流动和传热的规律，已取得了良好效果。

4.3.2.1 相似的概念

相似的概念首先出现在几何学里，两个几何相似的图形，其对应部分的比值必等于同一个常数，这种相似，称为几何相似。如有两个相似三角形，其对应边的比应相等（见图 4-11）。

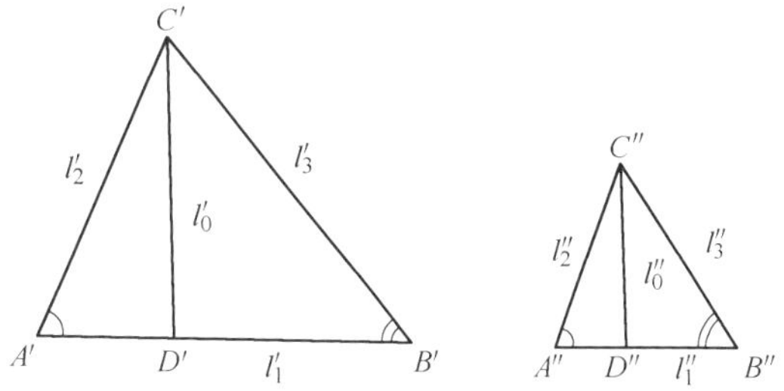

图 4-11 相似三角形

若以 l'_1、l'_2、l'_3 表示第一个三角形 $A'B'C'$ 的各边，以 l''_1、l''_2、l''_3 表示第二个三角形 $A''B''C''$ 的对应各边（见图 4-11），并以 C_1 表示各对应边之比值，则得

$$\frac{l''_1}{l'_1}=\frac{l''_2}{l'_2}=\frac{l''_3}{l'_3}=C_1$$

式中，C_1 称为“相似倍数”。对于相似三角形 $A'B'C'$ 和 $A''B''C''$，具有一定值，但对于另一相似的三角形（如第三个相似三角形），则其相似倍数具有另一定值。

如果以 A 和 V 表示面积和体积，则在相似现象中

$$\frac{A_1''}{A_1'} = \frac{A_2''}{A_2'} = C_A$$

相似的面积比，等于对应边平方的比，即

$$\frac{A_1''}{A_1'} = \frac{l_1''^2}{l_1'^2} = C_1^2$$

由此可知

$$C_A = C_1^2$$

同样可知

$$\frac{V_1''}{V_1'} = \frac{V_2''}{V_2'} = C_V$$

及

$$C_V = C_1^3$$

把上述几何相似推广到其他物理现象中，则可找出现象的物理相似。物理相似是指在几何相似和时间相似的前提下，在相对应的点或部位上和在相对应的时间内，所有用来说明两个现象的一切物理量都成比例。如气体流动，热量交换所伴随的物理量有速度（v）、温度（t）、密度（ρ）、黏度（μ）、导热系数（λ）、时间（τ）等。

4.3.2.2　单值条件

由一组微分方程式描述的一类现象中，仅描述了这类现象共有的特征。如对某一特定的具体现象而言，这一组微分方程必须加上描写这一具体现象的补充条件，最后得出单一的解，这些补充条件，称为单值条件。单值条件包括以下各项：

（1）几何条件。所有具体现象都发生在一定的几何空间内，因此参与过程的物体的几何形状和大小是应给出的单值条件。例如，流体在管内流动，应给出管径 d 及管长 l 的具体数值；又如，研究气体在炉内的运动规律，应给出炉子的各部尺寸。

（2）物理条件。所有具体现象都是由具有一定物理性质的介质参加进行的，因此参加过程的介质的物理性质也是单值条件。例如，对于一般的炉内气体流动（属于黏性非压缩性流体的等温运动），应给出介质密度 ρ、黏度 μ 的具体数值。如流动是不等温的压缩性黏性流体，则应给出状态方程式及物理参数随温度变化的函数。

（3）边界条件。所有具体现象都必然受到与其直接相邻的周围情况的影响，因此发生在边界的情况也是单值条件。例如，管道内流体的流动现象直接受进口、出口及壁面处流速的大小及其分布的影响，因此应给出进口、出口处流速的平均值及分布规律。对于流体的不等温流动，还应给出进口处温度的平均值及其分布规律以及壁面处的流体温度（$t = t_{壁}$）。

（4）初始条件。任何过程的发展都直接受初始状态的影响，如流速、温度、物理性质于初始时刻在整个系统内的分布直接影响以后的过程，因此初始条件也属于单值条件。对于稳态过程，则不存在此条件。

当上述单值条件给定以后，流体的速度场，流动形态（层流或紊流）、压力分布规律（任意两点的压力差值）也就随着被确定下来。单值条件相似是现象相似应该具备和遵守的条件之一。单值条件能够把服从同一自然规律的无数现象单一地划分为某一具体现象。

因此单值条件是将某一具体现象与其同类现象区分开来的全部条件，它的相似是现象相似的必要条件。

4.3.2.3 常见相似准数

同一类物理现象总是可以找出某个无因次的准数来反映该类物理现象的本质。正如流体力学中的雷诺数（Re）可以代表流体的“扰乱程度”一样。对每一个简单的物理现象都可以找出一个反映该现象本质的无因次准数。把这种无因次数群称为“相似准数”或称相似准则。

与流体流动换热相关的相似准数如下：

（1）几何相似准数。若两个几何图形相似则必有同一的相似比，即相似比 C_l 相等的两个三角形必相似。C_l 就称为几何相似准数，是表征体系几何形状特点的无因次数群。

（2）雷诺准数 Re。在流体流动中决定流动性质的就是惯性力与黏性力之比，即

$$Re = \frac{惯性力}{黏性力} = \frac{v\rho L}{\mu} \tag{4-35}$$

所以把雷诺准数 Re 称为流体流动时的动力相似准数，即对于同类的空间条件下（几何相似条件下）流动中的流体如果它们的 Re 相同，则它们的流动状态就是相似的。

（3）格拉斯霍夫准数 Gr。在自然流动中也可以找出类似 Re 的相似准数，即格拉斯霍夫准数 Gr。

$$Gr = \frac{浮升力}{黏性力} = \frac{l^3\rho^2 g\beta\Delta t}{\mu^2} = \frac{l^3 g\beta\Delta t}{\nu^2} \tag{4-36}$$

由式（4-36）可知：在系统的几何相似条件下，如果两流体的格拉斯霍夫准数 Gr 相等，则表明它们自然对流发展的程度完全相同。Gr 的物理意义就是以其值的大小来表征自然对流发展的程度。

（4）奴歇尔准数 Nu。Nu 是表示对流换热强弱程度的相似准数，也表示流体层流底层的导热能力与对流传热阻力的比例。它代表了对流换热现象的本质。

$$Nu = \frac{Q_{对}}{Q_{导}} = \frac{\alpha_{对}}{\lambda/s} = \frac{\alpha_{对} \cdot s}{\lambda} \tag{4-37}$$

Nu 越大说明对流过程越强烈。当 $Nu = 1$ 时，即整个对流给热过程中，纯对流给热量与传导传热量相等，这是典型层流边界层时的给热情况，这时流体与壁面间给热主要是导热的效果。当然这时的对流给热将主要呈现出导热的特征，而这时的传热速率必然是相当缓慢的。

（5）普朗特准数 Pr。不同的流体本身有着自己的物理特征，Pr 数是反映流体本身物理特性的准数，其定义式为

$$Pr = \frac{\nu}{a} = \frac{\rho\nu C_p}{\lambda} \tag{4-38}$$

式中，ν 为流体运动黏度系数，m^2/s；C_p 为流体的比热容，$J/(kg \cdot ℃)$；λ 为物体的导热系数，$W/(m \cdot ℃)$；ρ 为流体的密度，kg/m^3；a 为物体的热导率，表达式为 $a = \frac{\lambda}{\rho \cdot C_p}$，$m^2/s$。

对于一些气体而言，Pr 随气体的原子数目而异。单原子气体，$Pr=0.67$；双原子气体，$Pr=0.72$；三原子气体，$Pr=0.80$；四原子以上的气体，$Pr=1.0$。

4.3.2.4 相似三定理

（1）相似第一定理：两现象相似，其单值条件相似，相似准数的数值必然相同。相似第一定理也称相似正定理。

相似现象具有以下两个性质：

1）相似的现象，必然在几何相似系统中进行，在系统中所有对应的各相似点上，表示现象特征的各同类量之比为常数即相似准数。对于不同的量，不同的相似现象，这些常数不相同。

2）相似的现象，必然是同一性质的现象，服从于自然界同一规律。表示现象特性的各类量之间必定相关，而且服从于某一规律。表示这种规律的数学表达式，在文字上相同。

第一个性质说明了相似概念。这只是相似的定义，还不能找出相似现象所服从的共同规律。第二个性质说明了可以由描述现象的各个量的关系方程式，经过相似转换可以获得相似准数，而且可以得到相似的现象，其相似准数的数值相同。

（2）相似第二定理：凡是同一类现象（即都被同一完整方程式所描述的现象），当其单值条件相似，而且由单值条件的物理量所组成的相似准数在数值上相等，则这些现象必相似。相似第二定理也称相似逆定理。

相似第一定理首先肯定两现象相似，然后研究其单值条件相似，而且由单值条件的各个物理量所组成的相似准数的数值必然相同。相似第二定理是首先肯定两现象单值条件相似，而且由单值条件的各个物理量所组成的相似准数的数值也相同，则说明其两现象必然相似。这样，相似第二定理明确地规定了两个现象相似的必要和充分条件。

（3）相似第三定理：描述某现象的各个物理量之间的函数关系可以表示成相似准数 π_1，π_2，…，π_n 之间的函数关系，写成方程式的形式如下：

$$f(\pi_1,\ \pi_2,\ \cdots,\ \pi_n)=0 \tag{4-39}$$

这种关系式称为“准数关系式”或“准数方程式”。相似第三定理也称为“π 定理”。因为对于所有彼此相似的现象，相似准数都保持着相同的数值，所以它们的准数方程式也应当相同。由此，如果把某一现象的实验结果整理成准数关系式，那么这种准数关系式就可以推广到与其相似的现象中去。

相似理论实质上是实验的理论，是进行实验研究的理论基础。相似第一定理指出了进行实验时必须测量出各相似准数中所包含的一切量，因为实验所得的结果要整理成相似准数的关系式。相似第二定理指出了进行模型实验时必须遵守单值条件相似，而且单值条件的物理量组成的定性准数在数值上要相等。相似第三定理指出了必须把实验结果整理成相似准数之间的关系式。相似理论是模型实验研究的理论基础。

目前在物理学和化学的实验中已广泛应用相似准数来处理实验数据。在工程技术上，相似原理所指导的模化法也已广泛应用。随着科学技术的发展，相似原理必将得到进一步的发展和更加广泛的应用。

4.3.2.5 对流换热中准数方程式、定性温度与定型尺寸的确定

A 准数方程式的确定

在实际生产中，对于大量的复杂换热系统，要借助于实验。为了避免实验结果的局限性，通过相似原理的分析，可以获得适用于与实验条件相似的一整套实验公式，即相似准数方程式。这种方法既有准确使用的特点，又避免了狭隘局限的弊病，是目前工程上使用广泛的一种实用方法。

从对流给热机理的分析中已经知道，这一复杂的对流传热过程是由许多个简单的过程（现象）所综合而构成的，即它是由流体的运动，内部的热对流及边界层的导热等过程构成，也就是说对流给热过程的特性取决于上述几个简单过程的特性和它们之间的相互关系。

从相似准数的物理意义讨论中已经知道，在对流给热过程中，Nu 代表着对流现象的本质；Re、Gr 则分别代表强制流动和自然流动的本质；Pr 代表流体本身的热物理特征；l_1/l_2 代表系统的几何特征。

可以按照相似第三定理，把这些表征对流给热过程特征的各相似准数列成相应的函数式，即

$$Nu = f(Re, Gr, Pr, l_1/l_2) \tag{4-40}$$

（1）当给热系统的几何条件确定后，l_1/l_2 为常数，故上式可改写为

$$Nu = f(Re, Gr, Pr) \tag{4-41}$$

（2）如果流体的种类已限定（即 Pr 为常数），则式（4-41）变为

$$Nu = f(Re, Gr) \tag{4-42}$$

（3）若已知是自然流动（即可不考虑 Re），式（4-41）可简化为

$$Nu = f(Gr, Pr) \tag{4-43}$$

（4）在强制流动中的紊流状态时，自然流动因素可以不考虑，即 Gr 可以忽略，则式（4-41）可转化为

$$Nu = f(Re, Pr) \tag{4-44}$$

将上述函数式写成幂函数的形式

强制流动 $$Nu = C'(Re^{m'}, Pr^{n'}) \tag{4-45}$$

自然对流 $$Nu = C\,(Gr, Pr)^{n} \tag{4-46}$$

上式中 C'、m'、n' 和 C、n 可用实验的方法求得。

可见，利用准数方程可将一般函数关系大为简化，由式（4-40）的复杂函数式简化成 2~3 个准数之间的函数关系，对这种经过简化了的准数方程，可以直接通过实验模型测定出准数方程式中所包含的各物理量，进一步整理就可以得到一个确定的准数方程式。

B 定性温度

在准数方程中，各个准数都含有流体的物理参数，这些参数都受温度的影响，因此，必须选定一个合适的温度来确定物理参数值，这个决定物理参数值的温度称定性温度。定性温度可取壁面温度、流体的平均温度或流体与壁面的平均温度。

C 定型尺寸

对流体流动有决定性意义的固体壁与流体相接触的几何尺寸称为定型尺寸。工程上常

用的定型尺寸，如流体在管内流动，定型尺寸为管内径，非圆管用当量直径；流体横向流过单管或管束，取管外径为定型尺寸；流体纵向流过平板，取流动方向的壁面长度为定型尺寸。

4.3.2.6 对流传热系数的确定——若干实验公式

A 强制对流

(1) 流体在圆管内作紊流流动。在此条件下适用于各种气体和液体的公式是

$$Nu = 0.023 Re^{0.8} Pr^{0.4} \tag{4-47}$$

这里 Nu、Re 和 Pr 都是使用流体的平均温度作为计算的定性温度，并且用管子的直径作为定型尺寸。

将 Nu、Re、Pr 代入式（4-47）得

$$\alpha_{对} = 0.023 \frac{\lambda}{d} \left(\frac{vd}{\nu}\right)^{0.8} \left(\frac{C_p \rho \nu}{\lambda}\right)^{0.4}$$

$$\alpha_{对} = 0.023\lambda \left(\frac{1 + \beta t}{\nu}\right)^{0.8} \left(\frac{C_p \rho \nu}{\lambda}\right)^{0.4} \frac{v_0^{0.8}}{d^{0.2}}$$

令

$$A = 0.023\lambda \left(\frac{1 + \beta t}{\nu}\right)^{0.8} \left(\frac{C_p \rho \nu}{\lambda}\right)^{0.4}$$

则

$$\alpha_{对} = A \frac{w_0^{0.8}}{d^{0.2}} \tag{4-48}$$

式中，$\alpha_{对}$为流体的对流给热系数，W/(m^2 · ℃)；v_0为流体在管内的流速，m/s；d 为管子内径或当量直径，m；A 为因流体种类和流体温度而异的系数，常用流体在某些温度下的 A 值可查表 4-5。

表 4-5 常用流体的 *A* 值

水	温度/℃	0	20	40	60	80	100
	A	1425	1849	2326	2756	3082	3373
重油	温度/℃	40	60	80	100	120	140
	A	31	52	88	119	147	197
空气	温度/℃	0	200	400	600	800	1000
	A	3.97	4.32	4.68	4.89	5.16	5.35
烟气	温度/℃	0	200	400	600	800	1000
	A	3.95	4.63	5.35	5.76	6.41	6.64
水蒸气	温度/℃	100	150	200	250	300	350
	A	4.07	4.13	4.30	4.52	4.71	4.98

式（4-48）适用范围是 $Re>10^4$，$Pr=0.7\sim2500$，以及管长与直径的比值要求是 $L/d>50$。若 $L/d<50$，则

$$\alpha_{对} = k_1 A \frac{v_0^{0.8}}{d^{0.2}} \tag{4-49}$$

k_1 值取决于换热管段进口处的形状、管内流动 Re 数的大小等。

当换热管段进口以前没有急剧转弯或截面变化的情况下，k_1 可按表 4-6 选取。

由表 4-5 可知，在相同条件下水的对流给热能力大于重油的对流给热能力，更大于气体的对流给热能力。而对一定温度下的一定流体而言，流速越大，直径越小，则对流给热系数越大。

表 4-6　紊流下的 k_1 值

Re	L/d								
	1	2	5	10	15	20	30	40	50
1×10^4	1.65	1.50	1.34	1.23	1.17	1.13	1.07	1.03	1
2×10^4	1.51	1.40	1.27	1.18	1.13	1.10	1.05	1.02	1
5×10^4	1.34	1.27	1.18	1.13	1.10	1.08	1.04	1.02	1
1×10^5	1.28	1.22	1.15	1.10	1.08	1.06	1.03	1.02	1
1×10^6	1.14	1.11	1.08	1.05	1.04	1.03	1.02	1.02	1

【例 4-5】 空气以 $v=5\text{m/s}$ 的速度，流过一个直径 $d=60\text{mm}$ 的直管内而被加热，管段长 2.4m，空气平均温度为 100℃，试求对流给热系数。

解： 当 $t=100$℃时，由附表 2 查得空气的 $\nu=23.6\times10^{-6}\text{m}^2/\text{s}$，此时

$$Re=\frac{vd}{\nu}=\frac{5\times0.06}{23.6\times10^{-6}}=12712>10000$$

所以属于紊流，由表 4-5 可知，$A=\dfrac{4.32+3.97}{2}=4.415$，而

$$v_0=\frac{v}{1+\beta t}=\frac{5}{1+\dfrac{100}{273}}=3.66\text{m/s}$$

因 $\dfrac{L}{d}=\dfrac{2.4}{0.06}=40$，还需校正。

由表 4-6 查得 $k_1=1.03$，所以

$$\alpha_{对}=k_1A\frac{w_0^{0.8}}{d^{0.2}}=1.03\times20.5=21.1\text{W/(m}^2\cdot\text{℃)}$$

（2）流体横向流过单管时的对流给热。流体横向流过单管表面时的流动情况如图4-12所示。

在管子的前后流动的情况不同，因此沿管子的周围对流给热系数的数值也不一样，如图 4-13 所示。在圆管的正面，有较多的质点透过边界层而直接冲击到壁面上，所以这里（冲击角 $\varphi=0°$）的给热系数最大；顺着流体流动的方向边界层的厚度逐渐增加，所以给热系数的数值迅速降低；而在 90°～100°时降到最低值；在管的后面部分，流体具有强烈的旋涡，因而给热系数又重新变大。

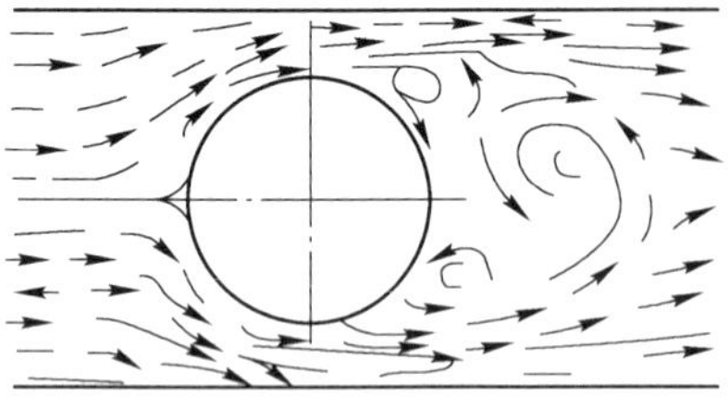

图 4-12　流体横向流过管面的情况

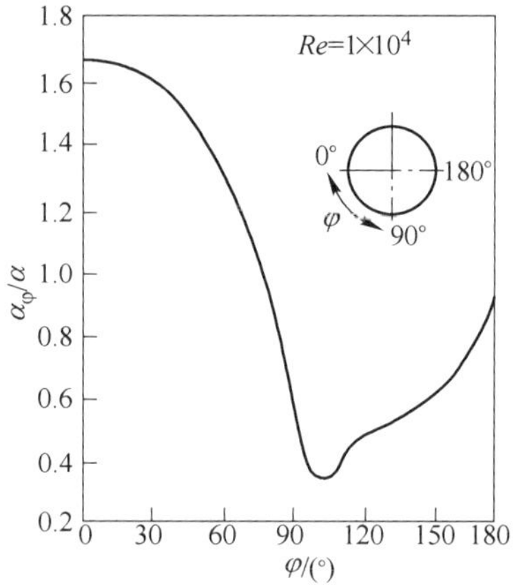

图 4-13　沿管周上对流给热系数的变化

流体横向流过单管时的准数关系式为

$$Nu = C\,Re^n\,Pr^m \tag{4-50}$$

C 和 n 的数值依 Re 的大小而定（见表 4-7），$m=0.4$。

表 4-7　C 和 n 值

Re	C	n
5～80	0.93	0.40
80～5×10^3	0.715	0.46
$>5\times10^3$	0.226	0.60

只有当流体流动的方向与管子轴心线之间的夹角 $\varphi=90°$ 时，式（4-50）才正确。

如果冲击角 $\varphi<90°$，则应根据式（4-50）所得的给热系数再乘以修正系数 ε_φ（见表 4-8）。

表 4-8　不同 φ 值时的 ε_φ

φ	90°	80°	70°	60°	50°	40°	30°	20°	10°
ε_φ	1.0	1.0	0.98	0.94	0.88	0.78	0.67	0.52	0.42

将式（4-50）按第三种情况展开（即 $Re>5\times10^3$）

$$\alpha_{对} = 0.226\frac{\lambda}{d}\left(\frac{vd}{\nu}\right)^{0.6}\left(\frac{C_p\rho\nu}{\lambda}\right)^{0.4}\varepsilon_\varphi$$

稍加变化则上式变为

$$\alpha_{对} = 0.226\lambda\left(\frac{1+\beta t}{\nu}\right)^{0.6}\left(\frac{C_p\rho\nu}{\lambda}\right)^{0.4}\frac{v_0^{0.6}}{d^{0.4}}\varepsilon_\varphi$$

令

$$B = 0.226\lambda\left(\frac{1+\beta t}{\nu}\right)^{0.6}\left(\frac{C_p\rho\nu}{\lambda}\right)^{0.4}$$

则

$$\alpha_{对} = B\frac{v_0^{0.6}}{d^{0.4}}\varepsilon_\varphi \tag{4-51}$$

式中，$\alpha_{对}$ 为流体的对流给热系数，W/(m^2 · ℃)；v_0 为流体在管外的流速，m/s；d 为管子外直径或外当量直径，m；B 为因流体种类和流体温度而异的系数；ε_{φ} 为流体与管子间冲击角为 φ 时的修正系数。

常用流体在某些温度下的 B 值可查表 4-9。

表 4-9 常用流体的 *B* 值

水		重油		空气		烟气		水蒸气	
温度/℃	B	温度/℃	B	温度/℃	B	温度/℃	B	温度/℃	B
0	992	40	81	0	3.98	0	4.00	100	4.23
20	1192	60	94	200	4.62	200	5.30	150	4.47
40	1258	80	135	400	5.48	400	6.35	200	4.84
60	1462	100	155	600	6.00	600	7.16	250	5.18
80	1611	120	180	800	6.49	800	8.06	300	5.50
100	1663	140	207	1000	6.89	1000	8.50	350	5.78
						1600	11.05		

由表 4-9 可知，在相同条件下，水的对流给热能力大于重油的对流给热能力，更大于气体的对流给热能力。对一定温度下的一定流体而言，流速越大，管径越小，冲击角越大，则对流给热系数越大。

【例 4-6】 试求水横向流过单管时的对流给热系数。已知管径 $d=20$mm，水的温度为 20℃，管壁的温度为 40℃，水流速度为 0.5m/s。

解： 当水为 20℃时，查附表 1，$\nu - 1.006 \times 10^{-6}\text{m}^2/\text{s}$。

$$v_0 = \frac{v}{1+\beta t} = \frac{0.5}{1+\dfrac{20}{273}} = 0.47\text{m/s}$$

$$Re = \frac{wd}{\nu} = \frac{0.5 \times 0.02}{1.006 \times 10^{-6}} = 9940$$

$Re > 5 \times 10^3$， 查表 4-9，$B=1192$，而 $\varepsilon_{\varphi}=1$，所以

$$\alpha_{对} = B\frac{v_0^{0.6}}{d^{0.4}}\varepsilon_{\varphi} = 1192 \times \frac{0.47^{0.6}}{0.02^{0.4}} = 3626\text{W/(m}^2 \cdot ℃)$$

（3）流体横向流过管束时的对流给热。管束排列方式有顺排和错排两种，如图 4-14 所示。

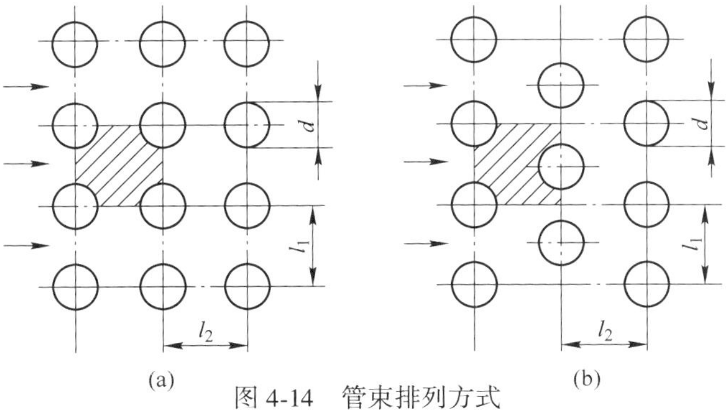

图 4-14 管束排列方式

（a）顺排；（b）错排

流体横向冲击管束时的情况与单管类似，但影响因素更复杂。从第二排起，每排管都正处于前排产生的漩涡区的尾流内，所受到的冲击情况不如错排时强烈，错排内的给热过程一般较顺排略为强烈。另外，沿流动纵深方向管束排数多少也将影响平均给热系数。因为流体进入管束后，由于速度及方向反复变化而增加了流体的紊乱程度，因而沿着流动方向，各排管的给热系数将逐渐增加，大约到第三排以后才逐渐趋于稳定。因此，整个管束的平均给热系数将随着排数的增加而稍有增大。

流体在管外垂直管束呈强制紊流流动时，其对流给热系数的计算方法如下。

1）错排管束。错排管束的对流给热系数的准数关系式为

$$\alpha_{对} = 0.026ab\frac{\lambda}{d}\left(\frac{vd}{\nu}\right)^{0.6}\left(\frac{C_p\rho\nu}{\lambda}\right)^{0.4}$$

稍加变化则上式变为

$$\alpha_{对} = ab \times 0.026\lambda\left(\frac{1+\beta t}{\nu}\right)^{0.6}\left(\frac{C_p\rho\nu}{\lambda}\right)^{0.4}\frac{v_0^{0.6}}{d^{0.4}}$$

令

$$B = 0.026\lambda\left(\frac{1+\beta t}{\nu}\right)^{0.6}\left(\frac{C_p\rho\nu}{\lambda}\right)^{0.4}$$

则

$$\alpha_{对} = abB\frac{v_0^{0.6}}{d^{0.4}} \tag{4-52}$$

式中，$\alpha_{对}$为流体的对流给热系数，W/(m^2 · ℃)；v_0为流体在管束间最窄通道处的流速，m/s；d为管束管子的外直径，m；B为由表4-9查得的系数；a为系数，可由表4-10查得；b为系数，可由表4-10查得。

表4-10　系数 *a* 值和系数 *b* 值

a		b		
$l_1/d \leqslant 3$	$l_1/d > 3$	第一排管子	第二排管子	第三排管子
$a = 1 + 0.1l_1/d$	$a = 1.3$	$b = 0.756$	$b = 1.01$	$b = 1.28$

此为流体在管外垂直流过错排管束呈强制紊流流动时对流给热系数的公式，也是准数关系式的简化公式，可用此式计算管束的任意排管子的对流给热系数。

管束的平均对流给热系数计算公式为

$$\alpha_{对均} = \frac{\alpha_{对1} + \alpha_{对2} + (n-2)\alpha_{对3}}{n} \tag{4-53}$$

式中，$\alpha_{对均}$为流体的平均对流给热系数，W/(m^2 · ℃)；$\alpha_{对1}$为第一排管的对流给热系数，W/(m^2 · ℃)；$\alpha_{对2}$为第二排管的对流给热系数，W/(m^2 · ℃)；$\alpha_{对3}$为第三排管的对流给热系数，W/(m^2 · ℃)；n为管束内管子的总排数。

当管子排数较多时，管束的平均对流给热系数可取为第三排管的对流给热系数。

2）顺排管束。顺排的第一排管子的对流给热系数与错排的第一排管子的对流给热系数相同，可用下式计算

$$\alpha_{对} = abB\frac{v_0^{0.6}}{d^{0.4}} \tag{4-54}$$

顺排的第二排以后管子的对流给热系数的准数关系式为

$$\alpha_{对} = a \times 0.157 \frac{\lambda}{d}\left(\frac{wd}{\nu}\right)^{0.56}\left(\frac{C_p\rho\nu}{\lambda}\right)^{0.4}$$

稍加变化则为

$$\alpha_{对} = a \times 0.157\lambda\left(\frac{1+\beta t}{\nu}\right)^{0.65}\left(\frac{C_p\rho\nu}{\lambda}\right)^{0.4}\frac{v_0^{0.65}}{d^{0.35}}$$

令

$$C = 0.157\lambda\left(\frac{1+\beta t}{\nu}\right)^{0.65}\left(\frac{C_p\rho\nu}{\lambda}\right)^{0.4}$$

则有

$$\alpha_{对} = aC\frac{v_0^{0.65}}{d^{0.35}} \tag{4-55}$$

式中，$\alpha_{对}$为流体的对流给热系数，W/(m^2·℃)；v_0为流体在管束间最窄通道处的流速，m/s；d为管束管子的外直径或外当量直径，m；a为系数，由表4-10查得；C为因流体种类和流体温度而变的系数。常用流体在常用温度下的C值见表4-11。

此式为流体在管外垂直流过顺排管束的对流给热系数的基本公式，也是准数关系式的简化公式。

表4-11 常用流体的C值

水		重油		空气		烟气		水蒸气	
温度/℃	C	温度/℃	C	温度/℃	C	温度/℃	C	温度/℃	C
0	1349	40	78	0	4.89	0	5.00	100	5.23
20	1617	60	105	200	5.82	200	6.40	150	5.47
40	1872	80	149	400	6.51	400	7.56	200	5.82
60	2093	100	181	600	7.09	600	8.61	250	6.16
80	2838	120	200	800	7.56	800	9.54	300	6.63
100	3280	140	252	1000	8.02	1000	9.89	350	7.09

顺排管束的平均对流给热系数可用下式计算

$$\alpha_{对均} = \frac{\alpha_{对1} + (n-1)\alpha_{对2}}{n} \tag{4-56}$$

式中，$\alpha_{对均}$为流体的平均对流给热系数，W/(m^2·℃)；$\alpha_{对1}$为第一排管的对流给热系数，W/(m^2·℃)；$\alpha_{对2}$为第二排管的对流给热系数，W/(m^2·℃)；n为管束内管子的总排数。

当管束的排数较多时，可用第二排管子的对流给热系数为顺排管束的平均对流给热系数。

上面的两种管束的计算关系式都是对流体与管束垂直而言的，即冲击角$\varphi = 90°$。当冲击角$\varphi < 90°$时，所求结果应乘以表4-8中的校正系数。

由以上分析可知，在相同条件下，水的对流给热能力大于重油的对流给热能力，更大于各种气体的对流给热能力。对一定流体而言，流体的温度越高、流体的流速越大、管子的管径越小、管的间距越大、管束排数越多时，流体与管束间的对流给热系数越大。

实际经验表明，当其他条件相同时，错排管束的对流给热系数大于顺排管束的对流给热系数。

应当指出，上面介绍的几个关系式都是用相似理论法所求得的准数关系式的简化公式。这些简化公式比一般的实验式的应用范围广。但是它仍然仅适用于所给的几种流体，对于其他流体则仍须用原准数关系式计算。

（4）气体在蓄热室砖格子内的给热系数。气体在热风炉或蓄热室的砖格子内呈强制紊流流动，气体与格子砖间的对流给热系数的实验式为

$$\alpha_{对} = 0.86\frac{v_0^{0.8}}{d^{0.33}}T^{0.25} \tag{4-57}$$

式中，$\alpha_{对}$为气体的对流给热系数，W/(m^2·℃)；v_0为气体在格子砖内的流速，m/s；d为格子孔的当量直径，m；T为气体的绝对温度，K。

（5）流体在管内呈层流流动时的给热系数

$$\alpha_{对} = 5.15\frac{\lambda}{d} \tag{4-58}$$

式中，$\alpha_{对}$为流体的对流给热系数，W/(m^2·℃)；d为管道内径或当量直径，m；λ为流体的导热系数，W/(m·℃)。

（6）气体沿平面流动时的给热系数。炉气在炉内金属或熔池表面流过时的给热与管道内的给热规律不尽相同。前者流体与表面的相对位置、热流方向以及流速在表面法线方向上的分布都会产生影响，比管道内流体的给热情况更复杂。

对于光滑面　$$Nu = 0.032Re^{0.8} \tag{4-59}$$

通常用更简单的形式　$$\alpha_{对} = C_{v_{20}}^n + K \tag{4-60}$$

式中，$\alpha_{对}$为气体的对流给热系数，W/(m^2·℃)；v_{20}为气体在20℃时的流速，m/s；K、C、n为实验常数，见表4-12。

表4-12　实验常数 K、C、n

表面情况	$v_{20} \leqslant 5$m/s			$v_{20} > 5$m/s		
	K	C	n	K	C	n
光滑表面	5.58	3.95	1	0	7.12	0.78
轧制金属表面	5.82	3.95	1	0	7.14	0.78
粗糙表面	3.16	4.19	10	0	7.53	0.78

B　自然对流

（1）影响自然对流给热的主要因素。图4-15是炉子外表面与大气间的自然对流给热情况。由图4-15可以看出，炉顶、炉墙和架空炉底都存在着自然对流。产生自然对流的原因是因为固体表面的温度大于周围大气的温度而使大气形成了自然循环。因此，固体表面与大气间的温度差是影响自然对流的主要因素。

图4-15　自然对流示意图

上热面（如炉顶）的循环比较容易，故自然对流的能力

较强；下热面（架空炉底）的循环困难，故它的自然对流能力最差。显然，固体表面的存在位置是影响自然对流的因素之一。

总之，自然对流主要受固体表面、流体的温度差和固体表面存在位置的影响。因此，自然对流给热系数也多由表示这两个影响因素的参数所组成。

（2）固体表面向无限空间的自然对流。根据实验研究得出这时准数关系式的具体形式为

$$Nu = C\,(Gr \cdot Pr)^{n} \tag{4-61}$$

式中，C 和 n 为常数，其值可按换热表面的形状及 $Gr \cdot Pr$ 的数值范围由表 4-13 选取。表 4-13 中的数值适用于均温壁面的自然运动放热。

表 4-13　自然对流中常数 C、n 值

表面形状及位置	流动情况示意图	流态	C	n	适用范围 $Gr \cdot Pr$	定型尺寸 l
垂直平壁及垂直圆柱	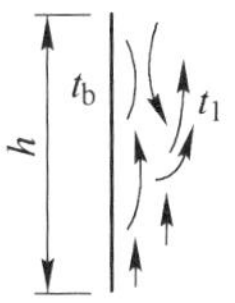	层流	0.59	1/4	$10^4 \sim 10^9$	高度 h
		紊流	0.12	1/3	$10^9 \sim 10^{12}$	
水平圆柱	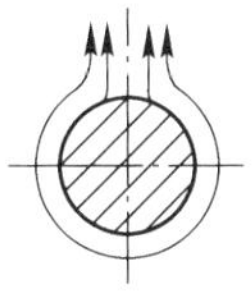	层流	0.53	1/4	$10^4 \sim 10^9$	圆柱外径 d
		紊流	0.13	1/3	$10^9 \sim 10^{12}$	
热面朝上或冷面朝下的水平壁	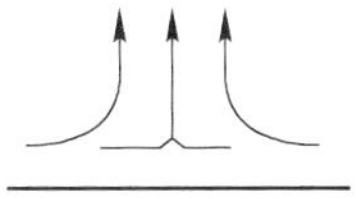	层流	0.54	1/4	$10^5 \sim 2\times10^7$	矩形取两个边长的平均值；圆盘取 0.9d
		紊流	0.14	1/3	$2\times10^7 \sim 3\times10^{10}$	
热面朝下或冷面朝上的水平壁	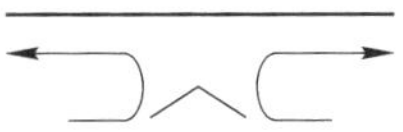	层流	0.27	1/4	$3\times10^5 \sim 3\times10^{10}$	矩形取两个边长的平均值；圆盘取 0.9d

整理数据时采用的定型尺寸是管、线、球的直径或竖板的高度。定性温度是采用边界层的平均温度 $t_m = \dfrac{t_w + t_f}{2}$，此处 t_w 为壁面温度，t_f 为远离壁面的流体温度。

式（4-61）适用于任何液体和气体以及任何形状和大小的物体，也可以用来计算横板的放热。

必须指出，在紊流放热过程中，$n = 1/3$，于是 Gr 与 Nu 中的定型尺寸可以相消，故自然流动紊流换热与定型尺寸无关。

当 Pr 作为常数处理时，可以采用表 4-14 的简化计算式，适用于常温常压下的空气自然运动放热。

表 4-14　空气在无限空间自然运动放热的简化计算公式

表面形状及位置	流态	应用范围	简化计算公式
垂直平壁及垂直圆柱	层流	$10^4 < Gr \cdot Pr < 10^9$	$\alpha = 1.49\left(\dfrac{\Delta t}{h}\right)^{\frac{1}{4}}$
	紊流	$10^9 < Gr \cdot Pr < 10^{12}$	$\alpha = 1.36(\Delta t)^{\frac{1}{3}}$
水平圆柱	层流	$10^3 < Gr \cdot Pr < 10^9$	$\alpha = 1.35\left(\dfrac{\Delta t}{d}\right)^{\frac{1}{4}}$
	紊流	$10^9 < Gr \cdot Pr < 10^{12}$	$\alpha = 1.48(\Delta t)^{\frac{1}{3}}$
热面朝上或冷面朝下的水平壁	层流	$10^6 < Gr \cdot Pr < 2 \times 10^7$	$\alpha = 1.38\left(\dfrac{\Delta t}{l}\right)^{\frac{1}{4}}$
	紊流	$2 \times 10^7 < Gr \cdot Pr < 3 \times 10^{10}$	$\alpha = 1.59(\Delta t)^{\frac{1}{3}}$
热面朝下或冷面朝上的水平壁	层流	$3 \times 10^5 < Gr \cdot Pr < 3 \times 10^{10}$	$\alpha = 0.69\left(\dfrac{\Delta t}{l}\right)^{\frac{1}{4}}$

【例 4-7】 有一根水平放置的高压水蒸气管道，绝热层外径 $d = 583\text{mm}$，外壁温度为 48℃，周围空气温度为 23℃。试计算 1m 蒸气管上通过自然对流的散热量。

解：先计算 Gr 判别流态：

定性温度 $t_m = \dfrac{t_w + t_f}{2} = \dfrac{48 + 23}{2} = 35.3℃$，从附表 2 中查得空气在 35.5℃时各参数之值为 $\nu = 17.09 \times 10^{-6}\text{m}^2/\text{s}$，$Pr = 0.71$，$\lambda = 0.0262\text{W}/(\text{m} \cdot ℃)$。

另外　　$\beta = \dfrac{1}{T} = \dfrac{1}{35.5 + 273} = \dfrac{1}{308.5}\text{K}^{-1}$，$\Delta t = 48 - 23 = 25℃$

于是有

$$Gr \cdot Pr = \frac{g\beta\Delta t d^3}{\nu^2}Pr = \frac{9.8 \times \dfrac{1}{308.5} \times 25 \times 0.583^3}{(17.09 \times 10^{-6})^2} \times 0.71 = 3.83 \times 10^8$$

即 $Gr \cdot Pr < 10^9$，故处于层流状态。

对流给热系数为 $\alpha = 1.35\left(\dfrac{\Delta t}{d}\right)^{\frac{1}{4}} = 1.35 \times \left(\dfrac{25}{0.583}\right)^{0.25} = 3.45\text{W}/(\text{m}^2 \cdot ℃)$，若按 $Nu = C(Gr \cdot Pr)^n$ 计算，则

$$Nu = 0.53(Gr \cdot Pr)^{0.25} = 0.53 \times (3.83 \times 10^8)^{0.25} = 74.14$$

由 $Nu = \dfrac{\alpha d}{\lambda}$ 可得

$$\alpha = Nu\frac{\lambda}{d} = 74.14 \times \frac{0.0262}{0.583} = 3.33\text{W}/(\text{m}^2 \cdot ℃)$$

与简化公式计算法仅相差不到 4%，则 1m 管道上的对流散热量为

$$Q = \pi dL\alpha\Delta t = 3.14 \times 0.583 \times 1 \times 3.45 \times 25 = 158\text{W}$$

复习思考题

4-3-1 黏性流体有哪两种流动状态，流动状态的不同会影响到对流给热吗？

4-3-2 为什么水的对流给热系数远比空气的对流给热系数高？

4-3-3 为什么说影响对流给热的决定性因素是流体的速度？

4-3-4 在分析各类对流给热的强弱时，为什么应着重分析它的边界层状况？

4-3-5 两种体积密度相同的多孔隔热砖，一种气孔尺寸较大，但气孔数目较少，另一种气孔数目多，但气孔尺寸较小。试问何种砖的保温效果较好，为什么？

4-3-6 有人提出为强化对黏性流体（如重油）的加热，可以采用使蒸气加热管发生振荡的方法，这样可使给热系数提高数倍，试解释其强化的原因？

4-3-7 影响对流给热的相似准数有哪些？说明各自的物理意义。

4-3-8 相似三定理的主要内容是什么，对研究对流给热现象有何帮助？

4-3-9 何为近似模化法？

4-3-10 气体横向流过管束（有顺排和错排两种）时的对流给热公式中应考虑哪些因素？

4-3-11 举出常用的炉子中遇到的对流给热现象。并说明哪些情况下需要强化对流给热，哪些情况下需要减弱对流给热。

4-3-12 冬天，经过在白天太阳下晒过的棉被，晚上盖起来感到很暖和，并且经过拍打后，效果更加明显。试解释原因。

4-3-13 冬天，在相同的室外温度条件下，为什么有风比无风时感到更冷些？

4-3-14 在直径分别为 0.2m 和 0.1m 的两种管道内，热烟气流量皆为 $V_0=0.15\text{m}^3/\text{s}$，当烟气温度为 1000℃时，求两种管内的对流给热系数各为多少？

4-3-15 水以 $v_0=0.8\text{m/s}$ 的速度在直径 $d=50\text{mm}$ 的管外流动。水与管子轴线间的冲击角为 10°，已知水的平均温度为 40℃，求其对流给热系数。

4-3-16 某加热炉外部尺寸长、宽、高分别为 13m、2.5m、2.0m，外表面温度为 200℃，周围空气温度为 35℃。试分别求出炉墙及炉顶向空气的对流给热量（按简化公式计算）。

4-3-17 计算水在管内流动时与管壁间的给热系数 α。已知管道内径 $d=35\text{mm}$，长度 $L=4\text{m}$，水的平均温度 $t=60℃$，水在管内的流速 $v=10\text{m/s}$。

4-3-18 今有温度为 30℃ 的空气，以 5m/s 的速度横向垂直流过 $d=20\text{mm}$ 的单管，试确定其对流给热系数。

4-3-19 试确定顺排 6 排管束的放热系数。已知管直径 $d=40\text{mm}$，$l_1/d=1.8$，$l_2/d=2.4$，空气的平均温度为 300℃，空气通过最窄的截面时，其平均流速 $v=10\text{m/s}$，冲击角 $\varphi=60°$。

4-3-20 试求经过室内的采暖水平干管的外表面的对流给热系数。已知管道外径 $d=50\text{mm}$，表面温度为 $t_1=80℃$，室内空气温度 $t_2=20℃$。

4-3-21 水以 2kg/s 的质量流量流过直径为 40mm、长为 4m 的圆管，管壁温度保持在 90℃，水的进口温度为 30℃。求水的出口温度和管子对水的散热量。水的物性按 40℃ 查取，不考虑由温差引起的修正。

4.4 辐射传热

辐射传热是由物体间的热辐射进行热量传输的，它与传导传热、对流传热有本质的不同，是三种热量传递基本方式之一。由于冶金炉中一般温度较高，所以辐射传热占有重要地位。

4.4.1 辐射传热的基本概念

4.4.1.1 热辐射的本质

物体以电磁波方式向外传递热量的过程称为辐射，被传递的能量称为辐射能。但是，通常用辐射这个术语来表示辐射能本身。物体可因多种原因产生电磁波从而发出辐射能。无线电台利用强大的高频电流通过天线向空间发射无线电波就是辐射过程的一个例子。无线电波只是电磁波的一种，此外，还有因其他种种原因而产生的宇宙射线、γ 射线、X 射线、紫外线、可见光、红外线等电磁波。

从热量传输的角度出发，并不需要涉及全部的电磁波类型，而只研究起因于热的电磁波辐射，把这种因热引起的电磁波辐射称为热辐射。热辐射的电磁波是由物体内部微观粒子在运动状态改变时所激发出来的。在热辐射过程中物体把它的热能不断地转换成辐射能，只要设法维持物体的温度不变，其发射辐射能的数量也不变。当物体的温度升高或降低时，辐射能也相应地增加或减少。此外，任何物体在向外发出辐射能的同时，还在不断地吸收周围其他物体发出的辐射能，并把吸收的辐射能转换成热能。

辐射传热是物体之间相互辐射和吸收过程的总效果。例如，在两个温度不同的物体之间进行辐射传热，温度较高的物体辐射多于吸收，而温度较低的物体则正好相反，因此辐射传热的结果是高温物体向低温物体传递了热量。若两物体温度相等，则它们辐射和吸收的热恰好相等，没有热量的传递。值得注意的是，此时两物体之间的辐射和吸收仍在不断地进行，称为热的动平衡状态。

虽然各种辐射发生的原因不同，但它们之间并无本质的差别，它们都以电磁波方式传递能量，而且各种电磁波都以光速在空间进行传播。电磁波的速率、波长和频率存在如下关系

$$c = \nu\lambda \tag{4-62}$$

式中，c 为电磁波的传播速率，m/s，在真空中 $c = 3\times10^8$ m/s，在大气中略低于此值；ν 为频率，1/s；λ 为电磁波的波长，m，也常用 μm，$1\mu m = 1\times10^{-6}$ m。

电磁波的特性取决于波长或频率。在热辐射分析中通常用波长来描述电磁波。电磁波的波长有很宽的变化范围，如图 4-16 所示。波长 $\lambda = 0.38 \sim 0.76\mu m$ 的电磁波是可见光，$\lambda < 0.38\mu m$ 的是紫外线、伦琴射线、γ 射线、宇宙射线等；$\lambda = 0.76 \sim 1000\mu m$ 的电磁波是红外线，$\lambda > 1000\mu m$ 的电磁波通常称为无线电波。通常把 $\lambda = 0.76 \sim 1000\mu m$ 的电磁波称为热射线，其中包括可见光、部分紫外线和红外线，它们投射到物体上能产生热效应。

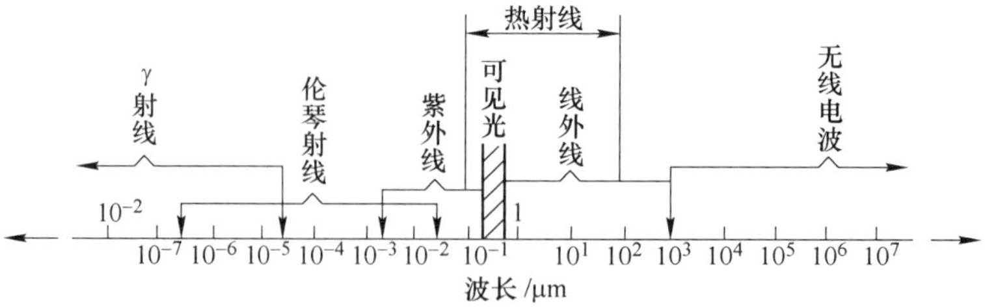

图 4-16　电磁波的波谱

热射线的本质决定了热辐射过程有如下特点：

（1）热辐射与导热、对流不同，它不依靠物质的接触而进行热量传递，例如阳光能够穿越太空向地面辐射。导热和对流都需要由冷、热物体直接接触或通过中间介质相接触才能进行热量传递。

（2）辐射传热过程中伴随着能量的两次转换，即物体的内能转化为辐射能以电磁波形式发射出去，此辐射能射到另一物体上被吸收时又转化为内能。

（3）一切物体只要其温度 $T>0$K，都在不断地发射热射线。当物体间有温差时，高温物体辐射给低温物体的能量大于同时间低温物体辐射给高温物体的能量，因此总的结果是高温物体把能量传给低温物体，这就是以辐射方式进行热量传递，称为辐射传热。若物体的温度相同，则处于热的动平衡状态。

辐射的本质及辐射能量的传递过程除用电磁波理论说明外，对有些现象还需进一步用量子理论来解释。如金属在光照射下能发射电子的光电效应，就是辐射的本质，既具有波动性又具有粒子性。粒子性表明辐射是离散的量子化能量束，即光子的传递过程。光子能量与频率的关系可用普朗克公式表示：

$$e = h\nu \tag{4-63}$$

式中，e 为光子的能量，J；h 为普朗克常数，$h = 6.6256 \times 10^{-34}$J · s；$\nu$ 为频率，s^{-1}。

4.4.1.2 辐射能的吸收、反射及透过

热射线与光的特性相同，所以光的投射、反射、折射规律对热射线也同样适用。

如图 4-17 所示，当辐射能 Q 投射到物体表面时，其中一部分辐射能 Q_a 被吸收，一部分 Q_r 被反射，另一部分 Q_d 被透过，根据能量守恒定律有

$$Q = Q_a + Q_r + Q_d \tag{4-64}$$

两边同除以 Q 得

$$\frac{Q_a}{Q} + \frac{Q_r}{Q} + \frac{Q_d}{Q} = a + r + d = 1 \tag{4-65}$$

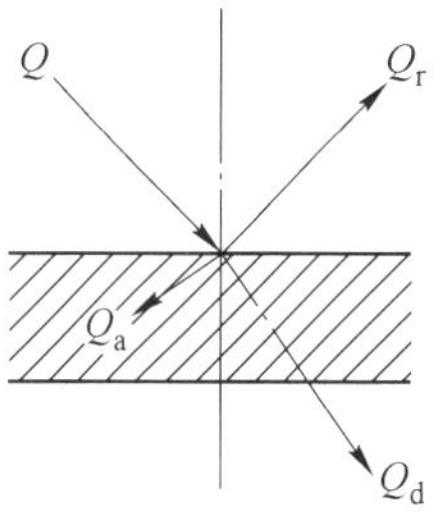

图 4-17 热射线被吸收、反射、透过示意图

式中，a 为吸收率；r 为反射率；d 为透过率。

吸收率表示物体对外界投射的辐射能吸收部分所占的比例。反射率及透过率依此类推。因自然界中所有物质的吸收率、反射率和透过率的值根据具体条件不同而千差万别，如孤立地研究这些问题，则相当复杂，因此，为方便起见，可建立如下理想物体模型，使问题简化。

（1）如果投射到物体上的辐射能全部被该物体吸收，没有反射和透过，即 $a=1$，$r+d=0$，则该物体称为绝对黑体，简称黑体。

（2）如果投射到物体上的辐射能全部被该物体反射，既不吸收又不透过，即 $r=1$，$a+d=0$，则该物体称为绝对白体，简称白体。如反射是镜反射（入射角等于反射角）则称镜体。

（3）如果投射到物体上的辐射能全部被该物体透过，既不吸收又不反射，即 $d=1$，$a+r=0$，则该物体称为绝对透明体，简称透明体，又称介热体、透热体。

自然界中没有黑体、白体及透明体。比如煤烟的 $a=0.97$ 左右；绝大多数工程材料可

认为 $d=0$，如金属、耐火材料等，即使厚度很薄也可认为 $a+r=1$；气体对热射线几乎不能反射，所以可认为 $r=0$，$a+d=1$。

应该指出，上面所说的黑体、白体、透明体均是对热射线而言，而不是对可见光而言。白颜色的物体不一定就是白体，例如白雪对可见光反射率很高，但对来自温度不太高的物体所发射的热射线而言，其吸收率 $a=0.98$ 左右，即非常接近于黑体。

4.4.1.3 黑体模型

前已述及，自然界没有黑体，但黑体在研究辐射理论时极为重要，黑体的辐射规律是辐射传热的基础，所以人为地构造一个能满足不同精度要求的黑体模型实属必要。如图 4-18 所示，在一个空腔上开个小孔，当小孔面积比空腔内表面积来说足够小的话，该小孔就具有逼近黑体的性质。比如，空腔内表面温度均匀，$a=0.6$（这不算很高），若小孔面积为内表面积的0.6%以下（这点不难做到），则小孔对外来投射辐射能量的吸收率可达 0.996，近似于 1。小孔这个性质是因为投入小孔的射线在空腔中吸收、反射，再吸收、再反射，多次吸收、反射的过程中即使有射线射出小孔，其数量也是微乎其微了。

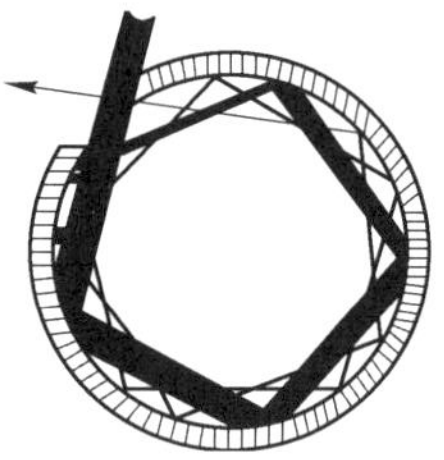

图 4-18 黑体模型

4.4.1.4 辐射强度和辐射能力

物体表面在一定温度下会朝表面上半球空间各不同方向发射，包括各种不同波长的辐射能量。在热辐射中，为了说明辐射能的大小，引用了辐射强度和辐射能力两个基本概念。

（1）辐射强度。它是指表面朝向某个给定方向，对垂直于该方向的单位面积，在单位时间、单位立体角内所发射的全部波长的能量，用 I 表示，单位是 $W/(m^2 \cdot Sr)$。这里的 Sr 为球面度，是立体角的单位，它被定义为给定方向上半球体被立体角所切割的面积 dA_2 除以半径 r 的平方，$d\omega = dA_2/r^2$，因此环绕发射辐射能表面 dA_1 的半球空间的立体角为 2π，如图 4-19 所示。

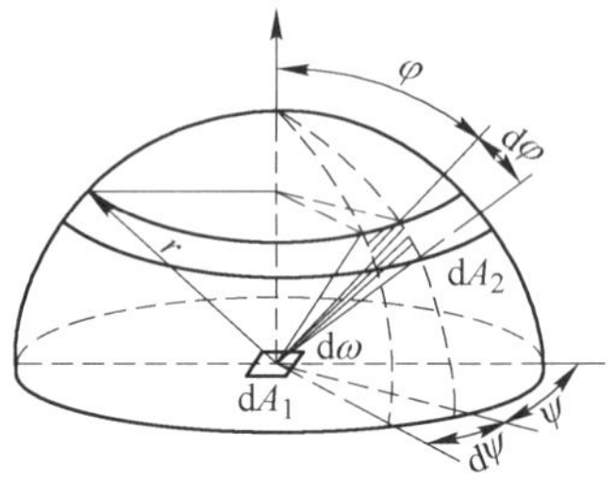

图 4-19 dA_1 上某点对 dA_2 所张开的立体角

若辐射强度指某波长 λ 下波长间隔 $d\lambda$ 范围内所发射的能量，则称单色辐射强度，用 I 表示，单位为 $W/(m^2 \cdot \mu m \cdot Sr)$。显然有

$$I = \int_0^\infty I_\lambda d\lambda \tag{4-66}$$

$$I_\lambda = \frac{dI}{d\lambda} \tag{4-67}$$

（2）辐射能力。发射辐射能的物体，每单位表面积、单位时间内向半球空间所发射的全部波长的辐射能量称为辐射能力，用 E 表示，单位为 W/m^2。

若辐射能力仅指某波长 λ 下波长间隔 $d\lambda$ 范围内所辐射的能量，则称单色辐射能力，用 E_λ 表示，单位是 $W/(m^2 \cdot \mu m)$。显然有

$$E = \int_0^\infty E_\lambda \mathrm{d}\lambda \tag{4-68}$$

$$E_\lambda = \frac{\mathrm{d}E}{\mathrm{d}\lambda} \tag{4-69}$$

4.4.2 辐射传热的基本定律

辐射传热基本定律很多与黑体有关，所以黑体的有关物理量以下标“b”表示，如 I_b、E_b 等，以示区别。

4.4.2.1 普朗克定律

普朗克在量子力学理论的基础上，确立了黑体单色辐射能力 $E_{b\lambda}$[W/(m²·μm)] 与波长 λ 、绝对温度 T 之间的函数关系，表达式为

$$E_{b\lambda} = \frac{2\pi h c_0^2 \lambda^{-5}}{e^{hc_0/\lambda kT} - 1} = \frac{C_1 \lambda^{-5}}{e^{C_2/\lambda T} - 1} \tag{4-70}$$

式中，λ 为波长，μm；T 为绝对温度，K；C_1 为普朗克第一常数，$C_1 = 3.743 \times 10^8\ \mathrm{W \cdot \mu m^4/m^2}$；$C_2$ 为普朗克第二常数，$C_2 = 1.4388 \times 10^4\ \mathrm{\mu m \cdot K}$；$h$ 为普朗克常数，$h = 6.6256 \times 10^{-34}\ \mathrm{J \cdot s}$；$k$ 为玻耳兹曼常数，$k = 1.38054 \times 10^{-23}\ \mathrm{J/K}$；$c_0$ 为真空中光速，$c_0 = 2.99979 \times 10^8\ \mathrm{m/s}$。

普朗克定律所揭示的规律 $E_{b\lambda} = f(\lambda, T)$ 如图 4-20 所示。从图中可以看出，黑体的辐射光谱是连续的（即波长从零到无穷大）；当 $\lambda \to 0$ 和 $\lambda \to \infty$ 时，$E_{b\lambda}$ 皆为零，所以有极值 λ_{max} 存在；T 越高则 $E_{b\lambda}$ 越大，且 λ_{max} 向短波方向移动。利用式（4-70）求极值，可以得出对应于 $E_{b\lambda}$ 为最大值的 λ_{max} 与温度 T 之间的关系，这就是维恩位移定律，它表示为

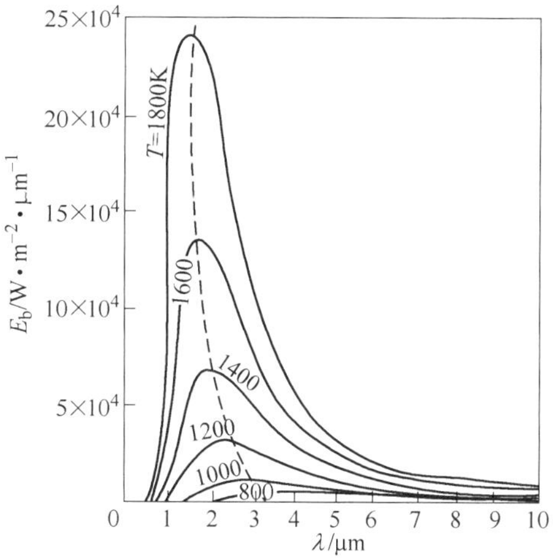

图 4-20 $E_{b\lambda} = f(\lambda, T)$

$$\lambda_{max} \cdot T = 2897.6\ \mathrm{\mu m \cdot K} \tag{4-71}$$

图中 λ_{max} 用虚线表示。从图中可以看出，随着温度的升高 λ_{max} 向左移动，即向短波方向移动。另外，还可看出，黑体温度在 1400K 以下时，辐射能量绝大部分在 0.76 ~ 10μm 之间，可见光的能量可以忽略。随着温度的升高 $E_{b\lambda}$ 向短波方向移动，辐射能中可见光所占份额相应增加，因此加热物体时从暗红、黄色、亮黄色直至向亮白色变化。

4.4.2.2 斯蒂芬-玻耳兹曼定律

在研究热辐射及辐射换热中，人们最关心的不是单色辐射能力而是全波长总辐射能力。对黑体而言，按式（4-68）并参考图 4-20，得到黑体的辐射能力（W/m²）为

$$E_b = \int_0^\infty E_{b\lambda} \mathrm{d}\lambda \tag{4-72}$$

将式（4-70）代入式（4-72），得

$$E_b = \int_0^\infty \frac{C_1\lambda^{-5}}{e^{C_2/\lambda T} - 1} d\lambda = \sigma_b T^4 \tag{4-73}$$

式中，σ_b 为黑体辐射常数，$\sigma_b = 5.67 \times 10^{-8}$ W/(m² · K⁴)。

为了计算高温时辐射比较方便，将式（4-73）改写为

$$E_b = C_b \left(\frac{T}{100}\right)^4 \tag{4-74}$$

式中，C_b 为黑体辐射系数，$C_b = 5.67$ W/(m² · K⁴)。

式（4-74）就是著名的斯蒂芬-玻耳兹曼定律，又称四次方定律，它可表述为黑体的辐射能力与绝对温度的四次方成正比。

【例 4-8】 把一黑体表面置于室温为 27℃ 的房间内。问在热平衡条件下，黑体表面的辐射能力是多大？如果将黑体加热到 627℃，它的辐射能力又是多少？

解： 热平衡条件下黑体的温度为 27℃，其辐射能力是

$$E_{b1} = C_b \left(\frac{T_1}{100}\right)^4 = 5.67 \times \left(\frac{273 + 27}{100}\right)^4 = 459\text{W/m}^2$$

在 627℃ 条件下，黑体的辐射能力为

$$E_{b2} = C_b \left(\frac{T_2}{100}\right)^4 = 5.67 \times \left(\frac{273 + 627}{100}\right)^4 = 37.2 \times 10^3\text{W/m}^2$$

因为辐射能力与绝对温度四次方成正比，所以随着温度的升高，辐射能力急剧增加，上例计算表明，虽然温度 T_2 仅为 T_1 的 3 倍，而 E_{b2} 却是 E_{b1} 的 81 倍。

图 4-21 示出了黑体辐射能力与绝对温度的关系。四次方定律不仅指出了黑体只要绝对温度不为零就具有辐射能力，还表明了高温和低温辐射能力有显著的差异。

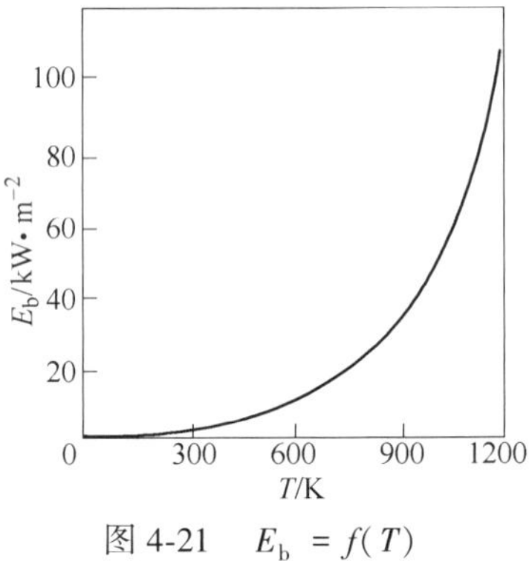

图 4-21　$E_b = f(T)$

在许多实际问题中，往往需要涉及对某一特定波长范围内辐射能力的计算，按式（4-72）黑体在波长 λ_1 到 λ_2 区间的辐射能力为

$$\Delta E_b = \int_{\lambda_1}^{\lambda_2} E_{b\lambda} d\lambda \tag{4-75}$$

这一能量可以用图 4-20 中波长 λ_1 到 λ_2 之间曲线下面积来表示。通常把这种波段间的辐射能力表示成同温度下黑体辐射能力（λ 为 0 ~ ∞）的百分数，用 $F_{b(\lambda_1-\lambda_2)}$ 表示，且

$$F_{b(\lambda_1-\lambda_2)} = F_{b(0-\lambda_2)} - F_{b(0-\lambda_1)} \tag{4-76}$$

式中，$F_{b(0-\lambda_2)}$ 为波长从 0 ~ λ_2 黑体辐射能占同温度下黑体总辐射能力的百分数，%；$F_{b(0-\lambda_1)}$ 为波长从 0 ~ λ_1 黑体辐射能占同温度下黑体总辐射能力的百分数，%。$F_{b(\lambda_1-\lambda_2)}$、$F_{b(0-\lambda_2)}$、$F_{b(0-\lambda_1)}$ 均为 $\lambda \cdot T$ 的函数，称作黑体辐射函数，后两者可从有关资料及图表中查出。依据此原理，计算出不同温度下可见光与红外线所占的比例，见表 4-15。

表 4-15 一定温度下可见光与红外线所占比例

温度/K	所占比例/%	
	可见光 λ = 0.38 ~ 0.76μm	红外线 λ = 0.76 ~ 1000μm
1000	<0.1	>99.9
1400	0.12	99.98
3000	11.4	88.5
6000	45.5	43.0

从表 4-15 中看出，物体温度约在 500~550℃ 以下时实际上没有可见光辐射，热辐射线中主要是红外线。太阳温度接近 6000K，则可见光在热射线中占有很大比例。

4.4.2.3 基尔霍夫（Kirchhoff）定律

A 灰体及黑度

实际物体的单色辐射能力 E_λ 随波长及温度的变化是不规则的，如图 4-22 所示。实际物体并不服从普朗克定律，实际物体只能通过辐射光谱的实测才能确定 E_λ 与 λ 及 T 的关系。

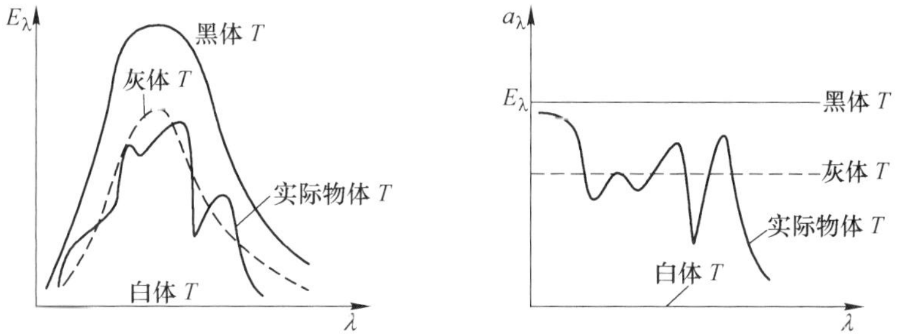

图 4-22 实际物体的辐射及吸收

把实际物体的单色辐射能力与同温度下黑体单色辐射能力之比称为该物体的单色发射率或叫单色黑度，以 ε_λ 表示，则

$$\varepsilon_\lambda = \frac{E_\lambda}{E_{b\lambda}} \tag{4-77}$$

$$E_\lambda = \varepsilon_\lambda \cdot E_{b\lambda} \tag{4-78}$$

同理，将物体的辐射能力与同温度下黑体辐射能力之比称为该物体的发射率或黑度，用 ε 表示，则

$$\varepsilon = \frac{E}{E_b} \tag{4-79}$$

$$E = \varepsilon \cdot E_b \tag{4-80}$$

将式（4-77）代入（4-79）得

$$\varepsilon = \frac{E}{E_b} = \frac{\int_0^\infty \varepsilon_\lambda E_{b\lambda} d\lambda}{\int_0^\infty E_{b\lambda} d\lambda} \tag{4-81}$$

若某一物体，其单色黑度不随波长而变化，即 $\varepsilon_\lambda \neq f(\lambda)$， 参看图 4-22 中的虚线，则该物体被称为理想灰体，简称灰体。可见，灰体的辐射光谱是连续的。单色黑度与 λ 无关，也就是说任意波长下的单色辐射能力与同温度下黑体单色辐射能力之比 ε_λ 为常数，由此可由式（4-81）推知

$$\varepsilon = \varepsilon_\lambda \neq f(\lambda)$$

同时可进一步得知，灰体的辐射能力是遵守四次方定律的，即

$$E = \varepsilon E_b = \varepsilon C_b \left(\frac{T}{100}\right)^4 = C\left(\frac{T}{100}\right)^4 \tag{4-82}$$

式中，E 为灰体的辐射能力，W/m^2；ε 为灰体的黑度；C 为灰体的辐射系数，$C = 0 \sim 5.67W/(m^2 \cdot K^4)$。

自然界中并不存在灰体，灰体只是一个理想的概念。但很多工程材料在红外波长范围内，可以近似地作为灰体看待。实际物体的辐射能力并不严格地遵守四次方定律，但在工程上为了方便起见，仍然用式（4-82）来计算辐射能力，由此引起的误差都用黑度来加以修正。所以了解影响黑度的因素是十分重要的。

首先，物体的黑度因材料而异，同一材料，表面状况不同黑度值也不同，粗糙表面及金属被氧化了的表面黑度值较大。附表 7 选载了一些材料的黑度值。同一表面，辐射方向不同黑度也不同，如图 4-23 及图 4-24 所示。由图可知，不管是金属导体或是非金属材料，黑度值均因方向不同而变化。非导体在较大角度范围内黑度几乎不变，偏离法线 60°后急剧减小，各方向的平均黑度与法线方向黑度近似相等。磨光了的金属表面黑度只在约 40°范围内不变，而后增大直到约 90°时又减少到零。故磨光了金属表面的平均黑度大于法线方向的黑度，一般而言，前者是后者的 1.2 倍。

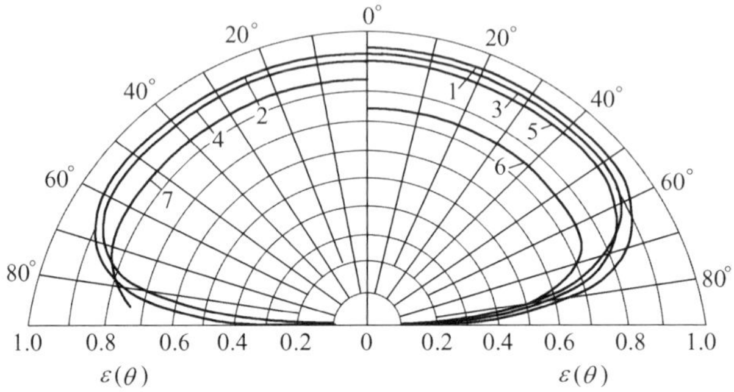

图 4-23　几种非导电材料在不同方向上的黑度

1—潮湿的冰；2—木材；3—玻璃；4—纸；5—黏土；6—氧化铜；7—氧化铝

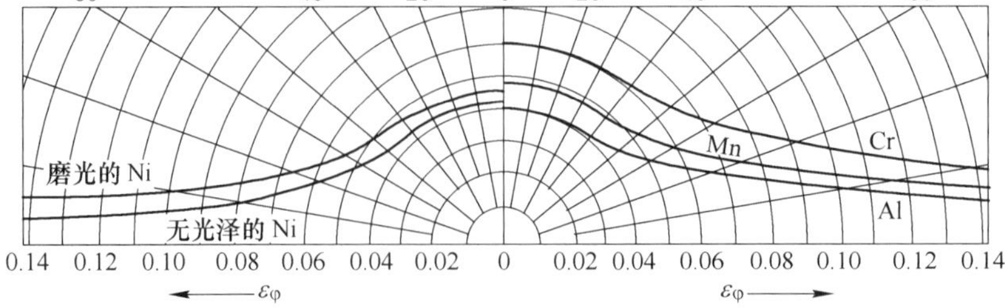

图 4-24　几种金属导体在不同方向上的黑度

其次，再看表面黑度与温度的关系。前已述及，工程材料不服从四次方定律，但仍按式（4-82）进行计算，因此黑度必是温度的函数。金属导体黑度随温度升高而加大，建筑材料和耐火材料反之，如图 4-25 所示。

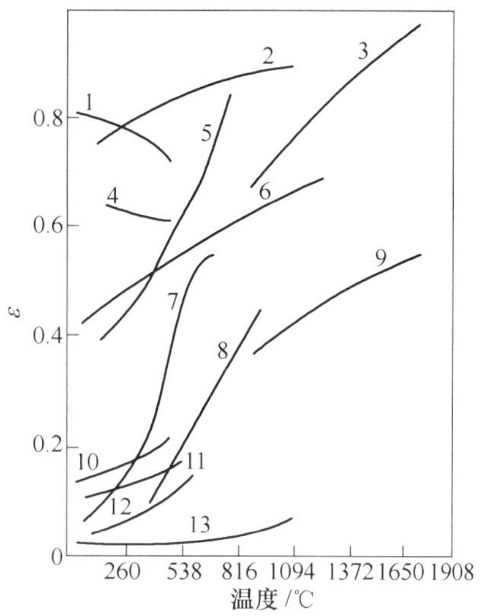

图 4-25 某些材料黑度与温度的关系

1—表面粗糙的碳棒；2—表面有氧化膜的铁；3—氧化铍黑色圆盘；4—表面有氧化膜的黄铜；5—表面有氧化膜的铜；6—石墨；7—表面抛光的阿姆铁；8—表面抛光的铁；9—氧化铍白色圆盘；10—表面抛光的镁铝合金；11—表面 600℃ 的氧化铝；12—表面抛光的铜；13—表面抛光的金

B 基尔霍夫定律

吸收率表示物体对辐射射线吸收的能力，因黑体的吸收能力最大，所以吸收率也可以表示物体相对于黑体的吸收能力。黑度表明物体相对于黑体的辐射能力，它们之间的关系由基尔霍夫定律加以说明。

设有一黑体腔如图 4-26 所示，腔内可以置放不同吸收率的物体。在平衡条件下，即黑体内腔温度与物体相等时，根据热平衡原理，灰体所辐射的能量 E_1 应等于灰体所吸收的能量（黑体辐射到灰体上被灰体所吸收的）a_1E_b，即

$$E_1 = a_1E_b \tag{4-83}$$

对黑体作热平衡也可得到

$$E_b = E_1 + (1 - a_1)E_b \tag{4-84}$$

从以上两式均可得到

$$E_1/a_1 = E_b \tag{4-85}$$

在平衡条件下，依次更换灰体，式（4-85）扩展为

$$\frac{E_1}{a_1} = \frac{E_2}{a_2} = \cdots = \frac{E}{a} = E_b \tag{4-86}$$

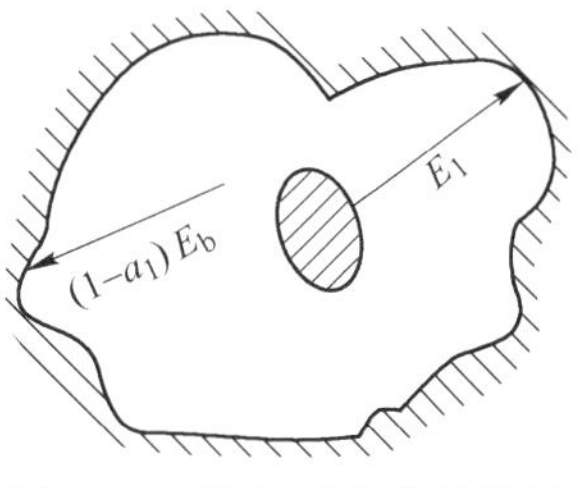

图 4-26 基尔霍夫定律推演

式（4-86）就是基尔霍夫定律的数学表达式。基尔霍夫定律可表述为，任一物体的辐射能力与其吸收率的比值皆等于同温度下黑体的辐射能力。

式（4-86）可改写为 $a = E/E_b$

按黑度定义，由式（4-79）又知 $\varepsilon = E/E_b$

两式相比较得

$$a = \varepsilon \tag{4-87}$$

式（4-87）是基尔霍夫定律的又一表达式，它表述为，平衡条件下物体的吸收率在数值上等于其黑度。但必须注意两者的概念并不相同。

由于黑体的 $a=1$，故在同温度下，黑体的辐射能力也最大，这是因为 $a = \varepsilon = 1$。一般物体 $a < 1$，所以 $\varepsilon < 1$。

对灰体而言，由于黑度只取决于本身的固有性质，不随温度变化而且是个常数，所以其吸收率也是常数。在工程计算中将各种工程材料近似看作灰体，用黑度代替吸收率并视

为常数将使计算大大简化。

黑度与吸收率毕竟是两个不同的概念，如果说黑度仅取决于物体自身性质的话，那么吸收率还与辐射源的温度和波谱组成有关，这点对选择吸收和辐射的物体特别重要。设有一辐射源只辐射波长为 λ 的射线，对仅吸收波长为 λ_2 的物体而言其吸收率为零。若辐射源为黑体，温度改变后，各波长区间的能量在总辐射能中的比例也随之改变，因而对于选择吸收的物体，其吸收率也会变化，这点在讨论选择吸收和辐射气体时应引起重视。

4.4.3　两个固体表面间的辐射热交换

在冶金生产中，常遇到一个固体通过辐射把热量传给另一个固体（如炉墙对被加热物），这时就发生两个固体之间的辐射热交换。两固体表面间的辐射传热，除了与物体的温度和黑度有关外，还与两个物体的表面形状和相对位置有关。因为传热表面的形状及相对位置关系到一个表面发出的热射线落到另一个表面上的比例，所以必然影响到两表面间的辐射传热量。

图 4-27 所示为两个平面三种布置情况（两表面的温度分别为 T_1 与 T_2）。

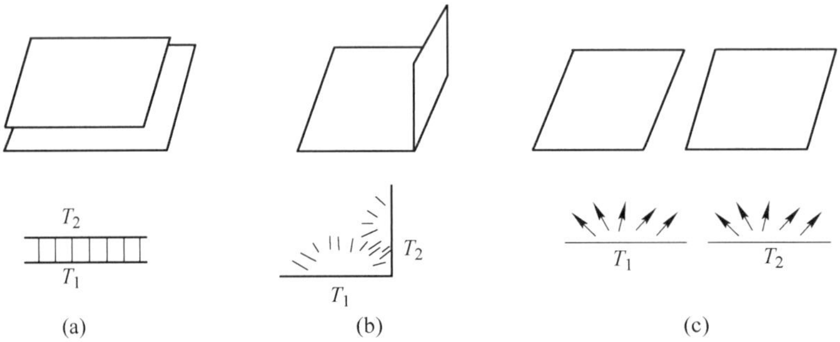

图 4-27　相对位置的影响

在第一种布置［见图 4-27（a）］中，由于两板十分靠近，每个表面发出的辐射能几乎全落到另一板上；在第二种情况下［见图 4-27(b)］每个表面发出的辐射能都只有一部分落到另一表面上，剩下的则进入空间中去。在第三种布置中［见图 4-27（c）］，每个表面的辐射能均无法投射到另一表面上。显然，第一种情况下，两板间的辐射换热量最大，第二种次之，第三种布置方式的辐射换热量等于零。

在空间任意位置的物体之间的辐射热交换比较复杂，要从理论上求出它们之间的关系比较困难。但是封闭体系中两物体间的辐射热交换的计算就要简单得多，例如可以把冶金炉中金属的加热和熔炼（如炉墙对金属和物料的辐射）近似看作封闭体系，从而找出二者之间的关系。为了叙述和计算上的方便，引入角度系数的概念。

4.4.3.1　角度系数

角度系数是表示从某一表面射到另一表面的能量与射出去的总能量之比，用符号 φ 表示，如图 4-28 所示。

平面 F_1 对平面 F_2 的角度系数为

$$\varphi_{12} = \frac{\text{从 } F_1 \text{ 表面射到 } F_2 \text{ 表面上的能量}}{\text{从 } F_1 \text{ 表面射出去的总能量}}$$

平面 F_2 对平面 F_1 的角度系数为

$$\varphi_{21} = \frac{\text{从 } F_2 \text{ 表面射到 } F_1 \text{ 表面上的能量}}{\text{从 } F_2 \text{ 表面射出去的总能量}}$$

由此可见，角度系数是一个几何参数，它只取决于两表面在空间的相对位置，而与表面的黑度和温度无关。

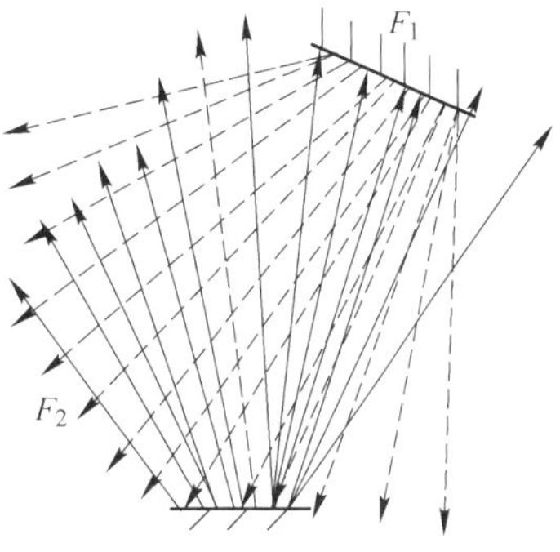

图 4-28 角度系数概念示意图

4.4.3.2 角度系数的性质

(1) 自见性。对于任何平面和凸面自身辐射出去的射线，不能落入自身，其自见性等于零。故对自身的角度系数为零，即 $\varphi_{11}=0$。若是凹面，其自见性不等于零，即 $\varphi_{11} \neq 0$。

(2) 完整性。在一个封闭体系内，任何一个表面辐射出去的射线，将全部分配在体系内各个表面上。故有

$$\varphi_{11} + \varphi_{12} + \varphi_{13} + \cdots + \varphi_{1n} = 1 \tag{4-88}$$

开口也可看成是封闭体系的一个表面，射线通过开口向体系外部投射出去。

(3) 互变性。对任意两个黑体表面 F_1 及 F_2，若二者的温度相等，辐射能力均为 E_b。则 F_1 面辐射出去的总能量为 E_bF_1，而达到 F_2 面被吸收的能量是 $Q_{12}=E_bF_1\varphi_{12}$。同理 F_2 面辐射出去达到 F_1 面上且被吸收的能量 $Q_{21}=E_bF_2\varphi_{21}$。由于两物体温度相同，则

$$Q_{12} = Q_{21}$$

$$E_bF_1\varphi_{12} = E_bF_2\varphi_{21}$$

由此可得

$$F_1\varphi_{12} = F_2\varphi_{21} \tag{4-89}$$

这一关系称为互变关系。由于 F 与 φ 都是几何参数，与物体的温度和黑度无关，因此互变关系可应用于温度和黑度不同的两个物体，只要各辐射面上的温度均匀即可。

(4) 兼顾性。如图 4-29 所示，在任意两物体 1 和 3 之间设置一个透热体 2，当不考虑路程对辐射传热量的影响时，则有

$$\varphi_{12} = \varphi_{13}$$

如果在物体 1 和 3 之间设置一个绝热体，则有

$$\varphi_{13} = 0$$

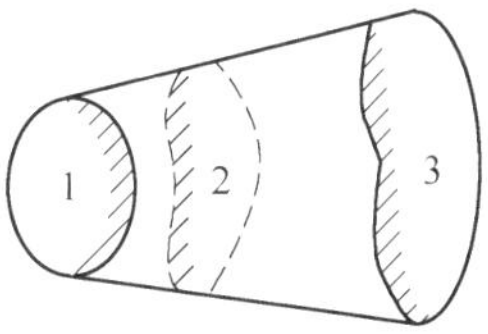

图 4-29 角度系数的兼顾性

4.4.3.3 最常见的几种封闭体系以及它们之间的角度系数

(1) 两个很靠近的平面，如图 4-30 (a) 所示。

由 $\varphi_{11}+\varphi_{12}=1$，$\varphi_{11}=0$，得 $\varphi_{12}=1$，同理 $\varphi_{21}=1$。

(2) 一个物体被另一个物体包围时，如图 4-30 (b) 所示。$\varphi_{11}=0$，$\varphi_{12}=1$，$\varphi_{21}=F_1/F_2$，$\varphi_{22}=(F_2-F_1)/F_2$。

(3) 一个平面和一个曲面组成的封闭体系，如图 4-30 (c) 所示，相当于加热炉壁与物料表面组成的系统。由 $\varphi_{11}+\varphi_{12}=1$，$\varphi_{11}=0$，得 $\varphi_{12}=1$。又 $F_1\varphi_{12}=F_2\varphi_{21}$，$\varphi_{21}=\varphi_{12}F_1/F_2=F_1/F_2$。所以 $\varphi_{22}=1-\varphi_{21}=(F_2-F_1)/F_2$。

(4) 一个大曲面包围一个小曲面的封闭体系，如图 4-30 (d) 所示，相当于金属锭在连续式加热炉内加热。由 $\varphi_{11}=0$，$\varphi_{12}=1$，$\varphi_{21}=F_1/F_2$，得 $\varphi_{22}=1-\varphi_{21}=(F_2-$

$F_1)/F_2$。

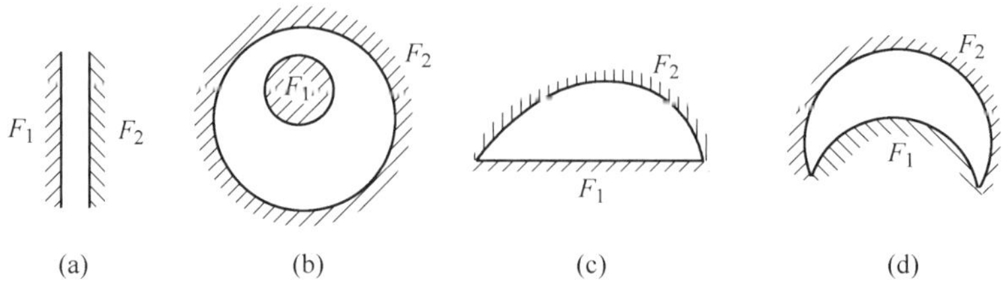

图 4-30　一个物体被另外一个物体包围

(5) 两个曲面组成的封闭体系，如图 4-31 所示，相当于炼铜反射炉的横截面。因 F_1 向 F_2 或 F_2 向 F_1 的投射都要通过两曲面接合的界面处 f，所以 $\varphi_{12}=\varphi_{1f}$，$\varphi_{21}=\varphi_{2f}$，由图可知

$$\varphi_{12}=\varphi_{1f}=f/F_1,\ \varphi_{21}=f/F_2$$

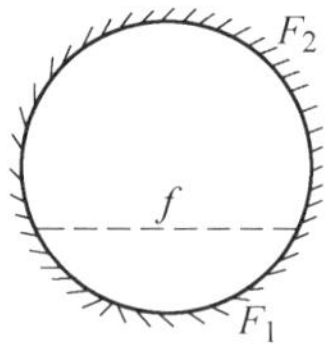

图 4-31　两个曲面组成的封闭体系

4.4.3.4　封闭体系内两表面间的辐射热交换

A　有效辐射的概念

在生产实践中经常遇到两个固体间的相互辐射，一般都把这类固体视为灰体。为了研究两固体表面间辐射热交换的方便，还必须引入"有效辐射"的概念。固体之间辐射传热时，从一个物体发射出的辐射能有本身的辐射，有对其他物体投来辐射的无穷多次反射，有对自身投来辐射的无穷多次反射，情况非常复杂，称为反复辐射现象。为简化起见，可以将其归类为三大部分：自身反射，对另一表面辐射的反射，对自身辐射的反射。这三部分的总和称为该表面的"有效辐射"。

在两表面组成的封闭体系内，"有效辐射"有如下形式：

F_1 表面的有效辐射

$$Q_{1效}=E_1F_1+Q_{2效}\cdot\varphi_{12}(1-a_1)+Q_{1效}\varphi_{11}(1-a_1) \tag{4-90}$$

整理可得

$$Q_{1效}=\frac{E_1F_1+Q_{2效}\cdot\varphi_{21}(1-a_1)}{1-\varphi_{11}(1-a_1)} \tag{4-91}$$

同理可得

$$Q_{2效}=\frac{E_2F_2+Q_{1效}\cdot\varphi_{12}(1-a_2)}{1-\varphi_{22}(1-a_2)} \tag{4-92}$$

将式 (4-91)、式 (4-92) 两式联立，由 $\varepsilon=a$，得

$$Q_{1效}=\frac{E_1F_1[1/\varepsilon_2-\varphi_{22}(1/\varepsilon_2-1)]+E_2F_2\cdot\varphi_{21}(1/\varepsilon_1-1)}{(1/\varepsilon_1-1)\varphi_{12}+1+(1/\varepsilon_2-1)\varphi_{21}} \tag{4-93}$$

$$Q_{2效}=\frac{E_2F_2[1/\varepsilon_1-\varphi_{11}(1/\varepsilon_1-1)]+E_1F_1\cdot\varphi_{12}(1/\varepsilon_2-1)}{(1/\varepsilon_1-1)\varphi_{12}+1+(1/\varepsilon_2-1)\varphi_{21}} \tag{4-94}$$

B　热交换量

两表面互相辐射、反射，若 $T_1>T_2$，则 F_2 将得到净热或差额热量 Q，而 F_1 则失去 Q。根据 F_2 的热平衡得

$$Q=Q_{1效}\cdot\varphi_{12}+Q_{2效}\cdot\varphi_{22}-Q_{2效} \tag{4-95}$$

$$Q=Q_{1效}\cdot\varphi_{12}-Q_{2效}\cdot\varphi_{21} \tag{4-96}$$

将式（4-93）、式（4-94）代入式（4-96），可得到两表面间的辐射换热量为

$$Q = C_{12}\left[\left(\frac{T_1}{100}\right)^4 - \left(\frac{T_2}{100}\right)^4\right]F_1\varphi_{12} = C_{12}\left[\left(\frac{T_1}{100}\right)^4 - \left(\frac{T_2}{100}\right)^4\right]F_2\varphi_{21} \tag{4-97}$$

式中，Q 为高温物体 1 向低温物体 2 的辐射净热量，W；φ_{12}、φ_{21} 分别为物体 1 对物体 2 的角度系数及物体 2 对物体 1 的角度系数；F_1、F_2 分别为物体 1 和物体 2 的面积，m^2；C_{12} 为导来黑度，$W/(m^2 \cdot K^4)$。与两物体的黑度（ε_1，ε_2）及角度系数有关，可用下式计算

$$C_{12} = \frac{5.67}{(1/\varepsilon_1 - 1)\varphi_{12} + 1 + (1/\varepsilon_2 - 1)\varphi_{21}} \tag{4-98}$$

式（4-97）既适用于两个灰体处于任意位置的辐射换热计算，也适用于两个灰体组成封闭体系的辐射换热计算。式中的导来黑度 C_{12}，可针对以下特殊情况予以简化。

（1）当两个物体为平行平面时：$\varphi_{12} = \varphi_{21} = 1$

$$C_{12} = \frac{5.67}{1/\varepsilon_1 + 1/\varepsilon_2 - 1} \tag{4-99}$$

如果两平行平面中，有一个平面的黑度很大，如 $\varepsilon_1 \gg \varepsilon_2$，则该系统的导来黑度将取决于黑度小的平面，即 $C_{12} \approx \varepsilon_2$。

（2）当一个平面或一物体被另一物体包围时，设表面 1 为平面或凸面：$\varphi_{12} = 1$，$\varphi_{21} = F_1/F_2$

$$C_{12} = \frac{5.67}{1/\varepsilon_1 + F_1/F_2(1/\varepsilon_2 - 1)} \tag{4-100}$$

（3）两个表面组成的封闭体系，若 $F_2 \gg F_1$，设表面 1 为平面或凸面：$\varphi_{12} = 1$，$\varphi_{21} = F_1/F_2 \approx 0$。

$$C_{12} = 5.67\varepsilon_1 \tag{4-101}$$

这说明大表面的黑度对系统的导来黑度影响很小，以至于可以忽略不计。

【例 4-9】 已知某电炉炉膛尺寸：长 700mm，宽 500mm，高 400mm。炉衬黑度 $\varepsilon_1 = 0.7$。被加热物为钢板，其尺寸：长为 500mm，宽为 400mm。表面温度为 500℃，黑度 $\varepsilon_2 = 0.8$。炉衬表面温度为 1350℃。试求炉膛内衬每小时辐射给钢板的热量。

解： 炉衬传给钢板的辐射热量为

$$Q = C_{12}\left[\left(\frac{T_1}{100}\right)^4 - \left(\frac{T_2}{100}\right)^4\right]F_2\varphi_{21}$$

炉衬温度 $T_1 = 1350 + 273 = 1623K$

钢板温度 $T_2 = 500 + 273 = 773K$

炉衬辐射面积 $F_1 = 2 \times (0.7 \times 0.4) + 2 \times (0.5 \times 0.4) + 0.5 \times 0.7 = 1.31m^2$

钢板受热面积 $F_2 = 0.5 \times 0.4 = 0.2m^2$

根据 $\varepsilon_1 = 0.7$，$\varepsilon_2 = 0.8$，$\varphi_{12} = \frac{F_2}{F_1} = \frac{0.20}{1.31} = 0.15$，$\varphi_{21} = 1$。导来黑度为

$$C_{12} = \frac{5.67}{(1/\varepsilon_1 - 1)\varphi_{12} + 1 + (1/\varepsilon_2 - 1)\varphi_{21}}$$
$$= \frac{5.67}{(1/0.7 - 1) \times 0.15 + 1 + (1/0.8 - 1) \times 1} = 4.3W/(m^2 \cdot K^4)$$

代入热量计算公式有

$$Q = 4.3 \times \left[\left(\frac{1623}{100}\right)^4 - \left(\frac{773}{100}\right)^4\right] \times 0.2 \times 1 = 55612\text{W}$$

4.4.3.5　两表面间有隔热板时的辐射热交换

从辐射传热的计算公式可知，要削弱辐射换热或减少辐射热损失，必须降低辐射物的温度或减少系统的导来黑度。如果辐射物的温度不能改变，可以采用隔热板来削弱辐射换热，这种措施称为辐射隔热。

假设有两块无限大的平行平板 1 和 2，它们的温度、黑度分别为 T_1、ε_1 和 T_2、ε_2，且 $T_1 > T_2$。在未加隔热板时单位面积的辐射换热量为

$$Q_{12} = \frac{5.67}{1/\varepsilon_1 + 1/\varepsilon_2 - 1}\left[\left(\frac{T_1}{100}\right)^4 - \left(\frac{T_2}{100}\right)^4\right] \tag{4-102}$$

当在两平板之间加入隔热板 3 以后，情况将发生变化。假定放入的隔热板是选用导热系数很大而且很薄的材料制成，可以认为隔热板两面的温度都等于 T_3，它的黑度为 ε_3。由于隔热板本身并不发热，也不带走热量，它仅在热量传递过程中附加了阻力，此时，热量不再是由平板 1 通过辐射直接传给平板 2，而是先由平板 1 辐射给隔热板 3，再由隔热板 3 辐射给平板 2，因此，可以分别写出平板 1 与隔热板 3 和隔热板 3 与平板 2 的单位面积的辐射换热量 Q_{13} 和 Q_{32}

$$Q_{13} = \frac{5.67}{1/\varepsilon_1 + 1/\varepsilon_3 - 1}\left[\left(\frac{T_1}{100}\right)^4 - \left(\frac{T_3}{100}\right)^4\right] \tag{4-103}$$

$$Q_{32} = \frac{5.67}{1/\varepsilon_3 + 1/\varepsilon_2 - 1}\left[\left(\frac{T_3}{100}\right)^4 - \left(\frac{T_2}{100}\right)^4\right] \tag{4-104}$$

在稳态换热条件下，$Q_{13} = Q_{32} = Q$。为了便于比较，假定三块平板的黑度均相等，即 $\varepsilon_1 = \varepsilon_2 = \varepsilon_3$，将式（4-103）与式（4-104）按和比定律得

$$Q_{132} = \frac{5.67}{1/\varepsilon_1 + 1/\varepsilon_2 + 2/\varepsilon_3 - 2}\left[\left(\frac{T_1}{100}\right)^4 - \left(\frac{T_2}{100}\right)^4\right]$$

由 $\varepsilon_1 = \varepsilon_2 = \varepsilon_3$，得

$$Q = \frac{1}{2}\,\frac{5.67}{1/\varepsilon_1 + 1/\varepsilon_2 - 1}\left[\left(\frac{T_1}{100}\right)^4 - \left(\frac{T_2}{100}\right)^4\right] = \frac{1}{2}Q_{12}$$

即

$$Q = \frac{1}{2}Q_{12}$$

这说明在加入一块黑度与平板面黑度相同的隔热板后，可使壁面的辐射换热量减少到原来的 1/2。可以推论，当加入 n 块黑度均相同的隔热板时，则热量将减少为原来的 $1/(n+1)$。这表明隔热板的作用很显著，且隔热板的数量越多，隔热效果越好。

以上是按平板壁面黑度都相同时所作的计算。实际上如果选用反射率较高的材料作隔热板，则其隔热效果会更好。实际中采用隔热板的黑度 ε 往往比高温辐射体及炉衬的黑度更小，同时，隔热板本身总是存在导热热阻，即隔板两侧温度不会相同，因此，实际 Q_{1n2} 将比上述公式计算值更小。

冶金厂内利用隔热板来减少热交换的例子很多。例如：(1) 在炉前，用一块钢板即可阻挡火焰的辐射，改善劳动条件。(2) 为了防止炉前机电设备受烤过热，也可用隔热板保护起来。(3) 真空电阻炉的炉体不用耐火材料砌筑，否则不可能抽到高真空。这种炉子的炉体就是由 n 层金属板组成的（见图 4-32）。炉膛内温度尽管很高，但炉壳外表面仍接近常温，通过炉壳的热损失很小。这些金属板起着隔热的作用。

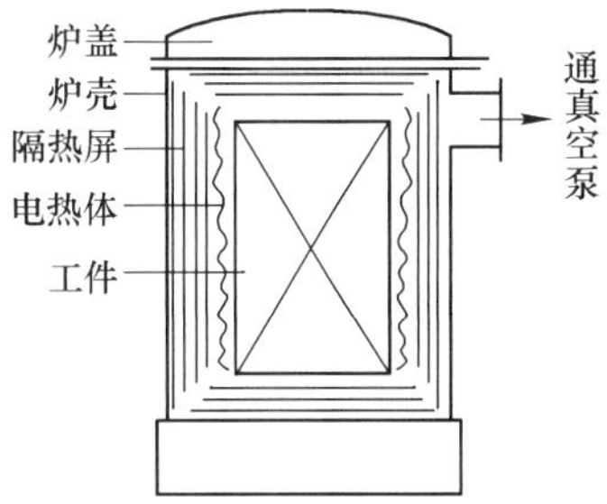

图 4-32 真空退火炉示意图

【例 4-10】 在黑度为 $\varepsilon_1 = \varepsilon_2 = 0.8$ 的两平行表面间插入一块黑度 $\varepsilon_3 = 0.05$ 的隔热板后，在其他条件不变的情况下，试计算有隔热板与无隔热板时的换热量之比为多少？

解：有隔热板时的导来黑度为

$$C_1 = \frac{5.67}{1/\varepsilon_1 + 1/\varepsilon_2 + 2/\varepsilon_3 - 2} = \frac{5.67}{1/0.8 + 1/0.8 + 2/0.05 - 2} = 0.14\text{W/(m}^2 \cdot \text{K}^4)$$

无隔热板时的导来黑度为

$$C_2 = \frac{5.67}{1/\varepsilon_1 + 1/\varepsilon_2 - 1} = \frac{5.67}{\frac{1}{0.8} + \frac{1}{0.8} - 1} = 3.78\text{W/(m}^2 \cdot \text{K}^4)$$

所以两种情况的换热量之比为

$$\frac{Q_1}{Q_2} = \frac{C_1}{C_2} = \frac{0.14}{3.78} = \frac{1}{27}$$

4.4.4 气体与固体间的辐射热交换

在冶金炉内，燃料燃烧后，热量是通过炉气传给被加热物料的。因此，炉内实际进行着的是气体与固体表面间的辐射热交换，而炉气（火焰）的辐射起着关键的作用。

A 气体的辐射和吸收

气体的辐射和吸收与固体比较起来有很多特点，主要有以下三点。

(1) 不同的气体，其辐射和吸收辐射能的能力不同。气体的辐射是由原子中自由电子的振动引起的。单原子气体和双原子气体（如 N_2、O_2、H_2）没有自由电子，因此它们的辐射能力都微不足道，实际上是透热体。多原子气体，尤其是燃烧产物中的三原子气体，如 H_2O、CO_2和 SO_2，却具有相当大的辐射能力和吸收能力。在冶金炉烟气中有辐射能力的气体主要是 H_2O 和 CO_2。

(2) 气体的辐射和吸收，对波长具有选择性。固体的辐射光谱是连续的，即它能辐射和吸收 $\lambda = 0 \sim \infty$ 所有波长的辐射能。气体的辐射光谱是不连续的，它只能辐射和吸收某一定波长间隔中的辐射能，即只能辐射和吸收光谱中某些部分的能量，这些波长范围就是“光带”。对于光带以外的辐射线，气体就成为透热体，所吸收和放射的能量等于零。所以气体的辐射和吸收都带有选择性。

图 4-33 所示为 H_2O 和 CO_2的吸收光谱。由图可以看出，H_2O、CO_2气体的吸收光谱均有三个重要的条状光带，其波长范围为：

CO_2气体的主要光带：2.36 ~ 3.02μm，4.01 ~ 4.8μm，12.5 ~ 16.5μm。

H_2O 气体的主要光带：2.24 ~ 3.27μm，4.8 ~ 8.5μm，12 ~ 25μm。

由图 4-33 可见，H_2O 和 CO_2气体的主要光带有两处重合，这些光带都处在红外线波长范围内。

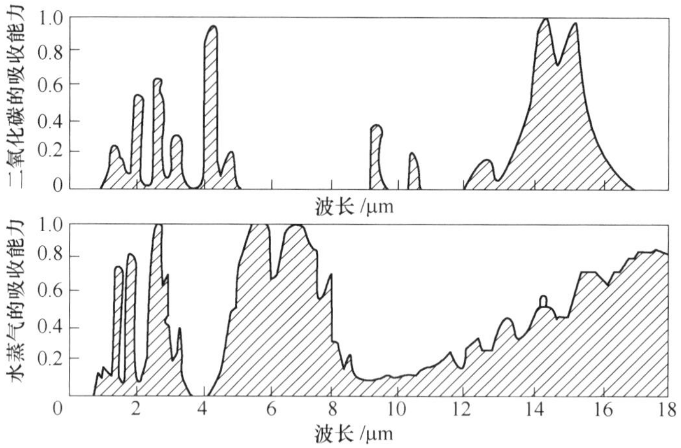

图 4-33　厚层二氧化碳及水蒸气对黑体辐射的吸收能力

(3) 在气体中，能量的吸收和辐射是在整个体积内进行的。

固体的透过率 $d=0$，$a+r=1$，其辐射和吸收都是在表面进行的。气体的反射率 $r=0$，$a+d=1$，由于其密度小，热射线可以穿过气体分子之间，因此，气体的辐射和吸收是在整个体积内进行的。

当热射线穿过气体时，其能量因沿途被气体所吸收而减少。这种减少的程度取决于沿途所遇到的分子数目。碰到的气体分子数目越多，被吸收的辐射能量也越多。而射线沿途所遇到的分子数目与射线穿过时所经过的路程长短以及气体的压力有关。

射线穿过气体的路程称为射线行程或辐射层厚度，用符号 x 表示。气体的吸收率是气体温度、气体层厚度及气体分压力的函数，即

$$a_\lambda = f(T, p, x) \tag{4-105}$$

B　气体吸收定律

当光带中的热射线穿过吸收性气体层时，沿途将被气体分子所吸收，如图 4-34 所示。

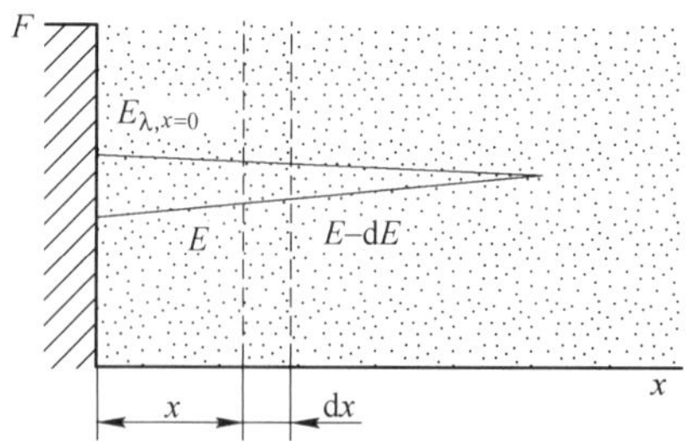

图 4-34　热射线穿过气体层减弱的示意图

随着距离 x 的增加，射线能量不断减弱，当 $x \to \infty$ 时，热射线将全部被吸收。设 $x = 0$ 处的辐射能力为 $E_{\lambda, x=0}$。若在距壁面为 x 处经过 dx 厚度的气体层，辐射能力由 E_λ 减弱到 $E_\lambda - dE_\lambda$，即减弱了 dE_λ，则

$$\frac{dE_\lambda / E_\lambda}{dx} = - K_\lambda \tag{4-106}$$

式中，K_λ 为减弱系数，m^{-1}，表示单位距离内辐射能力减弱的百分数。它与气体的性质、压力、温度以及射线的波长 λ 有关。式中负号表明辐射能力 E_λ 随气体层厚度 x 的增加而减弱。

变换式（4-106）得

$$E_{\lambda x} = E_{\lambda, x=0} e^{-K_\lambda x} \tag{4-107}$$

式（4-107）即为气体吸收定律的表达式，也称比尔定律。该定律表明，波长为 λ 的辐射能力在穿过气体层时是按指数规律减弱的。

C 气体的黑度和吸收率

按照吸收率的定义，气体的吸收率 a_λ 应为气体吸收的辐射能量与投射到该气体的辐射能量的比值，即

$$a_\lambda = \frac{E_{\lambda, x=0} - E_{\lambda x}}{E_{\lambda, x=0}}$$

$$a_\lambda = \frac{E_{\lambda, x=0}(1 - E^{-K_\lambda} x)}{E_{\lambda, x=0}} = 1 - e^{-K_\lambda x} \tag{4-108}$$

当气体和壁面温度相同时，则

$$\varepsilon_\lambda = a_\lambda = 1 - e^{-K_\lambda x} \tag{4-109}$$

由于 K_λ 与气体的分子数有关，故将上式改写为

$$\varepsilon_\lambda = a_\lambda = 1 - e^{-K_\lambda p x} \tag{4-110}$$

式中，p 为气体的分压，atm（1atm = 101325Pa）；K_λ 为在 1 大气压下单色辐射线减弱系数，$(m \cdot atm)^{-1}$，它与气体的性质和温度有关。

在整个气体容积中，气体的辐射和吸收是沿着各个方向同时进行的。因此，对整个容积内气体热辐射和吸收的行程长度，应该是各个方向行程长度的平均值。设平均行程长度为 S，于是

$$\varepsilon_\lambda = a_\lambda = 1 - \varepsilon^{K_\lambda p S} \tag{4-111}$$

由上式可知，对于光带中某一单色辐射而言，当 $S \to \infty$ 时，$\varepsilon_\lambda = a_\lambda = 1$，即当气体层无限厚时，光带内的辐射线可被气体全部吸收。

D 气体的辐射能力

（1）CO_2 和 H_2O 的辐射能力。实验结果表明，二氧化碳的辐射能力 E_{CO_2}（W/m^2）与绝对温度的 3.5 次幂成正比，水蒸气的辐射能力 E_{H_2O}（W/m^2）与绝对温度的 3 次幂成正比，即

$$E_{CO_2} = 3.5(pS)^{\frac{1}{3}}\left(\frac{T}{100}\right)^{3.5} \tag{4-112}$$

$$E_{H_2O} = 3.5p^{0.8}S^{0.6}\left(\frac{T}{100}\right)^{3} \tag{4-113}$$

为了计算方便，将上面两个式子改写成绝对温度的四次幂的形式，即

$$E_{CO_2} = \varepsilon_{CO_2}C_b\left(\frac{T}{100}\right)^{4} \tag{4-114}$$

$$E_{H_2O} = \varepsilon_{H_2O}C_b\left(\frac{T}{100}\right)^{4} \tag{4-115}$$

把由此而产生的偏差都考虑在黑度 ε_{CO_2} 和 ε_{H_2O} 中。ε_{CO_2} 和 ε_{H_2O} 的数值可从由实验得出的图 4-35 和图 4-36 中查得。

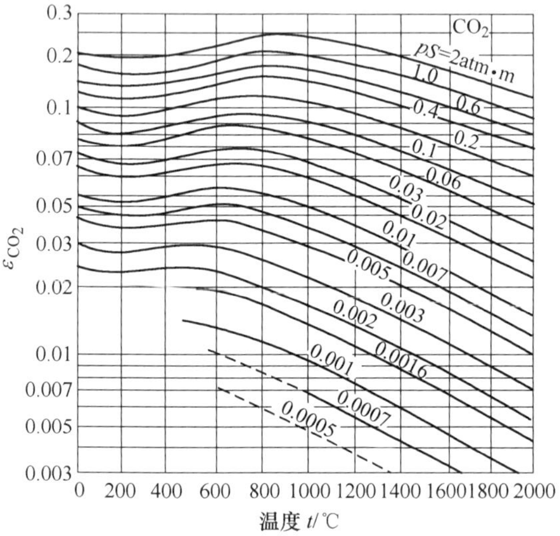

图 4-35　CO_2 的黑度曲线图

（1atm = 101325Pa）

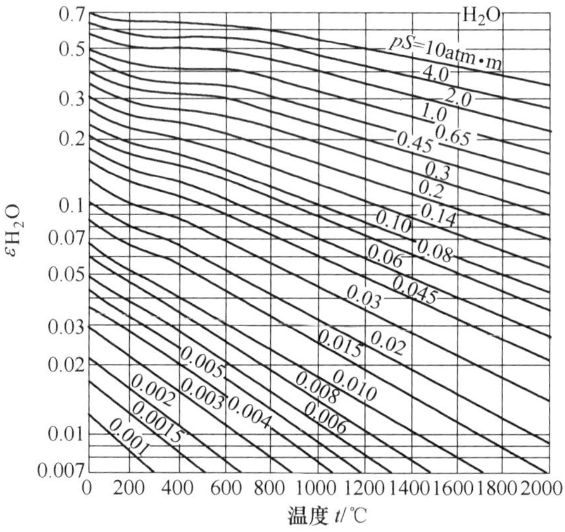

图 4-36　H_2O 的黑度曲线图

（1atm = 101325Pa）

对于水蒸气来说，由于分压力 p 对黑度的影响比平均行程 S 对黑度的影响要大些，所以用 pS 的乘积从图 4-36 中查得的 ε_{H_2O} 数值必须进行修正，修正系数 β 可从图 4-37 中查得。

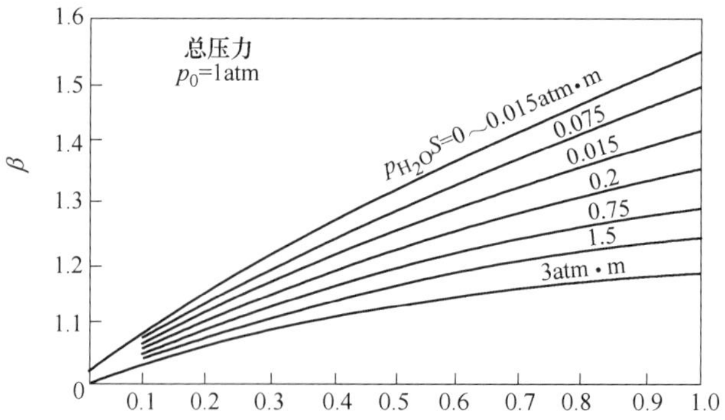

图 4-37　水蒸气的校正系数 β（1atm = 101325Pa）

在燃烧过程产生的烟气中，主要的吸收性气体是 CO_2 和 H_2O，而其他多原子气体的含量极少，可不予考虑。

于是烟气的黑度可按下式计算

$$\varepsilon = \varepsilon_{CO_2} + \beta\varepsilon_{H_2O} - \Delta\varepsilon \tag{4-116}$$

式中，$\Delta\varepsilon$ 是对 CO_2 和 H_2O 的吸收光带中重复的一部分进行的修正，即当这两种气体并存时，二氧化碳所辐射的能量有一部分被水蒸气所吸收，而水蒸气辐射的能量也有一部分被二氧化碳所吸收，这就使得烟气的总辐射能量比单一气体分别辐射的能量总和少些，因此，上式中要减去 $\Delta\varepsilon$，但因 $\Delta\varepsilon$ 的值通常是较小的，可忽略不计。这时

$$\varepsilon = \varepsilon_{CO_2} + \beta\varepsilon_{H_2O} \tag{4-117}$$

（2）平均行程 S 的计算方法。在计算气体的黑度时，总要涉及气体容积的辐射线平均行程 S（或称辐射层有效厚度）。

1）对各种不同形状的气体容积，其射线平均行程可查表 4-16。

表 4-16 一些简单形状容器的射线平均行程

不同形状的气体容积	射线平均行程 S	不同形状的气体容积	射线平均行程 S
直径为 d 的球体	$0.6d$	高度与直径均为 d 的圆柱对侧表面的辐射	$0.6d$
边长为 a 的正方体	$0.6a$	高度与直径均为 d 的圆柱对底面中心的辐射	$0.77d$
直径为 d 的长圆柱对底面中心的辐射	$0.9d$	在两平行平面之间厚度为 h 的气层	$1.8h$
直径为 d 的长圆柱对侧面中心的辐射	$0.95d$		

2）用下式计算

$$S = 0.9\frac{4V}{F} = 3.6\frac{V}{F} \tag{4-118}$$

式中，V 为气体所占容积，m^3；F 为包围气体的固体壁面面积，m^2。

3）对于长形的容器（如连续加热炉炉膛），射线平均行程 S 近似地等于其横截面的当量直径，即

$$S = \frac{4 \times 横截面积}{截面周长}$$

（3）炉气的黑度与火焰掺炭。净化的气体燃料完全燃烧时，烟气中的主要成分是二氧化碳、水蒸气和氮气，固体微粒很少。由于二氧化碳和水蒸气的辐射光谱中不包括可见光谱，所以，火焰的颜色略带蓝色而近于无色，其亮度很小；黑度也较小，这类火焰称为不发光火焰或暗焰。可以用上述气体辐射的有关公式计算其黑度和吸收率。

有灰分的燃料燃烧或无灰分的燃料不完全燃烧时，火焰中含有煤屑、炭粒和灰粒等固体微粒，此时不仅有气体辐射，同时还存在固体微粒的辐射。例如，重油或煤气燃烧时，由于有机物烃类在燃烧过程中裂解，所生成的炭粒成为火焰中的微粒。又如，喷燃煤粉时，煤粉及燃烧后的灰粒即为火焰中的微粒。

由于固体的黑度远大于气体的黑度，所以，火焰的辐射主要决定于固体微粒的辐射。但火焰中微粒的数量受到燃料种类、燃烧方法、窑炉的形状与大小以及供应空气的数量及方式等影响，情况相当复杂。所以，火焰的黑度目前要用计算方法求得比较困难，多用实

验方法确定。常见火焰黑度值见表4-17。

表 4-17　常见火焰的黑度值

火焰种类	黑度 ε_g	火焰种类	黑度 ε_g
烟煤、褐煤、泥煤层燃发光焰	0.70	净化发生炉煤气发光焰	0.20~0.25
无烟煤层燃发光焰	0.40	天然气有焰燃烧	0.60
烟煤、褐煤、泥煤喷燃发光焰	0.70	天然气无焰燃烧	0.20
无烟煤喷燃发光焰	0.45	石油气燃烧	0.25~0.32
重油发光焰	0.65~0.85	高炉煤气燃烧	0.30~0.35
未净化发生炉煤气发光焰	0.25~0.30	高炉煤气与焦炉煤气混合燃烧	0.35~0.45

单从燃料燃烧生成的二氧化碳和水蒸气计算，炉气的黑度是不大的（$\varepsilon_g = 0.2 \sim 0.3$），但燃料中部分碳氢化合物高温热分解生成极细的炭黑，这种固体炭黑微粒的辐射能力比气体大得多，而且可以辐射可见光波。由于这种发光火焰的存在，使火焰的辐射能力提高，因而加速金属的加热和熔化，使炉子的生产率得到显著增加。这种增加火焰黑度的方法（通常在气体火焰中喷入少量重油或焦油），称为"火焰掺炭"。此法已广泛应用于某些炉子。

必须指出，产生固体炭黑微粒的同时，燃料不完全燃烧，降低了火焰的温度。这样虽然黑度增加了，但是由于温度的降低，辐射却有可能下降，反而对传热不利。所以，只有当火焰黑度很低时，采用"火焰掺炭"才有较大效果。

E　气体与固体之间的辐射热交换

烟气、水蒸气、煤气与管道内壁的辐射传热，以及炉内火焰与炉壁辐射传热均属于气体与固体之间的辐射热交换。

（1）烟气与器壁间的辐射传热。烟气与器壁间的辐射传热量 Q_{gw}，可用下式计算

$$Q_{gw} = \varepsilon'_w C_b \left[\varepsilon_g \left(\frac{T_g}{100} \right)^4 - a_g \left(\frac{T_w}{100} \right)^4 \right] F_w \qquad (4\text{-}119)$$

式中，Q_{gw} 为烟气辐射传给器壁的净热量，W；ε_g、a_g 分别为烟气的黑度与吸收率；C_b 为黑体辐射系数，$C_b = 5.67\text{W}/(\text{m}^2 \cdot \text{K}^4)$；$T_g$、$T_w$ 分别为烟气和器壁的温度，K；ε'_w 为器壁的有效黑度，当器壁的黑度 $\varepsilon_w \geqslant 0.8$ 时，$\varepsilon'_w \approx \dfrac{\varepsilon_w + 1}{2}$；$F_w$ 为与烟气接触的器壁的表面积，m^2。

当 $T_w \ll T_g$ 时，为了简化计算，近似地采用 $\varepsilon_g \approx a_g$，则

$$Q_{gw} = \varepsilon'_w \varepsilon_g C_b \left[\left(\frac{T_g}{100} \right)^4 - \left(\frac{T_w}{100} \right)^4 \right] F_w \qquad (4\text{-}120)$$

（2）烟气与被加热物料之间的辐射传热。在冶金炉内存在着烟气、炉壁及被加热物料三者相互间的辐射传热，情况较为复杂。假设炉壁表面温度与物料表面温度相等，黑度也相同，则可将炉壁与物料看作同一物体，仍用上述公式计算。

$$Q_{gm} = \varepsilon'_m \varepsilon_g C_b \left[\left(\frac{T_g}{100} \right)^4 - \left(\frac{T_m}{100} \right)^4 \right] F_m \qquad (4\text{-}121)$$

式中，Q_{gm}为烟气辐射传给物料的净热量，W；ε_g 为烟气的黑度；C_b 为黑体辐射系数，$C_b=5.67\mathrm{W/(m^2 \cdot K^4)}$；$T_g$、$T_m$ 分别为烟气和物料的温度，K；ε_m' 为物料的有效黑度，$\varepsilon_m' \approx \dfrac{\varepsilon_m + 1}{2}$；$F_m$ 为与烟气接触的器壁的表面积，m^2。

（3）强化辐射传热的措施。由上述辐射传热的公式可见，强化辐射传热的基本措施有以下几方面：

1）适当提高烟气温度。在符合工艺要求，不影响炉衬使用寿命的条件下，适当提高烟气温度，能显著强化辐射传热。因此，合理控制燃料与空气的配比、空气预热、加快燃烧速度及减少散热损失均是提高烟气温度，强化辐射传热的措施。

2）增大烟气与物料接触的表面积，提高物料的黑度；采用反射隔热板，减少辐射热损失。

3）提高烟气的黑度。增大气层的厚度、提高气体中 CO_2 和水蒸气的浓度，特别是增大气体中固体微粒的含量，均可提高烟气的黑度。

复习思考题

4-4-1 辐射传热的特点是什么，它与传导传热、对流给热有何区别？

4-4-2 阐述下列基本概念：黑度、吸收率、反射率、透过率、黑体、白体、透热体、灰体、辐射强度、辐射能力、角度系数。

4-4-3 辐射传热的基本定律有哪些？简要说明各自阐述的问题。

4-4-4 黑度与吸收率有什么关系，黑色的物体是否是黑体，白色的物体是否是灰体，为什么？

4-4-5 为什么粗糙表面的黑度比光滑表面的黑度大？

4-4-6 保温瓶的夹层玻璃面，为什么要镀上一层反射率很高的金属？

4-4-7 冷藏车或轻油罐表面一般都涂银白色油漆，有何作用？从改善散热效果来说，户外电力变压器外壳上油漆的颜色是深一些好还是浅一点好？

4-4-8 角度系数的性质有哪些？

4-4-9 为什么能根据火焰的颜色判断炉温高低，如何判断？

4-4-10 气体辐射有什么特点，射线平均行程是一个怎样的概念？

4-4-11 自然界中，一切固体、液体物质都可近似看成是灰体，有什么先决条件？

4-4-12 太阳辐射热能透过玻璃窗进入房间内，冬天房间内放暖气，热量是否也能透过玻璃窗散到外面去？为什么？

4-4-13 在两无限大平行平面之间设置遮热板时，其遮热效果与遮热板设置的位置是否有关？

4-4-14 举出本专业常用炉子中哪些地方是辐射传热，哪些地方需要增强辐射传热，哪些地方需要减少辐射传热，应采用哪些措施来增强或减弱这些辐射传热过程？

4-4-15 某车间辐射采暖板的尺寸为 1.5m×1m，辐射板面的黑度 $\varepsilon_1=0.94$，板面平均温度 $t_1=100℃$，车间周围平壁的温度 $t_2=11℃$，如果不考虑辐射板背面及侧面的热作用，试求辐射板面与四周壁面的辐射换热量。

4-4-16 试计算直径为 50mm，长度为 8m 的钢管（在 800℃时氧化后的钢表面），表面温度在 300℃时的辐射热损失。假定它处在：（1）与管径相比大很多的砖室内，壁温为 27℃；（2）0.2m×0.2m 的砖槽道中，砖壁温度为 27℃。

4-4-17 均热炉炉膛长 4m、宽 2.5m、高 3m，内壁温度 $t_1=1300℃$，黑度 $\varepsilon_1=0.8$，如果将炉盖打开 5min，问其辐射热损失有多少？设车间温度为 30℃。

4-4-18 已知盛钢桶口面积为 $2m^2$，钢液温度 1600℃，钢液表面黑度为 0.35，问钢液每小时通过盛钢桶口辐射散热多少？车间温度为 80℃。若盛钢桶内盛钢液 100t，钢液此时的平均比热容 $C=0.703$ kJ/(kg·℃)，求每小时的温度降是多少？

4-4-19 试计算转炉炉膛对氧枪管壁的辐射传热量。已知炉壁和熔池面的平均温度 $t_1=1500$℃，氧枪管壁表面温度 $t_2=200$℃，氧枪管壁的黑度为 0.8。氧枪插入炉膛深度为 6m，氧枪管外径 $d=210$mm。

4-4-20 空气夹层两表面温度为 $t_1=200$℃，$t_2=30$℃，黑度 $\varepsilon_1=\varepsilon_2=0.9$。求此夹层单位表面积的辐射换热量。已知此夹层板面尺寸远远大于夹层厚度。

4-4-21 两个互相平行的大平面，若已知 $t_1=527$℃，$t_2=27$℃，黑度 $\varepsilon_1=\varepsilon_2=0.8$，试计算单位面积上辐射热量。

4-4-22 上题中如果在两表面间安装一块黑度为 0.05 的铝箔隔热板，这时辐射传热量为多少？若隔热板黑度为 0.8，辐射热流又为多少？

4-4-23 烟气通过辐射换热器内管，其直径为 1m，内壁黑度 $\varepsilon=0.9$，温度为 400℃，烟气温度 1200℃，烟气成分 $\varphi(CO_2)=14.5\%$，$\varphi(H_2O)=4\%$。试计算辐射热流。

4.5 综合传热

前面分别讨论了导热、对流和辐射传热。在实际生产或日常生活中，往往不是一种传热方式单独存在，而是两种或三种传热方式同时存在，如冶金炉内热气体通过炉墙向外界空气中传热，换热器内烟气向空气的传热及炉内火焰向物料或炉墙的传热都是综合传热现象，因此必须考虑综合传热规律。

两种或两种以上传热方式同时存在的传热过程，称为综合传热。

4.5.1 传热的统一计算公式

(1) 传导传热计算公式。

传热量
$$Q_{传}=\frac{t_1-t_2}{S/(\lambda_{均}F)} \tag{4-122}$$

热流量
$$q_{传}=\frac{t_1-t_2}{S/\lambda_{均}} \tag{4-123}$$

热阻
$$R_{传}=\frac{S}{\lambda_{均}F} \tag{4-124}$$

(2) 对流换热计算公式。

传热量
$$Q_{对}=a_{对}(t_1-t_2)F=\frac{t_1-t_2}{1/\alpha_{均}F} \tag{4-125}$$

热流量
$$q_{对}=a_{对}(t_1-t_2)=\frac{t_1-t_2}{1/\alpha_{均}} \tag{4-126}$$

热阻
$$R_{对}=1/\alpha_{均} \tag{4-127}$$

(3) 辐射传热计算公式。

1) 固体与固体之间的辐射传热。

传热量
$$Q_{辐}=C_{12}\left[\left(\frac{T_1}{100}\right)^4-\left(\frac{T_2}{100}\right)^4\right]F_1\varphi_{12} \tag{4-128}$$

热流量
$$q_{辐} = C_{12}\left[\left(\frac{T_1}{100}\right)^4 - \left(\frac{T_2}{100}\right)^4\right]\varphi_{12} \tag{4-129}$$

辐射传热系数
$$\alpha_{辐} = \frac{C_{12}}{t_1 - t_2}\left[\left(\frac{T_1}{100}\right)^4 - \left(\frac{T_2}{100}\right)^4\right]\varphi_{12} \tag{4-130}$$

热阻
$$R_{辐} = 1/\alpha_{辐} \tag{4-131}$$

2）气体与固体之间的辐射传热。

传热量
$$Q_{辐} = \varepsilon'_m\varepsilon_g C_b\left[\left(\frac{T_g}{100}\right)^4 - \left(\frac{T_m}{100}\right)^4\right]F \tag{4-132}$$

热流量
$$q_{辐} = \varepsilon'_m\varepsilon_g C_b\left[\left(\frac{T_g}{100}\right)^4 - \left(\frac{T_m}{100}\right)^4\right] \tag{4-133}$$

辐射传热系数
$$\alpha_{辐} = \frac{\varepsilon'_m\varepsilon_g C_b}{t_g - t_w}\left[\left(\frac{T_g}{100}\right)^4 - \left(\frac{T_m}{100}\right)^4\right] \tag{4-134}$$

热阻
$$R_{辐} = 1/\alpha_{辐} \tag{4-135}$$

4.5.2 对流与辐射同时存在的综合传热

如果物体表面同时以辐射和对流两种传热方式得到热量，则所得总热量应是辐射传热量和对流给热量之和。如果以 Q 表示所得总热量，且 1 表面为平面，即 $\varphi_{12}=1$，则

$$Q = \alpha_{对}(t_1 - t_2)F + C_{12}\left[\left(\frac{T_1}{100}\right)^4 - \left(\frac{T_2}{100}\right)^4\right]F \tag{4-136}$$

为了方便起见，可将两个传热量都用对流给热形式表示

令
$$\alpha_{辐} = \frac{C_{12}\left[\left(\frac{T_1}{100}\right)^4 - \left(\frac{T_2}{100}\right)^4\right]}{t_1 - t_2} \tag{4-137}$$

则
$$\alpha_{辐}(t_1 - t_2) = C_{12}\left[\left(\frac{T_1}{100}\right)^4 - \left(\frac{T_2}{100}\right)^4\right] \tag{4-138}$$

将式（4-138）代入式（4-136），可得

$$Q = \alpha_{对}(t_1 - t_2)F + \alpha_{辐}(t_1 - t_2)F = (\alpha_{对} + \alpha_{辐})(t_1 - t_2)F \tag{4-139}$$

令 $\alpha_{\Sigma} = \alpha_{对} + \alpha_{辐}$，则式（4-139）变成

$$Q = \alpha_{\Sigma}(t_1 - t_2)F \tag{4-140}$$

式中，Q 为对流和辐射同时存在的换热量，W；t_1、t_2 分别为高温物体和低温物体的温度,℃；F 为物体的加热表面积，m^2；α_{Σ} 为综合给热系数，W/(m^2·℃)；$\alpha_{对}$ 为对流给热系数，W/(m^2·℃)；$\alpha_{辐}$ 为辐射给热系数，W/(m^2·℃)。

式（4-140）为对流和辐射同时存在的综合传热的基本公式。

4.5.3 一种流体通过平壁传热给另一种流体

生产中存在许多一种流体通过平壁传给另一种流体的综合传热现象。热管道内的高温流体通过管壁向大气空间的传热、炉内气体通过炉衬向大气空间或水冷设备的传热、换热器内高温流体通过管壁向低温流体的传热等都属于这种综合传热。图 4-38 是这种综合传

热机构的示意图。

由图中看出，平壁的一侧为高温流体，另一侧为低温流体。因此，这种综合传热包括三个传热过程：

（1）高温流体对平壁的高温表面辐射和对流的综合给热过程。

（2）平壁的高温表面对平壁的低温表面的传导传热过程。

（3）平壁的低温表面对低温流体的综合给热过程。

4.5.3.1　器壁为单层平壁

如图 4-38 所示，平壁两侧的流体温度分别为 t_1 与 t_2，固体两侧表面温度各为 t_1' 与 t_2'。在稳定态传热情况下，各处温度不随时间而改变。此时，热流体以辐射及对流方式传热给平壁一侧，再以传导方式传热至平壁另一侧，又以辐射及对流的方式传热给冷流体，这是辐射、对流、导热三种方式同时存在的综合传热现象。

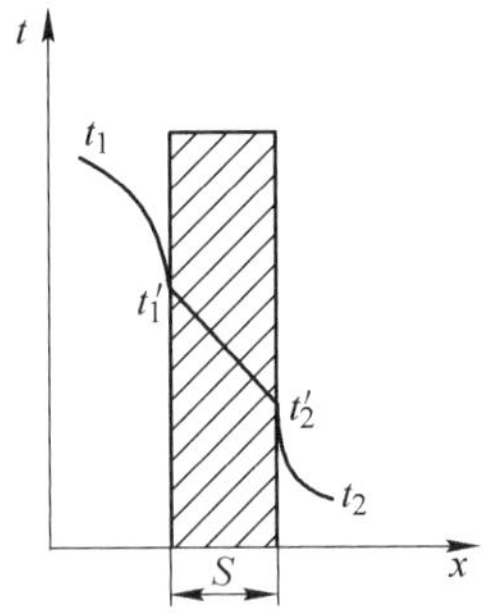

图 4-38　平壁综合传热

设平壁厚度为 S，导热系数为 λ，传热面积为 F，上述三步传热计算式如下。

（1）热流体以辐射及对流换热方式传热给器壁。

$$q_1=(\alpha_{对1}+\alpha_{辐1})(t_1-t_1')=\alpha_{\Sigma 1}(t_1-t_1') \tag{4-141}$$

$$\alpha_{\Sigma 1}=\alpha_{对1}+a_{辐1}$$

式中，$\alpha_{\Sigma 1}$ 为由流体到器壁的给热系数，等于辐射传热系数与对流换热系数之和，W/(m^2 · ℃)。

（2）平壁内部导热。

$$q_{传}=\frac{\lambda}{S}(t_1'-t_2') \tag{4-142}$$

（3）以辐射及对流的方式传热给冷流体。

$$q_2=(\alpha_{对2}+\alpha_{辐2})(t_2'-t_2)=\alpha_{\Sigma 2}(t_2'-t_2) \tag{4-143}$$

$$\alpha_{\Sigma 2}=\alpha_{对2}+\alpha_{辐2}$$

式中，$\alpha_{\Sigma 2}$ 为由平壁到冷流体的给热系数，等于辐射传热系数与对流换热系数之和，W/(m^2 · ℃)。

由式（4-141）有　$$t_1-t_1'=\frac{q_1}{\alpha_{\Sigma 1}}$$

由式（4-142）有　$$t_1'-t_2'=\frac{q_{传}}{\dfrac{\lambda}{S}}$$

由式（4-143）有　$$t_2'-t_2=\frac{q_2}{\alpha_{\Sigma 2}}$$

因属于稳态导热，综合传热的热流量 $q=q_1=q_{传}=q_2$，故将式（4-141）~式（4-143）相加得

$$t_1-t_2=q\left(\frac{1}{\alpha_{\Sigma 1}}+\frac{S}{\lambda}+\frac{1}{\alpha_{\Sigma 2}}\right)$$

$$q=\frac{t_1-t_2}{1/\alpha_{\Sigma1}+S/\lambda+1/\alpha_{\Sigma2}}$$

其综合传热量为
$$Q=\frac{t_1-t_2}{1/\alpha_{\Sigma1}+S/\lambda+1/\alpha_{\Sigma2}}F=K\ (t_1-t_2)\ F \tag{4-144}$$

式中，K 为综合传热系数，W/(m^2·℃)，它代表由外部给热和内部导热组成的综合传热的传热本质。

综合传热系数 K 的倒数称为热阻

$$\frac{1}{K}=\frac{1}{\alpha_{\Sigma1}}+\frac{S}{\lambda}+\frac{1}{\alpha_{\Sigma2}} \tag{4-145}$$

由此可见，这种条件下的传热，可以看成是三段传热过程的串联，其热阻的构成与串联电路类似，即总热阻等于各分段热阻之和。

4.5.3.2 器壁为多层平壁

按照上述概念和方法可推导出多层平壁的综合传热公式。假设平壁由 n 层组成，各层的厚度分别为 S_1，S_2，…，S_n，各层的导热系数分别为 λ_1，λ_2，…，λ_n，多层平壁两侧流体温度为 t_1、t_2，则通过该平壁的综合热流量为

$$q=(t_1-t_2)\Big/\left(\frac{1}{\alpha_{\Sigma1}}+\frac{S_1}{\lambda_1}+\frac{S_2}{\lambda_2}+\cdots+\frac{S_n}{\lambda_n}+\frac{1}{\alpha_{\Sigma2}}\right)=(t_1-t_2)\Big/\left(\frac{1}{\alpha_{\Sigma1}}+\sum_{i=1}^{n}\frac{S_i}{\lambda_i}+\frac{1}{\alpha_{\Sigma2}}\right) \tag{4-146}$$

综合传热系数为
$$\frac{1}{K}=1\Big/\left(\frac{1}{\alpha_{\Sigma1}}+\sum_{i=1}^{n}\frac{S_i}{\lambda_i}+\frac{1}{\alpha_{\Sigma2}}\right) \tag{4-147}$$

4.5.4 一种流体通过圆筒壁传热给另一种流体

(1) 单层圆筒壁的综合传热。通过圆筒壁的综合传热，如图 4-39 所示。设圆筒壁内、外直径分别为 d_1、d_2，其平均导热系数为 λ，筒内外温度分别为 t_1、t_2，筒壁内外表面温度为 t_1'、t_2'。

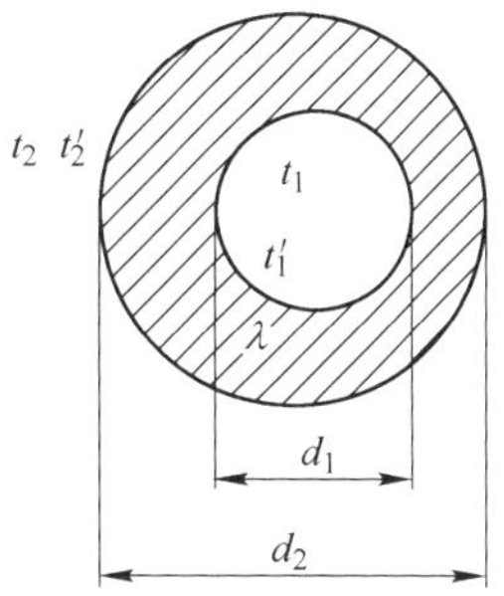

图 4-39 圆筒壁的综合传热

其传热过程与平壁不同之处在于圆筒壁导热面积沿热流方向改变，故一般是计算单位长度圆筒壁的传热量 q_1。圆筒壁内流体与内筒壁间的对流及辐射传热的热流量为

$$q_1=\frac{Q}{l}=\ (\alpha_{对1}+\alpha_{辐1})\ (t_1-t_1')\ \pi d_1=\alpha_{\Sigma1}\ (t_1-t_1')\ \pi d_1 \tag{4-148}$$

圆筒壁传导传热量的热流量为

$$q'=\frac{Q}{l}=\frac{2\pi\lambda(t_1'-t_2')}{\ln(d_2/d_1)} \tag{4-149}$$

筒外壁预冷流体间的对流及辐射传热的热流量为

$$q_2=\frac{Q}{l}=(\alpha_{对2}+\alpha_{辐2})(t_2'-t_2)\pi d_2=\alpha_{\Sigma2}(t_2'-t_2)\pi d_2 \tag{4-150}$$

因为属于稳态导热，综合传热的热流量 $q_1=q'=q_2=q$

将式（4-148）~式（4-150）联立求解得

$$q=\pi(t_1-t_2)\Big/\left(\frac{1}{\alpha_{\Sigma 1}d_1}+\frac{1}{2\lambda}\ln\frac{d_2}{d_1}+\frac{1}{\alpha_{\Sigma 2}d_2}\right)$$

综合传热量为

$$Q=\pi l\ (t_1-t_2)\Big/\left(\frac{1}{\alpha_{\Sigma 1}d_1}+\frac{1}{2\lambda}\ln\frac{d_2}{d_1}+\frac{1}{\alpha_{\Sigma 2}d_2}\right) \tag{4-151}$$

或

$$Q=K_c(t_1-t_2)\pi l$$

式中，K_c 为通过圆筒壁的综合传热系数，W/(m² · ℃)。

$$K_c=1\Big/\left(\frac{1}{\alpha_{\Sigma 1}d_1}+\frac{1}{2\lambda}\ln\frac{d_2}{d_1}+\frac{1}{\alpha_{\Sigma 2}d_2}\right) \tag{4-152}$$

（2）多层圆筒壁的综合传热。若圆筒壁为多层时，则

$$Q=\pi l(t_1-t_2)\Big/\left(\frac{1}{\alpha_{\Sigma 1}d_1}+\sum_{i=1}^{n}\frac{1}{2\lambda}\ln\frac{d_{i+1}}{d_i}+\frac{1}{\alpha_{\Sigma 2}d_2}\right) \tag{4-153}$$

当 $d_2/d_1\leqslant 2$，工程上为计算方便，可将多层圆筒壁用平壁计算。

4.5.5　综合传热实例

4.5.5.1　火焰炉内的综合传热

在火焰炉膛内的传热中，热源是火焰或高温气流，受热体则为炉底上的金属或其他炉料，炉底物料得到的热量（W）应为：

$$Q=Q_{对}+Q_{辐}$$

其中对流传热量 $Q_{对}$ 可按公式计算，但炉膛内气体对物料表面的辐射传热量 $Q_{辐}$ 则与前面所提到的情况不同。本节将着重讨论火焰炉膛内的辐射传热情况。

图 4-40 是火焰炉炉膛内辐射热交换的示意图。由图看出，火焰炉炉膛内参与辐射热交换的不仅有火焰（或高温炉气）和炉料，而且炉墙及炉顶的内表面也参与辐射热交换。这样，火焰炉内传热的热源与受热体虽然仍为气体与炉料，但参与辐射换热的却是三种不同温度的物体。

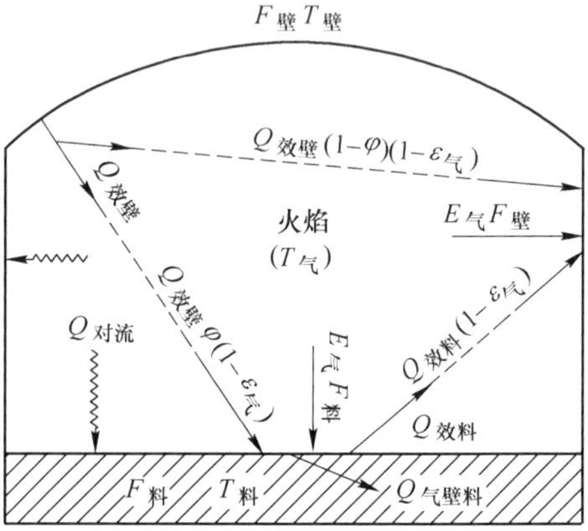

图 4-40　火焰炉膛内辐射热交换示意图

为使问题简化，规定如下与实际情况相近的假设条件：（1）火焰充满炉膛，而且其温度和黑度各处均匀，并认为炉气的黑度和吸收率相等；（2）炉料布满炉底，其表面不能“自见”，并且其温度和黑度均匀；（3）炉墙及炉顶内表面温度与黑度均匀；（4）炉墙及炉顶内表面不吸收辐射热，即投射到该表面的辐射全部返回炉膛。这时通过砌体传导发生的热损失可以近似地认为刚好由对流传给砌体表面的热量来补偿。

（1）火焰、炉墙对物料的辐射传热量。运用有效辐射概念和物料表面的热平衡，可

得到物料获得的净热 $Q_{气壁料}$(W) 为

$$Q_{气壁料} = E_{气} F_{料} + Q_{效壁}\varphi(1-\varepsilon_{气}) - Q_{效料} \tag{4-154}$$

式中，φ 为炉壁对物料的角度系数；$F_{料}$ 为炉料表面积，m^2；$F_{壁}$ 为炉墙及炉顶内表面积，m^2；$\varepsilon_{气}$ 为火焰或炉气黑度；$Q_{效壁}$ 为炉墙及炉顶内表面的有效辐射，W；$Q_{效料}$ 为炉料表面的有效辐射，W；$E_{气}$ 炉气的辐射能力，W/m^2。

按炉壁不吸收辐射热的假定条件，离开炉壁的辐射（即炉壁的有效辐射 $Q_{效壁}$）与落到炉壁上的辐射热（$Q_{落壁}$）应相等，即

$$Q_{效壁} = Q_{落壁} \tag{4-155}$$

而

$$Q_{落壁} = E_{气} F_{壁} + Q_{效料}\varphi(1-\varepsilon_{气}) - Q_{效壁}(1-\varphi)(1-\varepsilon_{气}) \tag{4-156}$$

由式（4-155）与式（4-156）即得

$$Q_{效壁} = \frac{E_{气} F_{壁} + Q_{效料}(1-\varepsilon_{气})}{1-(1-\varphi)(1-\varepsilon_{气})} \tag{4-157}$$

物料表面的有效辐射 $Q_{效料}$ 包括三部分：物料本身辐射 $E_{料} F_{料}$，物料对炉气辐射的反射 $E_{料} F_{料}(1-\varepsilon_{料})$ 以及对炉壁有效辐射的反射 $Q_{效壁}(1-\varphi)(1-\varepsilon_{气})(1-\varepsilon_{料})$。即

$$Q_{效料} = E_{料} F_{料} + E_{气} F_{料}(1-\varepsilon_{料}) + Q_{效壁}(1-\varphi)(1-\varepsilon_{气})(1-\varepsilon_{料}) \tag{4-158}$$

将式（4-158）与式（4-157）联立，且有 $\varphi F_{壁}=F_{料}$，可得

$$Q_{效壁} = \frac{E_{气} F_{壁} + E_{气} F_{料}(1-\varepsilon_{气})(1-\varepsilon_{料}) + E_{料} F_{料}(1-\varepsilon_{气})}{\varepsilon_{气} + \varphi(1-\varepsilon_{气})[\varepsilon_{气} + \varepsilon_{料}(1-\varepsilon_{气})]} \tag{4-159}$$

$$Q_{效料} = \frac{E_{气} F_{料}[(1-\varepsilon_{料}) + \varphi(1-\varepsilon_{气})(1-\varepsilon_{料})] + E_{料} F_{料}[\varepsilon_{气} + \varphi(1-\varepsilon_{气})]}{\varepsilon_{气} + \varphi(1-\varepsilon_{气})[\varepsilon_{气} + \varepsilon_{料}(1-\varepsilon_{气})]} \tag{4-160}$$

将式（4-159）与式（4-160）代入式（4-154），且由 $E_{料} = \varepsilon_{料} C_b\left(\frac{T_{料}}{100}\right)^4$，经过整理，可得

$$Q_{气壁料} = C_{气壁料}\left[\left(\frac{T_{气}}{100}\right)^4 - \left(\frac{T_{料}}{100}\right)^4\right] F_{料} \tag{4-161}$$

其中

$$C_{气壁料} = \frac{C_b \varepsilon_{气} \varepsilon_{料}[1+\varphi(1-\varepsilon_{气})]}{\varepsilon_{气} + \varphi(1-\varepsilon_{气})[\varepsilon_{气} + \varepsilon_{料}(1-\varepsilon_{气})]} \tag{4-162}$$

式中，$C_{气壁料}$ 为火焰、炉壁对物料的导来黑度，或简称综合辐射系数，$W/(m^2 \cdot K^4)$。

（2）火焰平均温度与定向传热。火焰炉内火焰温度实际上是不均匀的，利用式（4-161）时，只能近似地取某种平均温度来代替 $T_{气}$。从获得相同的辐射传热效果出发，一般按下式计算火焰平均温度，即

$$\left(\frac{\bar{T}_{气}}{100}\right)^4 = \sqrt{\left[\left(\frac{T'_{气}}{100}\right)^4 - \left(\frac{T'_{料}}{100}\right)^4\right]\left[\left(\frac{T''_{气}}{100}\right)^4 - \left(\frac{T''_{料}}{100}\right)^4\right]} - \left(\frac{\bar{T}_{料}}{100}\right)^4 \tag{4-163}$$

式中，$T'_{气}$、$T''_{气}$ 分别为始端及末端的火焰或炉气温度，K；$T'_{料}$、$T''_{料}$ 为与炉气位置相对应的物料温度，K；$\bar{T}_{料}$ 为物料平均温度，K。

温度变化不大的熔炼炉内，物料平均温度可取始末两端的算术平均值或四次方算术平均值：

$$\bar{T}_{料}^{4}=\frac{(T'_{料})^{4}+(T''_{料})^{4}}{2} \tag{4-164}$$

温度变化较大的炉子（如连续加热炉），则宜分成若干小的区段分别取该区段内的算术平均值；需粗略计算整个炉子范围内的平均物料温度时，可取抛物线平均值，即

$$\bar{T}_{料}=T'_{料}+\frac{2}{3}(T''_{料}-T'_{料}) \tag{4-165}$$

若炉内气体与物料温度沿炉长方向的变化都比较大，则应分段计算平均温度与传热量，分的区段数越多，计算结果越接近实际情况。

火焰的温度除了沿炉长方向变化而外，在同一垂直截面上也往往分布不均匀。推导式（4-161）及式（4-162）时已排除了这些差异，但实际上常由此而产生不小的误差。当截面上气体温度不均匀时，若采用该截面热含量平均温度代入式（4-161），这时所得出的传热量只反映该处平均温度的四次方关系，但按实际的传热过程看，此热量应更接近于用不同温度四次方的平均值（$\overline{T^4}$）的计算结果。显然，在数值上温度四次方的平均值大于温度平均值的四次方，即 $\overline{T^4}>(\bar{T})^4$。由此可得出一个粗略的概念，即火焰温度在截面上越是分布不均匀，其向外的辐射传热量将比按截面热含量平均温度计算出的值越是高得多。当然，在炉膛中的辐射热交换情况更复杂，还要考虑火焰的黑度及净辐射热流的方向等。定性地来说，与火焰高温部分靠近的表面，所得到的净辐射热流相对地较多，因此，在工程上即出现定向传热的做法。若将火焰高温部分靠近炉内物料，使物料得到的辐射热流比炉顶或炉墙多，这就称为“直接定向传热”；若将火焰高温部分靠近炉顶或炉墙，再借后者的辐射与反射作用均匀加热物料，这就是“间接定向传热”。

直接定向传热可以强化对被加热物料的传热，而又不过分提高周围环境（如炉衬）的温度。如在熔炼炉内，常将火焰指向或贴近熔池表面流动，这样不仅可增加对熔池表面的辐射和对流传热，而且可以适当降低炉顶的温度，从而延长炉衬使用寿命。这点对高温熔炼炉更有实际意义。

（3）炉壁在火焰炉传热中的作用及炉壁温度。推导火焰炉中物料所得净辐射热流公式时是假定炉壁不吸收净辐射热，即落到壁上的辐射热又全部离开壁面而返回炉膛，所以，式（4-161）及式（4-162）中没有体现出炉壁温度及黑度的影响。在该假定的条件下，炉壁只起中间传递辐射热的作用。当炉壁黑度较大时，其反射作用较小而辐射作用较大；炉壁黑度较小时，则其辐射的作用较小而反射作用较大。在这种传热机构中，炉壁的温度不是独立的变量，而是随炉气及物料温度与其他辐射换热条件（如 $\varepsilon_{气}$、$\varepsilon_{料}$等）而确定的。

假定炉壁吸收的净辐射热为零，炉壁的有效辐射为

$$Q_{效壁}=C_{\mathrm{b}}\left(\frac{T_{壁}}{100}\right)^{4}F_{壁}$$

将上式代入式（4-159），又因 $F_{壁}=F_{料}/\varphi$，整理后得出

$$T_{壁}^{4}=\frac{T_{气}^{4}\,\varepsilon_{气}[1+\varphi(1-\varepsilon_{气})(1-\varepsilon_{料})]+T_{料}^{4}\,\varepsilon_{料}\,\varphi(1-\varepsilon_{气})}{\varepsilon_{气}+\varphi(1-\varepsilon_{气})[\varepsilon_{气}+\varepsilon_{料}(1-\varepsilon_{气})]} \tag{4-166}$$

令 $\omega=F_{壁}/F_{料}$，可知 $\omega=1/\varphi$，上式可变为

$$T_{壁}^4 = T_{料}^4 + \frac{\omega + (1-\varepsilon_{气})(1-\varepsilon_{料})}{\omega + \frac{1-\varepsilon_{气}}{\varepsilon_{气}}[\varepsilon_{气} + \varepsilon_{料}(1-\varepsilon_{气})]}(T_{气}^4 - T_{料}^4) \tag{4-167}$$

从式（4-167）可见，$T_{壁}$介于$T_{气}$与$T_{料}$之间，若将$T_{气}$、$T_{料}$及$\varepsilon_{料}$固定，可以将式（4-166）或式（4-167）制成曲线，如图4-41所示。

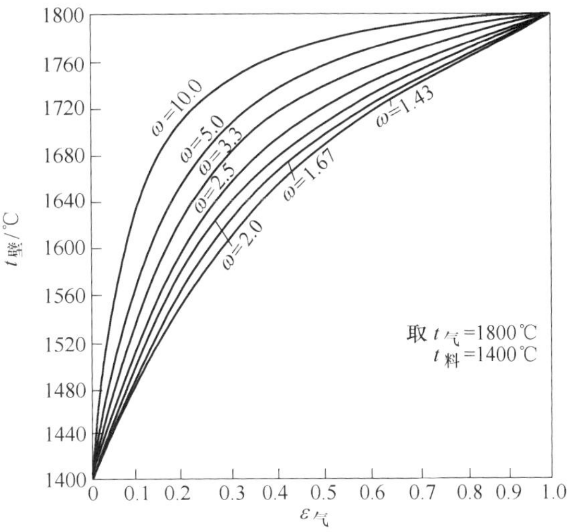

图4-41 $T_{壁}$与$\varepsilon_{气}$及ω的关系（$\varepsilon_{料}=0.8$）

由图可见，$\varepsilon_{气}$及ω越大，炉墙内表面温度将越高。若气体黑度一定时，ω越大，则炉壁温度越接近于炉气温度。

假如某火焰炉的工作条件不遵守上述各项假定，例如火焰不充满炉膛，或火焰温度沿炉长及垂直截面分布不均匀，或炉壁热损失较大以致仅仅依靠对流获得的热量还不足以补偿等，这时炉壁温度将不再保持式（4-166）或式（4-167）的关系，而且也将直接对$Q_{气壁料}$发生影响。所以，在能保证炉壁内衬寿命的前提下，提高炉壁温度对强化炉内传热总是有益的。

4.5.5.2 竖炉内的热交换

竖炉与火焰炉不同，它的整个炉膛被炉料所充满。一般来说，炉料在炉内是自上而下的移动，而气体在炉内是自下而上流动。炉膛内的热交换过程是由气体通过炉料而在散料层中完成的。

竖炉中温度变化范围很大，因此，炉子不同高度上的辐射、对流、传导等传热方式在热交换中所占的比例也各不相同。这里将讨论炉子在不同高度上的传热规律，在热交换过程中炉膛各部的作用以及温度分布情况等问题。

对竖炉内温度分布有决定性影响的是炉料和炉气水当量的对比关系。炉料和炉气的水当量（$W_{料}$、$W_{气}$）是指单位时间内通过同一断面的炉料与炉气，温度每变化1℃时所吸收或放出的热量，并用热含量与这些热量相等的水数量（kg）表示。而每千克水变化1℃所吸收或放出的热量为4.187kJ，即

$$4.187W_{料} = C_{料}G_{料}$$

$$4.187W_{气} = C_{气}G_{气}$$

式中，$G_{料}$为单位时间内通过炉子同一断面的炉料量，kg；$G_{气}$为单位时间内通过炉子同一断面的炉气量，m^3；$C_{料}$为炉料在该温度下的比热容，kJ/(kg·℃)；$C_{气}$为炉气在该温度下的比热容，kJ/(kg·℃)。

根据炉气和炉料水当量大小的不同，竖炉内温度的分布有下列两种典型情况。

（1）$W_{气}>W_{料}$时炉内温度的分布。这种情况下炉内温度的分布如图4-42所示。

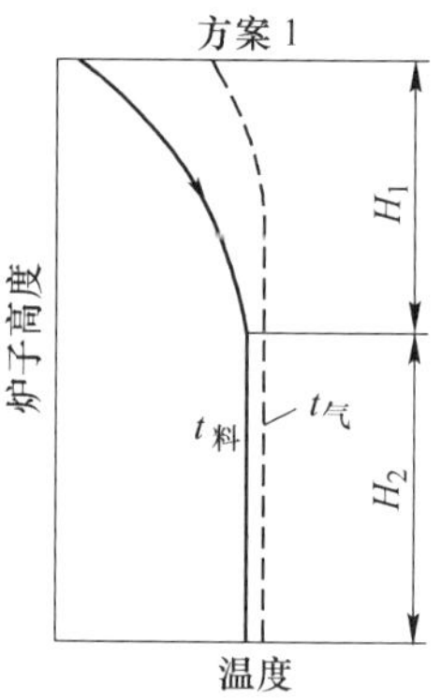

图 4-42　炉内温度分布

这时，炉气通过某一断面时，温度每降低 1℃所放出的热量，大于炉料通过同一断面时，温度上升 1℃所需用的热量，所以炉料很容易被加热。结果在炉子上端炉气温度下降的比较小，而炉料温度却上升的比较多。炉料从炉顶下降较短距离后，就被加热到与炉气最初温度相近的程度；炉料再继续下降时，因温度差甚小，几乎不再进行热交换。炉内热交换主要在炉子上部的 H_1 高度内进行，而下部高度 H_2 称为无载高度。煤气发生炉，铜、铝鼓风炉，化铁炉和高炉的上部都是按这种方式进行工作的。

假设散料入口温度为 0℃，则可就炉顶与任一断面之间写出热平衡方程式。令 $t_{气1}$、$t_{气2}$ 分别代表炉气开始和出口温度，则

$$C_料 G_料(t_料 - 0) = C_气 G_气(t_{气1} - t_{气2})$$

整理后

$$t_{气1} = t_{气2} + \frac{W_料}{W_气}t_料 \tag{4-168}$$

当时间趋向无限大时，即在极限条件下，$t_气 = t_料 = t_{气1}$（气体开始温度），则

$$t_{气2} = t_{气1}\left(1 - \frac{W_料}{W_气}\right) \tag{4-169}$$

$W_料$ 与 $W_气$ 相差越大，$t_{气2}$ 越接近 $t_{气1}$，炉气温度下降得越小。在这种条件下，炉气出口温度总是较高的，而且与料层高度无关，即当料层超过一定高度以后，再增加高度，也不能使炉气温度降低，而只能延长无载高度 H_2 的范围。

（2）$W_气 < W_料$ 时炉内温度的分布。在这种情况下炉内温度的分布如图 4-43 所示。

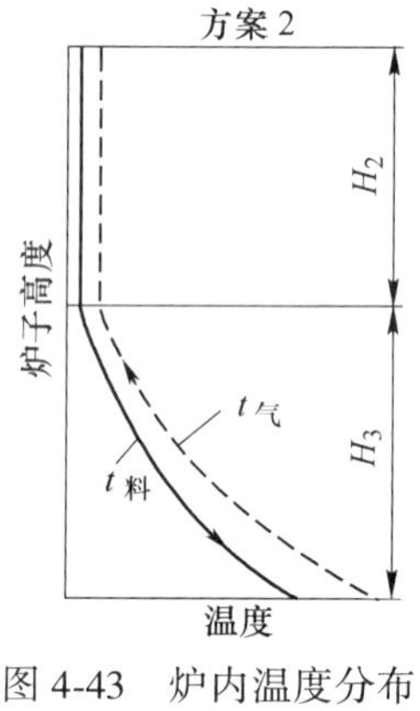

图 4-43　炉内温度分布

这时，炉料通过某一断面时，温度每升高 1℃所吸收的热量，大于炉气通过同一断面时，温度降低 1℃所放出的热量，即炉料不易被加热，而炉气较容易冷却，所以炉料在下降过程中温度上升较慢。

当炉子燃料消耗较少或煤气量很少（如富氧鼓风），以及炉料很湿或炉料吸热反应极为发展（如碳酸盐的分解）时，都属于这种情况，整个炉子的热交换主要是在炉子下部进行。

在热交换相当充分时，即在极限条件下，炉气出口温度能冷却到炉料入口温度，即 $t_{气2} = t_{料1}$。令 $t_{料1}$、$t_{料2}$ 分别代表炉料被加热的初始和最终温度，则

$$C_料 G_料(t_料 - t_{料1}) = C_气 G_气(t_{气1} - t_气)$$

炉料在加热过程的温度

$$t_料 = t_{料2} - \frac{W_气}{W_料}(t_{气1} - t_气) \tag{4-170}$$

$$G_料 C_料(t_{料2} - t_{料1}) = G_气 C_气(t_{气1} - t_{气2})$$

炉料的最终温度为

$$t_{料2} = t_{料1} + \frac{W_{气}}{W_{料}}(t_{气1} - t_{气2}) = t_{料1} + \frac{W_{气}}{W_{料}}(t_{气1} - t_{料1}) \tag{4-171}$$

假设物料入炉温度为0℃，则

$$t_{料2} = \frac{W_{气}}{W_{料}} t_{气1} \tag{4-172}$$

可见，当 $W_{料}$的值相对于 $W_{气}$越大，则炉料加热的最终温度就越低。不论怎样增加炉子的高度，也不能使炉料得到更好的加热，但炉气的出口温度总是较低的，因而能最大限度利用炉内热交换的热量。

(3) 竖炉内的热交换。实际的竖炉内，热交换多按上述两种情况进行。即上部按 $W_{气}>W_{料}$进行工作，而下部则按 $W_{气}<W_{料}$进行工作。

在一般条件下，炉气的水当量变化不大，而炉料水当量之所以逐渐变大，是因为炉子下部有吸热反应（如碳酸盐的分解，CO_2被还原等）。在这种情况下热交换集中在上下两段内完成，而中间一段属于无载高度，因为其中还进行着各种物理化学反应，如图 4-44 所示。

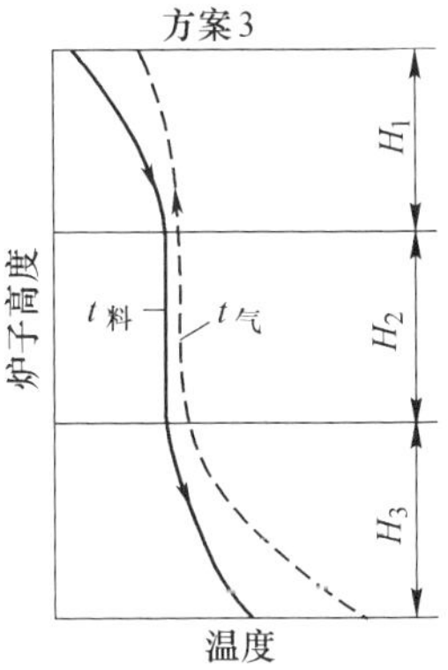

图 4-44 某些竖炉内实际温度分布

根据以上分析，可得如下关于竖炉热交换的一般规律。

1）炉气出炉温度及炉料被加热的最终温度皆与炉气及炉料水当量的相对比值有重要关系。在高度不是特别低（即大于 H_1+H_2）时，出炉气体及物料最终温度与炉子高度无关。凡引起炉料或炉气水当量变化的因素，才能改变炉内的温度分布。

2）增大燃料消耗量时，$W_{气}$变大，故出炉气体温度将提高。

3）预热鼓风时，因没有改变 $W_{气}$的值，故不能提高炉顶气体的温度，热风所带进的热量，只是提高了风口区的温度，强化了炉子下部的热交换。当采用预热鼓风后，由于降低了炉内的直接燃料消耗而 $W_{气}$变小，故炉顶气体温度反而会有所降低。

4）采用富氧鼓风后，提高了燃烧温度，减少了炉气数量，使 $W_{气}$变小，高炉废气温度将会降低。富氧鼓风和预热鼓风有相同的意义，不仅加大了气体与炉料的温度差，强化了传热，而且由于减少了炉气量及废气温度，而大大提高了炉内热量的利用率。

5）由于竖炉内热交换多集中在某一段（如炉子下部的风口附近）完成，因此，在同一区域创造出集中的高温带，将大大强化热交换过程，与此同时，也将节约燃料消耗。

应该说明，前面对竖炉内热交换问题的分析是以假定炉内气流在横断面上分布均匀为前提的。而实际上炉内气流的分布并不均匀。

复习思考题

4-5-1 什么是综合传热？简析一种流体通过平壁传热给另一流体的综合传热过程。

4-5-2 影响火焰炉内辐射热交换的因素有哪些，它们之间有何关系？

4-5-3 分析本专业常用炉内的热交换过程，并提出强化炉膛热交换的措施。

4-5-4 竖炉内热交换的特点是什么，并具有哪些一般规律？

4-5-5 某高炉炉身上部用 920mm 厚的黏土砖砌成，并已知黏土砖的内表面温度 $t_1=870℃$，炉外大气温度为 50℃。设黏土砖外表面到大气的外部热阻为 0.06，试求通过每平方米黏土砖炉衬所损失的热量 Q。(注：一般炉衬外表面温度高于大气温度 50~100℃。)

4-5-6 某水冷却烟道由普通碳钢制成，其 $\lambda=55.3$W/(m·℃)，壁厚 5mm，壁面温度为 100℃，进水温度为 25℃，出水温度为 45℃，水平均流速为 3m/s。试求其单位面积每小时的冷却水耗量。

4-5-7 已知铸铁管式热风炉，铸铁的导热系数 $\lambda=55.8$W/(m·℃)，壁厚 $S=20$mm，废气对管壁的对流给热系数为 0.07W/(m^2·℃)，辐射给热系数为 21.05W/(m^2·℃)，管壁对空气的对流给热系数为 4.89W/(m^2·℃)，废气与空气的平均温度差 $\Delta t=540$℃。如果要求传过的热量 $Q=276794$W，求共需铸铁管的面积为多少平方米?

4-5-8 在一个钢管内流过温度为 180℃的蒸汽，蒸汽对管壁的给热系数 $\alpha_1=1163$W/(m^2·℃)，钢管的导热系数 $\lambda_1=48.85$W/(m·℃)，管子内径为 100mm，外径为 110mm，管子长度为 20m。若周围空气温度为 20℃。当管子外表面包裹一层厚度为 50mm 的硅藻土保温层，其导热系数 $\lambda_2=0.2$ W/(m·℃)，保温层表面对空气的散热系数 $\alpha_2=11$W/(m^2·℃) 时，试求管内蒸汽每小时传给周围空气的热量是多少?

技能训练 1：导热系数的测定

主要材料、工具及设备

本训练中用到的主要材料、工具及设备见表 4-18。

表 4-18　导热系数测定训练的主要材料、工具及设备

序　号	名　称	型号与规格	单　位	数量
1	导热系数测试仪	YBF-2 型	个	1
2	测试样品	硬铝	台	1
3	杜瓦瓶	自备	个	1
4	游标卡尺	自备	个	1

导热系数的测定

(1) 手工测量。

1) 用游标卡尺测量样品、下铜盘的几何尺寸，多次测量取平均值。

2) 先放置好待测样品及下铜盘(散热盘)，调节下圆盘托架上的三个微调螺丝，使待测样品与上、下铜盘接触良好。安置圆筒、圆盘时须使放置热电偶的洞孔与杜瓦瓶在同一侧。热电偶插入铜盘上的小孔时，要抹些硅脂，并插到洞孔底部，使热电偶测温端与铜盘接触良好，热电偶冷端插在杜瓦瓶中的冰水混合物中。

3) 根据稳态法，必须得到稳定的温度分布，这就要等待较长时间，为了提高效率，可先将电源电压打到“高”挡，几分钟后 $\theta_1=4.00$mV 即可将开关拨到“低”挡，通过调节电热板电压“高”、“低”及“断”挡，使 θ_1 读数在±0.03mV 范围内，同时每隔 30s 读 θ_2 的数值，如果在 2min 内样品下表面温度示值不变，即可认为已达到稳定状态。记录稳态时与 θ_1、θ_2 对应的 t_1、t_2值。

需要强调的是，测金属(或陶瓷)的导热系数时，t_1、t_2值为稳态时金属样品上下两

个面的温度，此时散热盘的温度为 t_3。因此测量散热盘的冷却速率应为

$$\left.\frac{\Delta t}{\Delta \tau}\right|_{t=t_3} \tag{4-173}$$

测 t_3 值时要在 t_1、t_2 达到稳定时，将上面测 t_1 或 t_2 的热电偶移下来进行测量。

4）移去样品，继续对下铜盘加热，当下铜盘温度比 t_2（对金属样品应为 t_3）高出10℃左右时，移去圆筒，让下铜盘所有表面均暴露于空气中，使下铜盘自然冷却，每隔30s读一次下铜盘的温度示值并记录，直到温度下降到 t_2（或 t_3）以下一定值。作铜盘的 $t-\tau$ 冷却速率曲线，选取邻近 t_2（或 t_3）的测量数据来求出冷却速率。

5）根据公式计算样品的导热系数 λ。

$$\lambda = mc\frac{2h_p + R_p}{2h_p + 2R_p} \cdot \frac{1}{\pi R^2} \cdot \frac{h}{t_1 - t_2} \cdot \left.\frac{dt}{d\tau}\right|_{t=t_2} \tag{4-174}$$

或

$$\lambda = mc\frac{2R_p^2 - R^2 + 2R_p h_p}{2R_p^2 + 2h_p R_p} \cdot \frac{1}{\pi R^2} \cdot \frac{h}{t_1 - t_2} \cdot \left.\frac{dt}{d\tau}\right|_{t=t_2} \tag{4-175}$$

（2）自动测量。

1）参数测量与仪器安装，与手动测量中的步骤1）、2）相同。

2）将电压选择开关打在（0）位置，设定好上铜盘的加热温度，对上铜盘进行加热。

3）将信号选择开关打在（I）位置，测量上铜盘的温度。当上铜盘加热到设定温度时，通过调节电热板电压“高”、“低”及“断”挡，使 θ_1 读数在±0.03mV范围内，同时每隔30s读 θ_2 的数值，如果在2min内样品下表面温度示值不变，即可认为已达到稳定状态，记录稳态时与 θ_1、θ_2 对应的 t_1、t_2 值。若样品为金属，还应测与 θ_3 对应的 t_3 值。

4）移去样品，继续对下铜盘加热，当下铜盘温度比 t_2（或 t_3）高出10℃左右时，移去圆筒，让下铜盘所有表面均暴露于空气中，使下铜盘自然冷却。每隔30s读一次下铜盘的温度示值并记录，直至温度下降到 t_2（或 t_3）以下一定值。作铜盘的 t-τ 冷却速率曲线，选取邻近 t_2（或 t_3）的测量数据来求出冷却速率。

5）根据公式计算样品的导热系数 λ。

6）设定不同的加热温度，测量出不同温度下样品的导热系数 λ。在设定加热温度时，须高出室温30℃。

注意事项

（1）使用前将加热盘与散热盘的表面擦干净，样品两端面擦净，可涂上少量硅油，以保证接触良好。

（2）加热盘侧面和散热盘侧面，都有供安插热电偶的小孔，安放加热盘和散热盘时，这两个小孔都应与杜瓦瓶在同一侧，以免线路错乱。热电偶插入小孔时，要抹上硅脂，并插到洞孔底部，以保证接触良好，热电偶冷端浸于冰水混合物中。

（3）实验过程中，若移开加热盘，应先关闭电源，移开热圆筒时，手应拿住固定轴转动，以免烫伤手。

（4）不要划伤样品两端，以免影响实验的精度。

（5）数字电压表出现不稳定或加热时数值不变化，应先检查热电偶及各个环节的接触是否良好。

技能训练 2：空气强制流过圆管时的对流传热系数的测定

实验目的

（1）了解空气在光滑圆管中做强制流动时，对流传热系数的测定方法。

（2）加深对对流传热机理以及动量传递和热量传递类似的理解。

实验原理

在封闭系统中，流体在外力作用下流动所进行的传热称为强制对流传热，其传热量用牛顿冷却公式表示，即

$$Q=\alpha_{对}(t_w-t_f)F$$

式中，t_w、t_f分别为管段温度和实验段长度上的平均气流温度,℃；F 为传热面积，m^2；Q 为对流传热量，W；$\alpha_{对}$为对流给热系数，$W/(m^2\cdot ℃)$。

由上式可得对流传热系数为：

$$\alpha_{对}=\frac{Q}{(t_w-t_f)F}$$

由于实际流体具有黏性，在流动过程中要产生附面层，必然会出现摩阻损失，因此，对流传热的同时必然伴随着动量传输过程。热量传递和动量传递过程具有类似性，因而表征两过程的参量之间也必然存在着一定的关系。雷诺类似律就是这种关系的一种反映。

根据雷诺类似律，对于圆管有

$$St=\frac{\alpha}{\rho_f v_f C_p}=\frac{\xi}{8}$$

故可通过测量摩阻系数 ξ 而获得传热系数，式中 St 为斯坦顿准数。

实验装置

实验装置如图 4-45 所示。实验主体是一根冷拔紫铜管，在其表面用电热丝按温度相等的原则非均匀地绕在上面，电热丝外包有耐热纤维毡隔热，如图 4-46 所示。

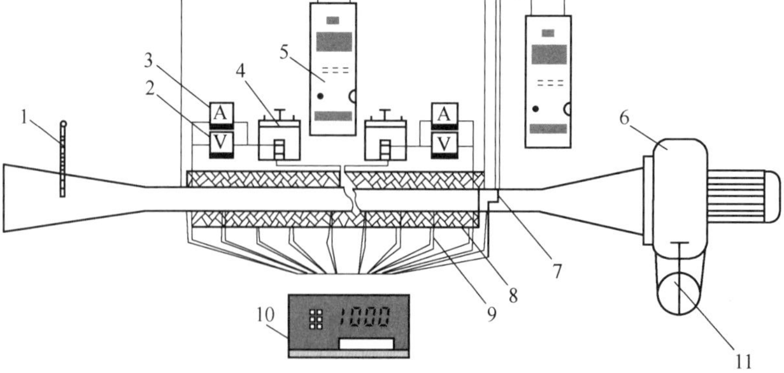

图 4-45　实验装置示意图

1—温度计；2—电压表；3—电流表；4—调压器；5—数字微压计；6—风机；7—皮托管；8—实验段；9—热电偶；10—温度巡检仪；11—风量调节阀

在实验段管壁长度方向上嵌有11支铠装镍铬-康铜热电偶，用以测量其管内壁温度。实验段的出、入口分别装有一支静压管，用以测量摩擦阻力 $h_{摩}$。在实验段末端还装有一支皮托管，测量气体的流速。静压管、皮托管分别与数字式微压计相连。在实验段气体入口端装有一支水银温度计，气体出口端装有一支铠装镍铬-康铜热电偶，用来测量气体进、出实验段温度。整个实验段长3m，分为两段加热。为了促使气体流动，还装有一台风机抽风。另外，还有控制加热功率用的调压器两台，电流表、电压表各两块。

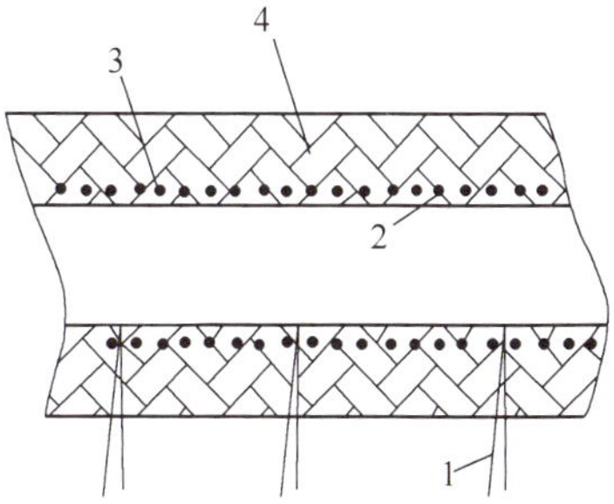

图4-46 实验段剖面示意图
1—热电偶；2—紫铜管；
3—电热丝；4—保温层

实验步骤

（1）熟悉实验装置以及各设备的使用方法。

（2）按下风机按钮，启动风机。调节风机出风口上的蝶阀，控制流量在规定值。

（3）按下调压器按钮，接通加热器电源，用调压器控制实验段两段的加热功率均为450~500W，并保持不变。

（4）打开温度巡检仪的电源开关，整个实验装置此时处于工作状态。

（5）经过一段时间后，待实验段上各点温度不随时间而变化，记录下所需的数据。

（6）记录完毕，其他条件不变，调节风机蝶阀使气体流速达另一值。

（7）所需数据测量完毕，将调压器回零，关温度巡检仪的电源开关，切断调压器电源。将风机蝶阀开至最大，待气体出口温度降至近室温，关风机，结束实验。

实验记录及数据处理

圆管实验段内径：$D_{内}=$ m；圆管实验段长度：$L=$ m；圆管实验段换热面积：$F=$ m^2；室温：$t=$ ℃。

将实验测量数据列于表4-19中。

表4-19 管内强制对流传热系数测定实验记录

序号	供电功率/W		管内壁温度/℃												空气温度/℃			阻力损失/Pa	空气动压/Pa
			各点值											平均	进口	出口	平均		
	第一段	第二段	1	2	3	4	5	6	7	8	9	10	11	t_w	t_{f1}	t_{f2}	t_f		
1																			
2																			
3																			
4																			
5																			

数据计算与整理：

（1）*Nu-Re* 关系的确定。雷诺数可用下式确定：

$$Re = \frac{v_f \rho D}{\mu} = \frac{v_f D}{\nu}$$

式中，ν 为空气的平均黏度，即在空气平均温度下的黏度，m^2/s；D 为圆管实验段的内径，m；v_f 为空气的平均速度，即在空气平均温度下的速度，m/s。

本实验用皮托管测量圆管出口处气体的动压。故出口处的气体流速为

$$v_{f2} = \beta \cdot \sqrt{\frac{2h_{动}}{\rho_{f2}}}$$

式中，$h_{动}$为圆管出口处气体的动压，Pa；β 为流速校正系数，本实验取 $\beta = 0.82$；ρ_{f2}为圆管出口处空气温度下的空气密度，kg/m^3。

整个实验段长度上的平均流速为

$$v_f = v_{f2} \cdot \frac{T_f}{T_{f2}}$$

式中，T_{f2}、T_f 分别表示圆管出口处的气体温度和实验段长度内气体的平均温度，K。

对流传热量 Q 可通过圆管进、出口处气体温度的测定和空气量 G_0 的计算获得，即

$$Q = G_0 C_p (t_{f2} - t_{f1})$$

$$G_0 = F \rho_{f2} v_{f2}$$

式中，t_{f1}、t_{f2}分别为圆管进、出口处空气的温度,℃；F 为圆管横截面积，m^2；C_p 为空气的平均比热，J/(kg · ℃)。

因此，对流传热系数 $\alpha_{对}$可以用努歇尔准数 Nu 来表示，即

$$Nu = \frac{\alpha_{对} \cdot D}{\lambda}$$

式中，λ 为空气的导热系数，W/(m · ℃)。

于是，可获得 *Nu-Re* 的对应数值。

（2）*St-ξ* 关系的确定。当管道粗糙度确定后，摩阻系数 ξ 仅是雷诺数的函数，因而摩阻系数 ξ 可由下式确定，即

$$\xi = \frac{2BDh_{失}}{L\rho_f v_f^2} = \frac{2BD\Delta p}{L\rho_f v_f^2}$$

式中，B 为能量系数，本实验取 $B = 1.06$；Δp 为空气在圆管中流动时进、出口间的压力降，即为摩阻损失，Pa；L 为圆管实验段长度，m；ρ_f 空气在管内的平均密度，kg/m^3。

对流传热系数 α 可以表示成斯坦顿准数的形成，即

$$St = \frac{\alpha}{\rho_f v_f C_p}$$

因此，可获得 *St-ξ* 的对应数值。

将数据计算与整理结果列于表 4-20 中。

在双对数坐标纸上，绘制 *Nu-Re* 和 *St-ξ* 的关系图，并从关系图上求出它们之间的函数关系。

表 4-20 数据计算与整理结果

序号	1	2	3	4	5
t_w/℃					
t_f/℃					
t_{f2}/℃					
ρ_{f2}/kg · m^{-3}					
ρ_f/kg · m^{-3}					
λ/W · (m · ℃)$^{-1}$					
$h_{动}$/Pa					
v_{f2}/m · s^{-1}					
v_f/m · s^{-1}					
Re					
Δp/Pa					
ξ					
Q/W					
$\alpha_{对}$/W · (m^2 · ℃)$^{-1}$					
Nu					
St					

思考题

将获得的 Nu-Re 和 St-ξ 的函数关系与经验公式 $Nu=0.023Re^{0.8}Pr^{0.4}$ 和 $St=\frac{\xi}{8}$ 进行比较和分析，两者是否相符？

5 耐火材料

【学习目标】

(1) 掌握耐火材料的分类及在高温设备中使用的基本要求。

(2) 了解耐火材料的一般生产过程。

(3) 掌握耐火材料的物理性质及工作性质，熟悉其工作性质的测定。

(4) 掌握硅酸铝质耐火制品的种类及工作性质。

(5) 掌握氧化硅质、氧化镁质耐火制品的主要性质。

(6) 了解白云石质、含碳质耐火制品的特性。

【相关知识】

5.1 概 述

凡是耐火度不低于1580℃，能在一定程度上抵抗温度骤变作用和炉渣侵蚀作用，并且能承受高温荷重作用的材料称为耐火材料。

绝大部分耐火材料是以硅酸盐系统的矿物和岩石作为主要原料，它的生产过程和基本特点与硅酸盐系统的其他产品相类似。因此，长期以来，耐火材料均列为硅酸盐系统中的一种产品。耐火材料工业也就成为硅酸盐工业系统中的一个重要组成部分。

耐火材料主要应用于冶金工业生产的高温热工设备（如高炉、平炉、转炉、电炉、炼焦炉、加热炉及有色冶金炉等）和其他工业部门（如硅酸盐工业、化学工业、机械工业和动力工业等）用的各种窑炉中。由此可见，耐火材料在国民经济中有着重要的作用。其中冶金工业所用的耐火材料占整个耐火材料生产的60%~70%，而钢铁工业占冶金工业的65%~75%，所以耐火材料的品种、质量对冶金工业生产特别重要。在使用中有些耐火材料和金属直接接触，若耐火材料质量不高，就会增加金属中非金属夹杂物的含量，从而降低产品的质量。同时，耐火材料消耗量增加，维修次数增多，劳动条件变坏，炉子寿命降低，冶炼成本提高。因此，耐火材料质量的优劣直接影响到炉子寿命、劳动条件的好坏以及产品的产量和质量。

5.1.1 对耐火材料的要求

耐火材料用于各种高温设备中，它承受着高温条件的物理化学侵蚀和机械破坏作用。耐火材料的性能应满足如下要求：

(1) 耐火度要高。现代冶金炉和其他工业窑炉的加热温度一般都在1000~1800℃之间。耐火材料应该在高温作用下具有不易熔化的性能。

（2）高温结构强度要大。各种耐火材料在熔化温度之前首先开始软化，从而降低结构强度。因此，耐火材料不仅应具有较高的熔化温度，而且还应具有高温时受到炉子砌体的荷重或其他机械震动不易软化的性能。

（3）热稳定性要好。冶金炉和其他工业窑炉由于温度骤变引起材料各部温度不均匀，砌体内部会产生应力而使材料破裂和剥落。因此，耐火材料应具有抵抗这种破损的能力。

（4）抗渣能力强。耐火材料在使用过程中，其主要损坏原因之一是由于炉渣、金属和炉尘的作用而被腐蚀。因此，耐火材料必须具有抵抗腐蚀的能力。

（5）高温体积稳定。耐火材料在长期高温使用中，砖体内部发生物理化学变化，由于变化的结果，有些材料产生体积收缩，有些材料产生体积膨胀，无论是收缩或膨胀都会造成砌体的损坏。因此，要求耐火材料在高温时体积稳定。

（6）外形尺寸规整、公差要小。因为耐火砌体之间是由耐火泥填充而构成整体。耐火泥的结构强度低于耐火制品，当耐火制品外形尺寸不规则或公差大时，其填充物增加，耐火砌体的寿命降低。为此要求耐火材料外形尺寸规整、公差要小。

实际上并非所有耐火材料都具有上述的全部性能，应根据具体条件合理地选用耐火材料。

5.1.2 耐火材料的分类

除轻质耐火材料（绝热材料）外，所有耐火材料都可以按以下方法进行分类：

（1）按耐火制品的化学矿物组成的不同进行分类。根据耐火制品的化学矿物组成可将耐火材料分为如下几类，见表 5-1。

表 5-1 耐火材料按化学矿物组成分类

硅质制品	硅砖［$w(SiO_2) > 93\%$］ 石英玻璃制品［$w(SiO_2) > 99\%$］
硅酸铝质制品	半硅质制品［$w(SiO_2) \leqslant 65\%$ $w(Al_2O_3) = 15\% \sim 30\%$］ 黏土质制品［$w(SiO_2) \leqslant 65\%$，$w(Al_2O_3) = 30\% \sim 48\%$］ 高铝质制品［$w(Al_2O_3) \geqslant 48\%$］
镁质制品	镁石质（方镁石质）制品［$w(MgO) \geqslant 80\%$］ 白云石质制品［$w(CaO) \geqslant 40\%$，$w(MgO) \geqslant 35\%$］ 镁橄榄石质制品［$w(MgO) = 35\% \sim 55\%$］ 镁铬质制品［$w(MgO) = 30\% \sim 70\%$，$w(Cr_2O_3) = 10\% \sim 30\%$］ 镁铝质制品［$w(MgO) \geqslant 80\%$，$w(Al_2O_3) = 5\% \sim 10\%$］
碳质制品	石墨质制品［$w(C) = 20\% \sim 70\%$］ 焦炭质制品［$w(C) = 70\% \sim 90\%$］ 碳化硅质制品［$w(SiC) = 30\% \sim 90\%$］
锆质制品	锆石英制品（$ZrO_2 \cdot SiO_2$） 氧化锆制品（ZrO_2）
氧化物制品	氧化铁皮、氧化钍、氧化铈等
其他化合物	钨、硼、钛、钼的氧化物、碳化物、钼锆的硼化物等

（2）按耐火制品的耐火度分类。根据耐火制品的耐火度不同可分为普通耐火制品

(耐火度为 1580～1770℃)、高级耐火制品（耐火度为 1770～2000℃）和特级耐火制品(耐火度大于 2000℃)。

(3) 按耐火制品形状和加工的方法分类。按耐火制品形状可分为普型、异型和特型制品以及散状（如耐火混凝土，耐火可塑料和捣打料、耐火泥等）制品；根据加工方法的不同又可分为不烧制品、烧成制品和熔铸制品。

复习思考题

5-1-1 何为耐火材料，其在冶金工业中的应用如何？

5-1-2 耐火材料在高温设备中使用，应满足哪些性能要求？

5-1-3 耐火材料有哪些分类方法？

5-1-4 按照耐火度不同，可将耐火材料分为哪几类？

5-1-5 按照化学矿物组成的不同，耐火材料包括哪几种？

5.2　耐火材料的一般性质

耐火材料的使用条件和制品的质量主要取决它的性质。而它的性质又取决于制品的化学矿物组成和组织结构，也就是制造所用的原料和制造方法所决定。而各种耐火制品都有自己独特的性质，因此，为了合理地使用耐火材料，首先必须知道它的性质。

5.2.1　耐火材料的化学矿物组成

耐火制品是矿物的组成体，它的性质是各个组成矿物性质的综合。而耐火制品中矿物种类及性质由它的化学组成所决定。

5.2.1.1　化学组成

耐火制品的化学组成是它的基本特征。若知道耐火制品的化学组成，就可按化学矿物组成分类法确定其所属的类别。根据所属的类别，可以判定组成制品的基本化合物或元素、或其他氧化物。再根据化合物的性质，确定耐火制品的化学性质是属于酸性的还是碱性的或者是属于中性的。

根据耐火制品的化学组成物含量的多少，可归纳为两部分：即占绝大多数的主要成分和仅占少量的杂质成分。杂质成分常是易熔物，它在制品中起着熔剂作用。熔剂的强弱，取决于各个基本成分和杂质成分相互间的化学性质和比例。总之，原料中含杂质量越少越好，即纯度越高越好。

5.2.1.2　矿物组成

耐火制品是矿物的组成体。因此，在考虑制品的组成对它的一些性质的影响时，不但要考虑它的化学组成而且也要考虑制品的矿物组成。

在研究耐火制品的组成时，更重要的是研究它的矿物组成，而不是制品的化学组成。因为化学组成相同的耐火制品，其矿物组成不一定相同，矿物组成和外形条件有关，如成型压力、烧成温度、火焰气氛以及加工工艺等。

耐火制品的矿物组成主要指它的矿物相种类、各矿物相的数量以及诸矿物相的分布和结构情况。耐火制品中矿物相大体分为两类：主晶和基质。主晶是耐火制品中主要组成的结晶相或称骨料，它的性能基本上决定了耐火制品的性能。基质是包围主晶周围的起胶结作用的结晶矿物或玻璃质，它的熔点较低，起着熔剂作用。主晶和基质的分布情况，常具有很大的现实意义。例如，硅石中存在着少量的氧化铁，氧化铁分布越均匀，则越有利于硅石的多晶转变过程。

耐火制品的矿物结构类型分为晶体交错和呈弧岛分散的结构，从制品的高温结构强度、抗渣性和热稳定性等性能来看，前者的结构类型优于后者。

各种耐火制品的矿物结构是通过电子显微镜，X 光分析以及偏光显微镜来观测的。

5.2.2 耐火材料的物理性质

耐火制品的特性不单纯由化学矿物组成所决定，而且更重要的是取决于它的制造工艺。原料相同而制造工艺不同，制品结构也不同。

5.2.2.1 体积密度、真密度、气孔率和吸水率

耐火制品的致密程度是评价耐火制品质量的重要指标之一，它通常用体积密度、真密度、气孔率和吸水率来表示。

（1）体积密度（γ）。它是包括全部气孔在内的单位体积制品所具有的质量，单位以 g/cm^3 表示，

$$\gamma = \frac{G_1}{V}$$

式中，G_1 为干燥试样的质量，g；V 为试样的体积，cm^3。

（2）真密度（d）。它是耐火制品除去全部气孔后单位体积制品所具有的质量。

$$d = \frac{G_1}{G_1 + G_2 - G_3} d_{介}$$

式中，G_1 为干燥试样的质量，g；G_2 为盛满介质的瓶重，g；G_3 为盛满介质和试样的瓶重，g；$d_{介}$ 为介质密度。

各种耐火制品真密度的大小取决于它的化学矿物组成。由真密度的大小可以判断矿物相的种类和各矿物相的多少，从而可以判断耐火原料的烧结程度。

对易于水化的耐火制品（如镁石和白云石），其真密度需要在二甲苯或煤油中进行测定。

（3）气孔率。任何耐火制品内都存在若干大小不同的气孔，按其存在形态可分为三种类型：1）密封在制品中的与外界不相通的闭口气孔；2）与外界相通的并且贯通耐火制品两面的贯通气孔；3）没有贯通制品两面的气孔。为了简便起见，把后面二者合并统称为开口气孔，又称为显气孔。

耐火制品具有开口气孔，在使用中与炉气、熔渣或金属直接接触，使耐火制品容易受到物理化学侵蚀；闭口气孔在耐火制品中含量少，其危害较小，由于闭口气孔不能直接测定，所以耐火制品的气孔率往往用开口气孔率表示它的致密程度。

开口气孔率（显气孔率）是指与外界相通的气孔的体积与耐火制品体积之比的百分

数。其测定方法是取一试样称其干质量 G_1，将试样放入容器中，抽真空后注入水浸没试样，此时显气孔被水填满，取出试样轻轻用湿布擦去表面多余的水，然后称其质量 G_2，最后再将试样悬在水中称得质量 G_3，则试样的开口气孔率为

$$开口气孔率 = \frac{G_2 \quad G_1}{G_2 - G_3} \times 100\%$$

（4）吸水率。它是指耐火试样吸水后的质量与干试样质量的比。

$$吸水率 = \frac{G_2 - G_1}{G_1} \times 100\%$$

式中，G_1为干燥试样的质量，g；G_2为吸收饱和水后试样的质量，g。

吸水率的测定很简单，先将干燥试样称其质量 G_1，再将干试样放入容器中抽真空并注入水把试样浸没，然后取出试样，同样方法擦掉多余水称其质置 G_2，则得到吸水率。常用耐火制品的致密度见表 5-2。

表 5-2　耐火制品的致密度和强度指标

制品名称	体积密度/$g \cdot cm^{-3}$	开口气孔率/%	常温耐压强度/$kg \cdot cm^{-2}$
普通黏土砖	1.8~2.00	28.0~24.0	100~200
致密黏土砖	2.05~2.20	22.0~16.0	300~500
高密度黏土砖	2.25~2.30	15.0~10.0	600 以上
硅砖	1.80~1.95	22.0~19.0	250~450
镁砖	2.60~2.70	24.0~22.0	300~500

5.2.2.2　透气性

耐火制品具有透过气体的能力，称为透气性，它也是评价耐火制品致密程度的指标之一。透气性是由贯通气孔的大小、分布情况、气体的温度和黏度等因素决定。

气体透气性在某种场合中能决定制品的使用寿命。例如：砌筑在高炉上部的黏土砖，由于炉内 CO 气体在砖中发生碳素沉积作用，砖遭到破坏。耐火制品的透气性越强，它的损坏越严重。同样，透气性削弱抗渣性。总之，耐火制品的气体透过越少越好。

耐火制品的透气性能通常用透气系数 K（$L \cdot cm \cdot m^{-2} \cdot mmH_2O^{-1} \cdot h^{-1}$）来表示：

$$K = \frac{V\delta}{F\Delta p\tau}$$

式中，V 为通过试样的气体体积，L；δ 为试样的厚度，cm；F 为试样的断面积，m^2；Δp 为试样两侧的气体压力差，mmH_2O；τ 为气体通过试样的时间，h。

因此，透气系数即为对于单位面积和单位厚度的试样，在单位压力差和单位时间内所通过的气体量。

在实际测定时，并不是直接按上述公式进行的，而是取一定体积的气体，在给定的压力下，通过规定大小的试样，测定它通过的时间，最后按公式进行计算。

5.2.2.3　常温耐压强度

按照标准规定，耐火制品常温耐压强度不低于 100~150kg/cm^2。而实际生产的耐火制

品，特别是高级的耐火制品耐压强度都在250~300kg/cm^{2}以上。一般热工设备上采用的制品所承受的荷重是比较小的，通常不超过2kg/cm^2，拱形炉顶上的应力也不超过4~5kg/cm^2。因此，要求耐火制品具有较高的耐压强度绝不是为了抵抗常温静负荷的作用，而是用来表示耐火制品的加工质量。常用耐火制品的耐压强度见表5-2。

耐火制品是耐火颗粒的组成体，它的耐压强度取决于：颗粒本身的强度，颗粒间连接的牢固性，气孔的数量以及气孔存在的形式。这些条件与生产工艺和原料的化学矿物组成以及使用情况有关。

实验指出，多数耐火制品的耐压强度随着温度的升高而增加，在1000~1100℃时达到最高；温度继续升高，耐压强度急剧降低，这是因为在制品中产生液相的结果。

5.2.2.4　热膨胀性

耐火制品和其他所有物质一样，受热时体积膨胀，冷却后又恢复为原来的体积，这种随温度变化而发生的可逆体积变化的现象，称为热膨胀性。热膨胀性的大小取决于耐火制品内部产生应力的大小，膨胀的百分率可用线性膨胀百分率表示。

$$\alpha = \frac{L_1 - L_0}{L_0} \times 100\%$$

式中，α 为线膨胀百分率；L_0 为试样在受热前的长度，m；L_1 为试样在受热后的长度，m。

不同耐火制品的热膨胀性取决于化学矿物组成，同一种耐火制品线膨胀性取决于受热温度范围。

5.2.2.5　导热性

耐火制品的导热性是以导热系数 λ 来表示。λ 越大说明制品的导热能力越大，反之，导热能力越小。

影响耐火制品导热系数的主要因素除化学矿物组成和组织结构外，还有温度。绝大多数的耐火制品导热系数随着温度升高而增加。

5.2.2.6　热容

在炉子热工计算中以及计算耐火材料的导热性时，常常要用到热容。热容的单位通常以kcal/(kg·℃)或J/(kg·K)来表示，它随着温度的升高而缓慢地增加。

5.2.2.7　温度传导性

温度传导性是表示物体加热时的温度传递速度，它决定耐火制品急热急冷时内部温度梯度的大小。温度传导性用温度传导系数（又称导温系数）a(m^2/h)表示。

$$a = \frac{\lambda}{C_p \gamma}$$

式中，a 为导温系数，kcal/(kg·h·℃)或W/(m·K)；C_p为恒压下热容，kcal/(kg·℃)或J/(kg·K)；γ 为体积密度，kg/m^3。

由于各种耐火制品的热容差别不大，所以不同耐火制品的温度传导性主要取决于导热系数和体积密度。同一种耐火制品的温度传导系数则取决于温度的高低。

5.2.2.8 导电性

除碳质、石墨黏土质、碳化硅质外，耐火制品在低温下都是电的不良导体。温度升高时，导电性显著增加，尤其是在1000℃以上增加更为明显，这是因为制品中产生了液相，使制品变成导电体。

5.2.3 耐火材料的工作性质

5.2.3.1 耐火度

耐火度是指材料在高温下抵抗熔化的性能指标。它代表的意义与熔点不同。熔点是指纯结晶物质的熔融温度，由于耐火材料不是由单一结晶矿物组成，而是含有多种矿物和杂质，有结晶相也有玻璃相，在加热过程中，它们相互作用生成一系列复杂的低熔点共熔物，当温度较低时即开始生成数量不多的液相。随着温度升高，液相不断增加，直至最后，制品完全熔融。材料自开始到完全熔融，温度间隔较长，所以不能说明哪一点真正代表材料的熔点。为了说明耐火度这一概念，先说明它的测定方法。

耐火度的测定是取一定粒度的试样加入少许结合剂制成标准锥，其高30mm，上边长2mm，下边长8mm。将它直立插在托盘上，在高温电炉中以一定的升温速度加热。试样随着内部液相增加和液相黏度的降低发生软化，在重力的作用下向下弯倒。试样的锥尖触及托盘时的温度，取为被测制品的耐火度，如图5-1所示。一般情况下不采用直接测量的方法，而是与标准锥来比较。例如与WZ171号标准锥同时弯倒，则试样耐火度为1710℃；如果在WZ171弯倒以后而在WZ173接触托盘以前弯倒，则耐火度为1710~1730℃。

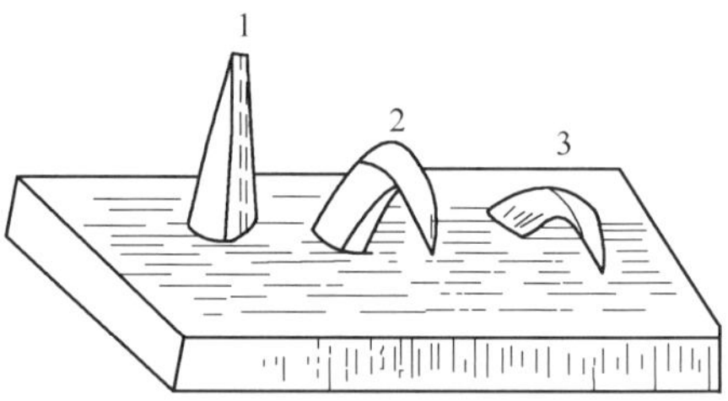

图5-1 测温锥弯倒情况
1—软化弯倒前；
2—在耐火度温度下软化弯倒情况；
3—超过其耐火度时软化弯倒情况

影响试样耐火度的因素很多，主要归纳为下列几个方面：

（1）制品的化学矿物组成和它的分布情况。化学矿物组成和它的分布不同时，制品中产生液相的速度和量以及液相黏度不同，因而耐火度也不同。当制品中矿物分布均匀时，制品的耐火度主要取决于它的化学组成。

（2）原料的颗粒度。制品在高温下各相间相互反应，生成液相，以及固相在液相中不断溶解，这些物理化学过程首先是在颗粒表面进行的。颗粒越小，反应速度越快，则试样越容易弯倒。

（3）升温速度。制品在加热过程中，升温速度越快，弯倒要求的温度越高。这是因为制品内部的物理化学反应过程需要一定时间才能完成，在这种情况下测得的耐火度就高，为了正确地反映制品的耐火度，对升温速度有一定的要求，不能过快。

（4）炉内的气氛。炉内的气氛对耐火度也有一定影响，一般耐火原料中都含有一定的氧化铁。在氧化气氛中，氧化铁以Fe_2O_3状态存在，在还原气氛中，氧化铁以FeO或

Fe 状态存在。当制品中呈 FeO 状态时，耐火度降低。

（5）试样锥的安放位置。试样锥的安放位置对耐火度也有影响，一般测定时按标准进行。

应当看到，制品的耐火度不能代表它的实际使用温度。因为测定材料耐火度时是不荷重的，实际使用时有荷重作用。因此，使用温度要比耐火度低。

5.2.3.2　荷重软化温度

荷重软化温度是指它在高温下对荷重的抵抗性能。耐火制品在常温下耐压强度很高，但在高温条件下它的耐压强度却显著降低。这是因为耐火制品中的低熔点结合物过早熔化，在制品内产生液相的结果。耐火制品在高温使用时都承受一定的负荷，所以测定它的荷重软化温度具有很大的意义。

荷重软化温度的测定是取一定原料制成直径为 36mm，高为 50mm 的圆柱体试样，在 $2kg/cm^2$ 的压力下，按照一定的升温速度（800℃以下每分钟不超过 10℃，温度大于 800℃时每分钟不超过 4～5℃）连续均匀加热，测出试样从膨胀到最高点算起开始软化压缩高度的 0.6%（软化开始点）和 4%及 40%（软化终了点）3 个点作为试样的荷重软化温度。常用几种耐火制品的荷重软化温度变化曲线如图 5-2 所示。

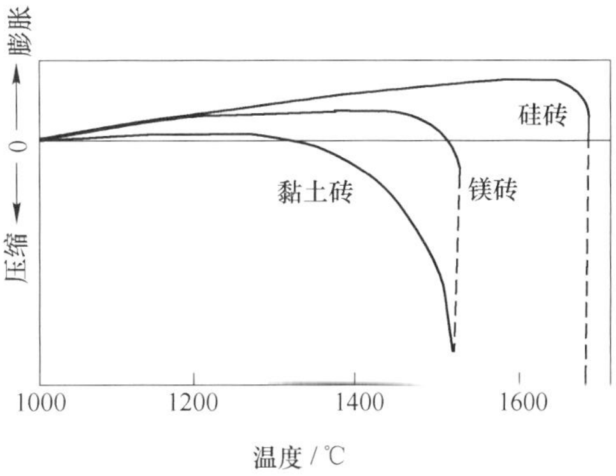

图 5-2　耐火制品的荷重变形温度曲线

从图 5-2 中可以看出，不同耐火制品的荷重软化温度不同，而且差别很大。即使同一种耐火制品，数值也不一样。影响耐火制品荷重软化温度的主要因素有以下几方面。

（1）制品化学矿物组成和微观结构。纯晶体的荷重软化温度应该接近它的熔点，因为只有在接近熔点温度的制品才开始产生塑性变形。但是，各种耐火制品中或多或少总是含有一定数量的杂质，这些杂质使制品在较低的温度下就产生了液相，因此降低了它的荷重软化温度。制品中杂质越多，生成的液相越多，其黏性越小，则与耐火度相比它的软化温度降低得更多。

耐火制品晶体部分的结构特征对制品的荷重软化温度也有一定的影响。当耐火制品中基本物质的晶体呈交错网络结构时，它的荷重软化温度接近于晶体的熔点（如硅砖）；当制品的基本物质晶体呈孤岛状分散在易熔的玻璃相中，形成玻璃质的胶结结构时，尽管基本晶体的熔点很高，制品的荷重软化温度也比较低（如黏土砖）。

（2）耐火制品的致密程度。提高耐火制品的致密程度，可以提高制品的荷重软化开始温度，但对于它的荷重软化终了温度没有影响。

（3）烧成温度和原料的纯度。提高制品的烧成温度能降低它的气孔率，增大晶粒和改善晶粒间的相互结合，从而提高了制品的荷重软化开始温度。提高耐火制品原料纯度，可以提高它的荷重软化开始和软化终了温度，因此，荷重软化温度向耐火度靠近。

实验室内荷重软化温度是在荷重条件为 $2kg/cm^2$ 下测得的，而实际使用中，耐火制品所受的荷重比它低得多；另外，实验室测得的荷重软化温度是在试样受四面加热条件下，变形时间在很短的时间范围，而实际条件下，制品是一面加热，变形时间长。因此，实际条件下耐火制品的荷重软化温度要比实验室内测定的荷重软化温度高。当然实际条件下制品可能受到其他荷重。上述条件在选用耐火材料时应加以考虑。

5.2.3.3　热稳定性

耐火制品抵抗因温度急剧变化而不开裂或剥落的能力，称为热稳定性（又称为耐急冷急热性）。耐火制品在使用过程中，当温度急剧变化时会产生裂纹或剥落，这是由于耐火制品的导热性能差，而使得砖内产生应力，若制品内部的应力超过砖体的结构强度极限就会造成裂纹。开始时裂纹可能很小，随着温度波动次数的增加，裂纹逐渐扩展，直至产生剥落。造成这种损坏的主要原因是：

（1）耐火制品的物理性质。在制品中由于温度的急剧变化，在相邻表面层内产生较大的温度梯度，所以产生的内应力大，若内应力超过塑性变形范围，制品就要产生破裂。

（2）耐火制品的组织结构。对于同类的耐火制品，当其内部结晶结构发生改变时，耐火制品的物理性能（如热膨胀性、导热系数、体积密度、热容等）随之改变，结果影响热稳定性。除此以外，增大砖料的粒度，能使大部分耐火制品热稳定性提高。因为大颗粒制品的气孔增多，颗粒间表面接触减少，当温度升高时，颗粒间可以移动，从而消除了局部应力。对于致密的耐火制品，因为缺乏这种作用，它的热稳定性变差。

（3）耐火制品的形状和大小。薄的、小的和形状简单的耐火制品比厚的、大的和形状复杂的耐火制品热稳定性好。

影响耐火制品热稳定性的因素很多，而且不能通过计算和测量的方法得到，所以通常是用比较的方法说明其热稳定性的好坏。

热稳定性的测定是按部颁标准。将一规定试样加热到850℃后放入流动的冷水中冷却，然后取出再加热至850℃，再放入冷水中冷却，直至试样脱落部分的质量等于初试样质量的20%为止，所经受急冷急热的次数作为耐火制品的热稳定性指标，见表5-3。

表5-3　各种耐火制品的热稳定性指标

制品名称	质量损失20%时耐急冷急热次数	制品名称	质量损失20%时耐急冷急热次数
细粒致密黏土砖	5~8	镁砖	2~3
粗粒黏土砖	25~100	镁铝砖	25次以上
普通黏土砖	10~12	硅砖	1~2

5.2.3.4　抗渣性

耐火制品在高温下抵抗熔渣侵蚀作用的能力称为抗渣性。在冶金炉中进行的冶炼和加热过程一般都有炉渣、炉尘和炉气的存在，并与耐火制品相接触起化学作用。在高温条件下，这种作用将加剧，从而使耐火制品遭受损坏。

熔渣对耐火制品的侵蚀作用包括三方面，即化学腐蚀、物理溶解和机械冲刷。三者作用往往是同时进行，并且相互促进。

化学腐蚀是熔渣和耐火制品发生化学反应，生成新的物质进入熔渣中，从而改变了熔渣的化学成分。物理溶解是由于化学腐蚀和耐火制品颗粒结合得不牢固而使得固体耐火制品颗粒溶解到熔渣中去。机械冲刷也是一种物理现象，熔渣的流动使结合力差的耐火颗粒被带走，或者被溶于熔渣中。腐蚀和溶解以及冲刷是同时进行着的，在一般情况下，溶解、冲刷是从属的。但是，如果制品中耐火颗粒对炉渣化学作用抵抗力很强，而颗粒间胶结物不耐温或者是烧结不良，则溶解、冲刷会变得更为严重。

(1) 影响耐火制品抗渣能力的主要因素。

1) 耐火制品和熔渣的化学成分。耐火制品的化学成分的属性基本上可分为三种，即酸性、碱性和中性。熔渣化学成分的属性分为两种，即酸性熔渣和碱性熔渣。

酸性耐火制品对酸性炉渣具有较强的抗渣性，对碱性熔渣抵抗能力差。对于呈碱性的炉子熔渣，采用碱性的耐火制品时具有良好的抗渣性，对酸性渣抵抗能力差。对于中性耐火制品来说，对上述两种熔渣都有一定的抵抗能力。

2) 熔渣与耐火制品的接触面。显然，熔渣与耐火制品的接触面越大，腐蚀作用越厉害。如果制品的气孔越多则接触面越大，因此，高密度的耐火制品，气孔率低，抗熔渣的侵蚀能力强。炉渣对耐火制品的润湿性越强，腐蚀作用越强。因为润湿强，接触表面也大。

3) 熔渣的黏度。熔渣黏度大，流动性差，对耐火制品的润湿能力小，其腐蚀作用比黏度小流动性好的熔渣要小。

4) 炉子工作温度。熔渣和耐火材料的化学反应速度、溶解能力的多少和熔渣的黏度大小是影响化学腐蚀的主要因素。而化学反应速度、溶解能力以及熔渣润湿性等随着温度的升高而增大。所以，耐火制品的使用温度是影响抗渣性最重要的一个因素。

(2) 抗渣性的测定方法。抗渣性的测定方法很多，最常用的是坩埚法和标准法两种。

1) 坩埚法。将欲测的耐火材料制成坩埚，并放入一定成分的炉渣在坩埚内，经过高温加热后，测量熔渣对坩埚浸透的深度。

2) 标准法。将一定数量的炉渣撒在60mm×60mm×110mm的试样上，在1450℃下进行加热，以每分钟不超过3℃的速度升温至1475~1480℃，并保温30min后自然冷却，最后以试样被炉渣侵蚀掉的体积分数来表示抗渣能力。

熔渣对耐火制品的腐蚀过程是极其复杂的，上述方法并不能完全代表它的抗渣性。因为它没有完全反映实际工作条件，因此，实验测得的抗渣性只能是一个近似的参考指标。

5.2.3.5 高温体积稳定性

耐火制品在高温条件下，体积发生不可逆变化的数量，称为高温体积稳定性。绝大多数的耐火制品在高温下长期使用时，它的体积可能产生不可逆的收缩，有些则产生体积膨胀，这种体积的变化称为残余收缩，或残余膨胀。耐火砌体过大的体积收缩会导致砌体的砖缝增大，不利于砌体的气密性、整体性、抗渣性和热稳定性，严重时可能产生炉顶、炉墙下沉以致倒塌。过大的残余膨胀也造成砌体内部应力分布不均，从而破坏了原来的几何形状，甚者会使炉子倒塌。因此，无论是残余收缩还是残余膨胀都会使炉子寿命降低。但是，少量的残余膨胀对于炉子寿命，特别是炉顶寿命有较好的影响。

残余收缩的产生是由于耐火制品在生产中烧结不完全造成的。制品产生残余收缩的过程是制品继续致密的过程，由于在高温时液相产生，在表面张力作用下，晶相重新分布、颗粒互相靠紧，因此产生收缩。若生成的新的晶相密度大于原料的密度就引起收缩，反之小于原料的密度就引起残余膨胀。由此可见，不管是残余收缩还是膨胀都是由于烧成后制品内部反应不完全的结果。

为了减少上述缺陷，在足够高的温度下长时间的烧成能得到最大的体积稳定性。因此，对于一些耐火制品，烧成温度高于使用条件温度。但是，过高的烧成温度会影响制品外形尺寸的准确性，以及使制品产生玻璃化，这样反而降低了它的热稳定性；烧成时间过长会影响耐火制品的产量。因此，通过实践可以得到合理的烧成温度和烧成时间。

耐火制品的残余收缩或膨胀，是在一定温度下用重烧方法测定的。重烧温度是根据各种制品的主要要求及使用条件来决定，对于黏土制品和半硅制品为1250~1450℃，对于硅质制品为1450℃，对于镁质制品为1650℃，对于高铝制品为1500~1600℃。在重烧时产生的残余膨胀或收缩的数量，是用测量试样在重烧前和重烧后的体积变化率来表示。各种耐火制品的重烧率不得超过0.5%~1.0%。

5.2.3.6　耐火制品形状和尺寸的准确性

耐火制品形状和尺寸的准确性直接影响炉子寿命。合乎规定外形尺寸的耐火制品，砌筑填充物少，气密性好，抗渣性和热稳定均比填充物多的要好。一般耐火制品的尺寸公差不得超过±3%，炉子主要部位不得超过±（1.0%~1.5%）。此外不得有扭、弯、缺边、掉角等。

复习思考题

5-2-1 耐火材料的化学组成包括哪两方面？

5-2-2 耐火材料的物理性质包括哪些？简述各自的物理意义。

5-2-3 何为耐火度，其影响因素有哪些？

5-2-4 什么是荷重软化温度，影响因素有哪些？

5-2-5 什么是热稳定性和抗渣性？

5-2-6 什么是高温体积稳定性，对耐火材料的影响是什么？

5.3　常用块状耐火制品

5.3.1　硅酸铝质耐火制品

硅酸铝质耐火制品是由氧化铝和二氧化硅为基本化学成分组成的耐火制品，按Al_2O_3质量分数的不同可分为三种：Al_2O_3质量分数为15%~30%的称为半硅质耐火制品；Al_2O_3质量分数为30%~48%的称为黏土质耐火制品；Al_2O_3质量分数大于48%的称为高铝质耐火制品。在硅酸铝质耐火制品中，除主要成分Al_2O_3和SiO_2外，还含有少量的其他成分，如Fe_2O_3、TiO_2、CaO、MgO、Na_2O及K_2O等，所有这些称为杂质成分。

5.3.1.1　黏土质耐火制品（黏土砖）

凡Al_2O_3质量分数在30%~48%范围内的耐火制品称为黏土质耐火制品。

A　原料

制造黏土砖采用的主要原料是黏土。根据黏土性质的不同又分为高岭石（分子式为$Al_2O_3 \cdot 2SiO_2 \cdot H_2O$）黏土、硬质黏土和页岩状黏土等。

黏土中的主要矿物是高岭石，其化学组成（质量分数）是39.48%Al_2O_3，46.60%SiO_2和13.92%H_2O。煅烧后的化学组成是45.87%Al_2O_3和54.13%SiO_2。此外，原料中尚含有一定量的矿物杂质，如石英、云母、黄铁矿、长石和其他盐类。它的存在会使砖的质量降低，所以杂质属于有害成分，尤其是氧化铁的存在危害性最大。因为它使制品耐火性能降低，若氧化铁在制品中分布不均匀，烧成后产生熔洞和黑斑等缺陷，因此，要求它的质量分数不得超过3.5%。以云母状态存在的Na_2O、K_2O矿物杂质在制品中起熔剂作用，其作用强度比铁还大，但含量较低，故危害不大。其他如MgO、CaO等同样起着熔剂作用。总之，杂质的存在对制品的耐火性都是不利的，因此要求原料中杂质的质量分数共计不得超过6%，否则就不能作为耐火制品的原料。

黏土中的矿物组成测定比较困难，在生产实际中都偏重于测定其化学组成，借助于化学成分来判断矿物组成、纯度和耐火性能。

黏土在加热过程中发生一系列的物理化学变化，认识这一变化过程对于制造黏土制品极为重要。众所周知，耐火黏上的主体是高岭石，它在加工过程中，随着温度的升高，其矿物组成将不断变化，最后产生的平衡相是莫来石（$3Al_2O_3 \cdot 2SiO_2$）和方石英（SiO_2）。加热时的变化过程是：

（1）加热温度超过150℃时，黏土中的游离水分蒸发，温度继续升高至450~550℃时，高岭石排出结晶水，生成偏高岭石。

$$Al_2O_3 \cdot 2SiO_2 \cdot 2H_2O \longrightarrow Al_2O_3 \cdot 2SiO_2 + 2H_2O$$

（2）偏高岭石在930~960℃时分解成无定形Al_2O_3和无定形SiO_2，同时无定形Al_2O_3结晶成γ-Al_2O_3。

$$Al_2O_3 \cdot 2SiO_2 \longrightarrow Al_2O_3 + 2SiO_2$$

$$Al_2O_3 \longrightarrow \gamma\text{-}Al_2O_3$$

（3）γ-Al_2O_3和无定形SiO_2在温度1100~1200℃及1250~1300℃时生成莫来石和无定形SiO_2。

$$3Al_2O_3 + 6SiO_2 \longrightarrow 3Al_2O_3 \cdot 2SiO_2 + 4SiO_2$$

根据黏土质耐火制品的生料和熟料的配比不同，又分为多熟料（熟料大于80%）黏土制品和普通（熟料为20%~70%）黏土制品以及全生料黏土制品；根据外形尺寸和允许偏差分为一级和二级。

B　性质

由于黏土质耐火制品的化学组成波动范围（Al_2O_3质量分数为30%~48%）较大，所以它的性质指标变化也大；此外，砖料的不同、制造方法的不同以及烧成温度的不同，也是造成性能相差较大的一个原因。

（1）耐火度。黏土质耐火制品的耐火度一般在1580~1770℃范围内。随着Al_2O_3的增加，耐火度增高；随着制品中熔剂（杂质）含量的增高，耐火度显著降低。

（2）荷重软化温度。黏土质耐火制品的荷重软化温度为1250~1400℃至1500~1600℃，其温度间隔为150~250℃，这是由莫来石晶体结构所决定的。从矿相分析得知莫来石晶体呈针状分布在硅质玻璃体中，由于莫来石的数量少而玻璃体数量多（占 50%以上），所以制品荷重软化温度在很大程度上取决于玻璃体的耐火性能。玻璃体一般在温度较低的条件下开始产生液相，使莫来石溶解在液相中，从而使液相黏度增加。当温度继续升高，黏度降低。因此荷重软化变形缓慢。欲提高黏土制品的荷重软化温度，可增加 Al_2O_3 的含量，降低 SiO_2或原料中的杂质含量。

（3）热稳定性。由于黏土质耐火制品的主晶矿物莫来石的热膨胀系数小，并且被大量的玻璃相所包围，因而受热过程中应力得不到发展，热稳定性好。一般普通黏土砖的耐急冷急热次数为 10~15 次，多熟料的耐火制品可达 50~100 次。

黏土制品的热稳定性主要取决于原料的物理性能和它的微观结构，而制品的结构则取决于熟料的含量、颗粒组成、成型方法和压力以及烧成温度等。

黏土制品的热稳定性随着熟料的增加而提高，而熟料颗粒组成对黏土制品起决定作用的是粉状细粒，它的增加使制品的热稳定性降低；此外，提高耐火制品的气孔率，也可使热稳定性相应提高，反之，热稳定性降低。

（4）抗渣性。黏土制品属于弱酸或接近中性的耐火制品，随着 SiO_2的增加酸性增强，因此，黏土质制品可以作酸性炉渣的内衬，也可以作为碱性炉渣的内衬。由于它属于弱酸性或接近中性，所以对酸性炉渣比对碱性炉渣抗侵蚀能力强。

黏土制品的抗渣性取决于制品的化学矿物组成和致密度。随着制品 Al_2O_3 含量的增加、熔剂含量的降低和气孔率的减少，抗渣性提高。多熟料的制品比一般制品的抗渣能力强。因为减少了容易被侵蚀的黏土结合剂。为了提高抗渣能力，可采用多熟料和细粉配合以及提高 Al_2O_3 含量，减少熔剂含量或提高烧成温度等办法。

（5）高温体积稳定性。黏土制品在长期高温作用下体积有残余收缩。这是因为在配料中有生料结合剂和在烧成过程中矿化过程不彻底造成的。长期高温烧成可以提高制品的体积稳定性。一般制品的残余收缩不超过 1%。

C　应用

由于黏土制品的原料来源丰富，制造工艺简单，原料成本低廉，工作温度在 1400℃左右，且对酸碱性炉渣有一定的抵抗能力，故目前为冶金企业广泛应用。它的生产量在整个耐火材料生产中的比例最大。

对于各种加热炉、锻造炉、热处理炉以及各种有色冶金炉等在 $2kg/cm^2$ 以下的荷重，炉渣侵蚀作用不大的部位均可采用。

对于要求温度高、体积稳定性好的部位，如高炉炉缸、盛钢桶衬砖可采用特制多熟料的黏土砖。

5.3.1.2　高铝质耐火制品（高铝砖）

凡是 Al_2O_3 质量分数大于 48%（国外规定大于 46%）的硅酸铝质耐火制品统称为高铝质耐火制品。由于高铝质制品含 Al_2O_3 的量比高岭石中含 Al_2O_3 的量还要高。因此，采用高岭石制造高铝制品不能满足化学组成的要求，所以制造高铝砖采用含 Al_2O_3 比较高的天然铝矾土或工业氧化铝作为原料。

制品按 Al_2O_3 质量分数的不同分为三级：Al_2O_3 质量分数大于 75%的为一级；Al_2O_3 质量分数在 60%~75%的为二级；Al_2O_3 质量分数在 48%~60%的为三级。按主要矿物组成分：莫来石质、莫来石-刚玉质、刚玉-莫来石质和刚玉质制品。

制品中 Al_2O_3质量分数的不同，它们的矿物组成也不同。随着 Al_2O_3质量分数的增加，制品中的矿物莫来石和刚玉结晶相增加，而玻璃相相应减少，耐火性能增强。当制品中 Al_2O_3质量分数低于 71.8%时，制品中唯一稳定相为莫来石，Al_2O_3继续增加时，出现另一晶相，即刚玉（α-Al_2O_3）。

A 原料

制造高铝砖的主要原料高铝矾土在我国山西太原、阳泉，河北唐山古冶，河南巩县、泌阳，山东淄博地区，贵州贵阳，湖南湘潭以及辽宁复州湾、本溪等地蕴藏量都很大。其中 Al_2O_3质量分数均在 48%~90%以上，是制造高铝砖的宝贵原料。为我国高铝砖生产提供了有利条件。

高铝矾土的化学矿物组成有水铝石（α-$Al_2O_3 \cdot H_2O$）和高岭石（$Al_2O_3 \cdot 2SiO_2 \cdot 2H_2O$）的混合物，此外有波美石（$Al_2O_3 \cdot H_2O$）、三水铝石（$Al_2O_3 \cdot 3H_2O$）、天然刚玉、含铁的矿物和金红石（$TiO_2$）等。其中还含有 TiO_2、Fe_2O_3、CaO、MgO、K_2O 和 Na_2O 等杂质，它们通常随 Al_2O_3含量的提高，总量有所增加，以金红石含量为最多且均匀分布，其中含铁矿物杂质分布不均匀。其他矿物如 CaO、MgO 质量分数较少，一般在 0.3%~0.5%左右波动。

高铝矾土和一般黏土相比，烧结性能差。高铝矾土在烧结时的物理化学变化大致分为以下几个阶段。

（1）400~1200℃范围内属于分解期，其化学反应为：

$$\alpha\text{-}Al_2O_3 \cdot H_2O \xrightarrow{400 \sim 600℃} \alpha\text{-}Al_2O_3 + H_2O$$

$$Al_2O_3 \cdot 2SiO_2 \cdot 2H_2O \xrightarrow{400 \sim 600℃} Al_2O_3 \cdot 2SiO_2 + 2H_2O$$

$$3(Al_2O_3 \cdot 2SiO_2) \xrightarrow{950℃\text{ 以上}} 3Al_2O_3 \cdot 2SiO_2 + 4SiO_2$$

理论研究认为高铝矾土的脱水在 450~600℃反应激烈，在 700~800℃完成，这时生成的刚玉是假相，只有在高温下才逐步转变为刚玉。高岭石脱水后形成无水高岭石，在 950℃以上，无水高岭石转变为莫来石和无定形的石英，在高温条件下无定形石英转变为方石英。

（2）在 1200~1500℃时完成下列转变：

$$3Al_2O_3 + 2SiO_2 \xrightarrow{1200 \sim 1500℃} 3Al_2O_3 \cdot 2SiO_2$$

由于制品中有游离的刚玉和游离方石英存在，在此温度下生成莫来石和二次莫来石。

（3）在 1400~1500℃以上的温度莫来石变化完成，进入再结晶阶段。同时高铝制品中杂质生成液相，从而使制品进一步致密化。

B 性质

高铝制品同其他耐火制品一样，衡量它的质量好坏主要是根据它的工作性质。高铝制品和黏土制品相比，突出的优点是耐火性和抗渣性能好。随着 Al_2O_3质量分数的增加，它的耐火性和抗渣性增强。

（1）耐火度。高铝制品是硅酸铝质制品的高级耐火材料。它的耐火度随着 Al_2O_3质量分数的增加而提高，一般的高铝制品耐火度不低于 1750~1790℃，对于 Al_2O_3质量分数大于 95%的刚玉质制品耐火度可达 1900~2000℃。

（2）荷重软化温度。制品的荷重软化开始温度不低于 1400~1530℃。Al_2O_3质量分数大于 95%的刚玉质高铝制品，荷重软化温度更高。

图 5-3 为采用较纯的黏土和工业氧化铝合成的样品经过良好烧结后的荷重软化温度。从图中看出，在制品中 Al_2O_3质量分数低于 70%时，随着 Al_2O_3质量分数的增加，荷重软化开始温度及压缩 4%曲线有很大提高。Al_2O_3质量分数在 70%~90%的范围内，荷重软化温度几乎没有什么变化。Al_2O_3质量分数大于 90%时，荷重软化温度显著增加。这是因为制品中莫来石和刚玉-莫来石与玻璃相比例变化的结果。开始阶段随着 Al_2O_3质量分数的增加，杂质数量减少，软化温度提高。Al_2O_3质量分数为 70%~90%时，在高温作用下莫来石开始软化并产生滑动，所以荷重软化温度没有什么变化。而 Al_2O_3质量分数高于 90%时，玻璃相减少，荷重软化温度开始提高。

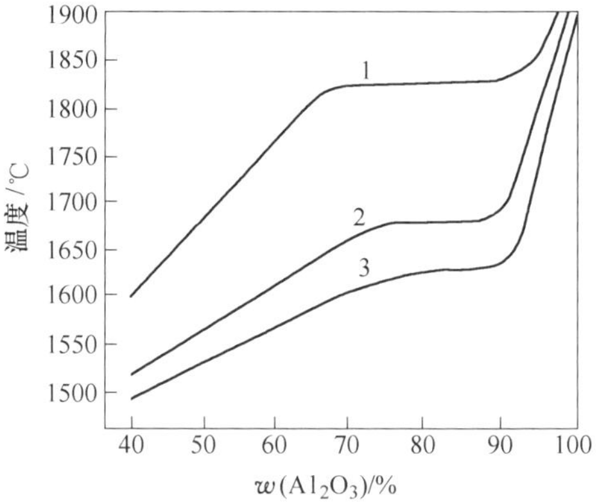

图 5-3　高铝砖中 Al_2O_3含量与荷重软化温度的关系

1—开始软化；2—压缩 4%；3—压缩 40%

实际制品荷重软化温度低于图 5-3 指示的温度，因为杂质含量高，控制液相生成量，提高其黏度等是提高制品荷重软化温度的一个重要途径。

（3）抗渣性。高铝制品的主要成分是 Al_2O_3，而 Al_2O_3属于两性氧化物，既能抗酸性渣又能抗碱性渣的侵蚀。抗酸性渣的侵蚀能力不及硅砖，抗碱性渣的侵蚀能力不及镁砖，但优越于黏土砖。

制品的抗渣性随着 Al_2O_3质量分数增加而增强。因为 Al_2O_3增加，制品中莫来石或刚玉的含量提高，相应降低了制品中起熔剂作用的 SiO_2的含量。

（4）热稳定性。高铝制品的热稳定性介于黏土制品和硅质制品之间，加热 850℃时，水冷交换次数为 3~5 次。高铝制品的热稳定性主要取决于颗粒组成和矿物组成。提高制品颗粒临界尺寸和含量以及降低细粉的含量，对提高热稳定性是行之有效的。提高制品 Al_2O_3含量，减少杂质的总量，其热稳定性提高。对于莫来石刚玉制品，随着 Al_2O_3含量增加，热稳定性降低，因为刚玉的热膨胀系数大于莫来石的热膨胀系数。

C　应用

随着冶金工业的发展，高铝制品的生产量不断增加，质量日益提高，使用范围也逐渐扩大。目前它广泛应用在平炉、电炉、高炉、加热炉以及有色冶炼和加热炉上，并且取得了良好的效果。

5.3.2　氧化硅质耐火制品

SiO_2质量分数在 93%以上的耐火制品称为硅砖。它是以天然硅石为原料加入矿化剂和结合剂，在高温下烧成的制品。

硅砖的矿物是由鳞石英、方石英和少量没有转化的石英以及其他杂质组成。其化学成

分是 $w(SiO_2)$ >93%，杂质成分为 Al_2O_3、Fe_2O_3、CaO、MgO、K_2O、Na_2O 等。

自然界中的 SiO_2在不同温度下以不同的晶型存在。在一定条件下，它们之间可以相互转化，并且在转化的同时伴随着体积的变化，所以了解它的转化过程和各过程中晶型的性质对于制造和使用硅砖都具有十分重要的意义。

5.3.2.1 SiO_2的多晶转变

二氧化硅有 8 种形态，其中有 7 个结晶转变体和一个非结晶型变体，它们是 α-石英、β-石英、α-鳞石英、β-鳞石英、γ-鳞石英、α-方石英、β-方石英和非结晶型的石英玻璃。

SiO_2的同质多晶转变是极其复杂的，在转变过程中伴随的体积变化如图 5-4 所示。根据图 5-4，转变过程可分为两大类：

（1）石英、鳞石英、方石英以及石英玻璃之间的转变。这种转变是由一种晶型转变为另一种晶型，因此结构上和物理性质上都极不相同，这一种转变在无矿化剂和在较低的温度下是不能完成的。所以这个转变必须在高温下或加入矿化剂，以及在较长的时间内才能实现，并且伴随着较大的体积变化，因此把这种转变过程称为迟钝型转变。

（2）同一变体 α、β、γ 结晶形态的转变。这种转变过程在结构上和物理性质上都很相似，所以转变温度低，转化快并且体积变化小，这一转变过程称为快速型转变，或称为高低型转变。

迟钝型转变是由一种结晶构造过渡到另一种结晶构造，从而物理性质发生了根本的变化。而高低型转变不是晶格重新排列，而只是晶格的扭曲或伸直。所以转变温度低，速度快，而且往往是可逆变化。

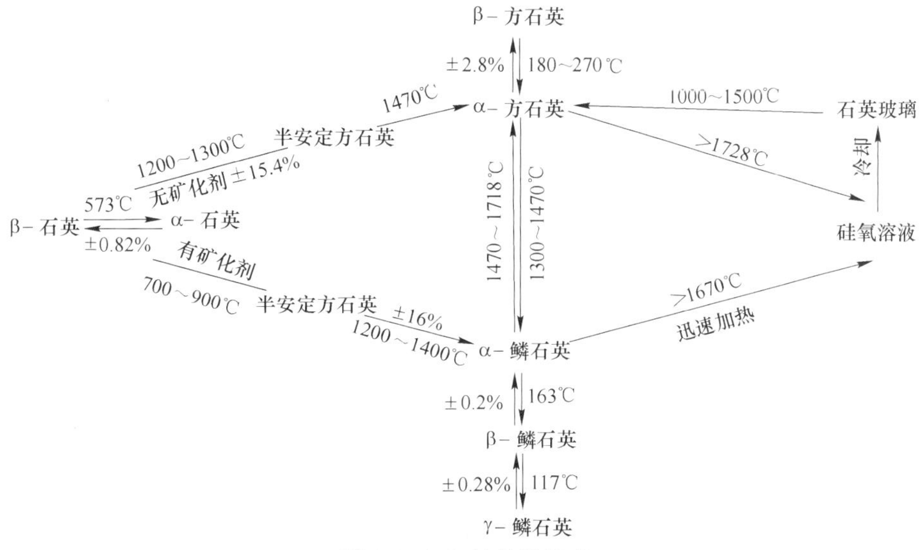

图 5-4 SiO_2的晶形转变

由图 5-4 看出，SiO_2的各种晶体的密度不同，它们在转变过程中有体积变化。高低型转变时发生的体积变化比迟钝型转变时所产生的体积变化小。加热时，由于 α-石英转变为 α-鳞石英或 α-方石英，其体积变化较大，而在冷却时，α-鳞石英转变为 β-鳞石英或 γ-鳞石英，以及 α-方石英转变为 β-方石英，体积变化比较小，所以砖坯煅烧时将产生膨胀和松散现象。因此，烧砖时在600℃以下时应缓慢加热或冷却。

5.3.2.2 硅砖的性质

（1）化学矿物组成。硅砖的化学成分主要是SiO_2，质量分数大于93%。硅砖的主要矿物组成有鳞石英、方石英、游离石英和石英玻璃。其中以鳞石英最多，在高密度的硅砖中以方石英为最多，而游离石英和石英玻璃只含少量。

（2）耐火度。硅砖耐火度的高低随着SiO_2含量和杂质含量及种类的不同而改变，SiO_2含量越高，杂质含量越低，则耐火度越高。一般耐火度波动在1710~1750℃之间。

（3）荷重软化温度。硅砖的荷重软化温度一般可达1640~1650℃，接近鳞石英的熔点，比其他耐火材料都高。这是因为鳞石英和方石英的微观组织结构属于主晶交错的网络结构型，在高温时低熔物不易侵入，所以它的荷重软化温度高。

（4）抗渣性。硅砖的主要化学成分是SiO_2，而SiO_2属于酸性氧化物，所以硅砖制品属于酸性，对酸性渣具有很强的抵抗能力，对碱性渣抵抗能力差，但对于CaO、Fe_2O_3却有一定的抵抗能力。

（5）热稳定性。硅质制品最大缺点是热稳定性差，一般在水中热交换次数为1~2次。在600℃以下温度急变时或加热温度突然超过1200℃时，制品产生裂纹和剥落现象严重。这是由于在600℃以下和1200℃时要产生晶型转变，引起较大的体积变化。

（6）体积稳定性。硅砖在不同温度范围内膨胀是不同的，在不考虑晶型转变时它的热膨胀率是比较小的，而实际加热过程中，伴随着晶型转变，其体积膨胀相当大。一般从常温加热至1450℃体积膨胀率为1.5%~2.2%。

（7）真密度。真密度的大小是判断硅质制品晶型转变程度的一个重要指标。一般硅质制品的真密度在2.38g/cm^{3}以下，优质制品应在2.34~2.35范围内。

5.3.2.3 应用

硅砖突出的特点是荷重软化温度高，所以它主要应用在各种高温炉的炉顶上，同时用于酸性冶炼设备上，如平炉炉顶，蓄热室和沉渣室、酸性转炉、焦炉和炼铜反射炉上。此外在玻璃工业的熔炼炉中也广泛使用。

5.3.3 氧化镁质耐火制品

凡是MgO质量分数在80%以上，以方镁石（MgO）为主要矿物组成的耐火制品称为氧化镁质（或镁石质）耐火制品。

根据镁石质制品的性状，氧化镁质耐火制品可分为两大类，即散状的冶金镁砂和块状的镁石制品。按其化学矿物组成的不同，还可以分为许多种，见表5-4。

表5-4 镁石质耐火制品的种类

种类	主要化学成分	主要矿物组成①
马丁砂	MgO，CaO，Fe_2O_3	方镁石、C_2F、C_4AF、MF、C_2S
冶金镁砂	MgO，CaO，SiO_2	方镁石、CMS、MF
普通镁砂	MgO，CaO，SiO_2	方镁石、CMS、MF

续表 5-4

种类	主要化学成分	主要矿物组成[①]
镁硅砖	MgO，SiO_2	方镁石、M_2S、MF
镁钙砖	MgO，CaO	方镁石、C_2S、C_3S、MF
镁铝砖	MgO，Al_2O_3	方镁石、MA、MF
镁铬砖	MgO，Cr_2O_3	方镁石、$MgO\cdot Cr_2O_3$、M_2S、MF
焦油镁砖	MgO，碳	方镁石、[C]

①该列中 M 代表 MgO，C 代表 CaO，S 代表 SiO_2，F 代表 Fe_2O_3，A 代表 Al_2O_3，[C] 代表碳。

5.3.3.1 镁砖

A 镁石质制品的原料

镁石质耐火制品的主要原料是天然菱镁矿，也有从海水中提取氧化镁的。天然菱镁矿的主要化学成分是 $MgCO_3$，此外含有一定数量的 CaO、SiO_2、Fe_2O_3和 Al_2O_3等杂质，组成为 47.82%MgO，52.18%CO_2。主要存在形式是结晶型菱镁矿和无定型菱镁矿。

菱镁矿在加热过程中分解，放出 CO_2，体积收缩，所以自然界中菱镁矿不能直接作为耐火材料，因此在使用前预先煅烧。在煅烧时发生如下的化学变化：

$$MgCO_3 \longrightarrow MgO + CO_2\uparrow$$

$$MgO(\text{非晶体}) \longrightarrow MgO\ (\text{晶体})$$

菱镁矿加热温度在 640℃以上时开始分解，当温度达到 800℃以上时菱镁矿全部变成氧化镁。通常将在 800~1000℃煅烧获得的氧化镁产物称为轻烧镁石；在 1600~1700℃左右，真密度变化不大时，这种条件下煅烧获得的氧化镁产物称为烧结（死烧）镁石。

轻烧镁石又称为苛性镁石，呈非结晶状态，真密度小，化学活性大，在常温下与水作用生成 $Mg(OH)_2$，从而体积膨胀，所以会造成制品开裂。而死烧镁石呈晶体状态，致密、真密度大，制造耐火材料时不易产生水化作用。

菱镁矿在煅烧过程中，除主要形成方镁石外，还形成一定数量的镁橄榄石（M_2S）、钙镁橄榄石（CMS）、镁蔷薇辉石（C_3MS_2）、硅酸二钙（C_2S）、硅酸三钙（C_3S）和镁铝尖晶石（MA）以及铁酸镁（MF）等。原因是因为原料中含有 CaO、SiO_2、Fe_2O_3、Al_2O_3等杂质氧化物。

上述各化合物中以方镁石的熔点最高（2800℃）。杂质矿物中，M_2S 的熔点为 1890℃，C_2S 的熔点为 2130℃，CMS 的熔点为 1498℃，C_3MS_2的熔点为 1575℃，MF 的熔点为 1750℃，MF 的熔点为 2130℃。

从菱镁矿煅烧过程中形成的矿物熔点来看，希望方镁石的含量越高越好。而低熔点的矿物含量越少越好，但同时它们的存在也会对烧结带来益处。这里特别值得注意的是镁铝尖晶石（MA）矿物，它具有较高的熔点，化学稳定性好，热膨胀系数小，且膨胀均匀。因此，镁铝尖晶石可以提高镁质制品的荷重软化温度，抗渣性好，特别是改善镁质耐火制品的热稳定性。

B 镁质制品（普通镁砖）的特性

(1) 耐火度。普通镁砖的主要化学矿物组成为方镁石（MgO），质量分数大于 80%以上，所以耐火度高，一般都超过2000℃。

(2) 荷重软化温度。镁砖的荷重软化温度一般都在1550℃以下，和耐火度相比，两者相差500℃以上，这是镁砖的最大缺点。这是因为砖中的主晶方镁石没有像硅砖那样形成的交错网络结构，而是呈孤岛状分散在钙镁橄榄石（C_2MS）中。由于钙镁橄榄石的耐火度低，当其熔化时，制品立即开始软化变形，因此，希望制品中的杂质CaO和SiO_2含量越低越好。

(3) 抗渣性。镁砖是属于碱性耐火材料，所以它突出的优点是对碱性炉渣有良好的抵抗性能，对于酸性炉渣的抵抗性则较差。

镁砖的抗渣性主要取决于方镁石和杂质的含量，随着方镁石含量的提高，制品的抗渣性增强；随着起熔剂作用杂质含量的增加，其抗渣性降低。但是，提高耐火制品中的镁铝尖晶石和镁橄榄石矿物的含量，对制品的抗渣性会有所改善。

(4) 热稳定性。镁砖加热850℃时在水中热交换次数仅有2~3次，与黏土砖相比这是它的缺点，也是它在使用中损坏的主要原因之一。

镁砖热稳定性差，主要原因是热膨胀系数大，且各向热膨胀不均匀。因为方镁石膨胀系数大，钙镁橄榄石热膨胀各向异性显著；铁酸镁在方镁石中的溶解度随着温度改变而剧烈改变，因此温度波动时，砖各部分固溶体浓度不同，从而产生内应力，这也是造成热稳定性差的一个原因。

(5) 体积稳定性和导热性。镁砖与其他耐火制品相比它的热膨胀是最大，因此，在砌筑过程中应留有足够的膨胀缝。在1500℃以上长期使用中稍有收缩。

镁砖的导热系数比黏土砖和硅砖的导热系数都大，并且随着温度的升高导热系数降低。常温下镁砖的导热系数为黏土砖的9倍，因此，在使用时为了减少制品的散热损失应在制品外面设置绝热材料。

C　应用

由于普通镁砖具有耐火度高和抗碱性渣侵蚀能力强，所以它是炼钢生产中不可缺少的耐火材料。例如：平炉、电炉的前后墙和炉底，混铁炉内衬，盛钢桶水口砖，转炉炉衬，轧钢加热炉、均热炉的高温段，炼铜、铅鼓风炉炉缸和前床，炼铜的反射炉炉墙、上升道等都广泛应用。

5.3.3.2　镁铝砖主要原料、特点及使用

镁铝砖是以方镁石为主要矿物成分，以镁铝尖晶石为主要结合成分的镁质耐火制品。它除具有镁砖的优点外，还具有热稳定性好、荷重软化温度高的优点。这种耐火制品主要应用在碱性平炉炉顶和其他具有特殊要求的高温炉炉顶。

镁铝砖与普通镁砖相比有如下的特点。

(1) 原料纯度高。镁铝砖对原料质量要求见表5-5。

表5-5　镁铝砖对原料质量要求

原料名称	灼减/%	$w(MgO)/\%$	$w(SiO_2)/\%$	$w(CaO)/\%$	$w(Al_2O_3)/\%$	$w(Fe_2O_3)/\%$	真密度/$g \cdot cm^{-3}$
一级镁砂	≤0.3	≥90.5	≤4.5	≤1.6	—	—	3.54
生矾土	—	—	3	—	>78	<1.3	—
矾土熟料	—	—	—	—	75~85	—	—

(2) 颗粒配比要合理。镁铝砖的颗粒配比，除通常要考虑的堆积密度外，还应考虑颗粒配比对制品热稳定性和对烧结性能的影响。

提高原料临界颗粒度对于制品的热稳定性有益。但是，热稳定性提高烧结性能变坏。为了改善制品的烧结性能，细粉料颗粒度小于0.088mm（或小于0.066mm）的部分最有决定性意义，不仅促进制品的烧结，降低气孔率，而且提高了制品的荷重软化温度。

(3) 引进一定量的Al_2O_3在制品中。在镁质制品中加入5%~10%（质量分数）的Al_2O_3后，有利于镁铝尖晶石的生成，减少了钙镁橄榄石和铁酸镁等有害成分，从而改善了制品的热稳定性，降低热膨胀率，提高了制品的荷重软化温度。

(4) 提高烧成温度。由于镁铝砖中的方镁石和镁铝尖晶石都是难烧结的矿物，所以要求烧成温度高；适当提高烧成温度可以降低制品的重烧收缩。提高制品的致密度，改善制品的热稳定性和高温结构强度。因此，镁铝砖的烧成温度要比普通镁砖要高些。

由镁铝砖的矿物组成特性看出，其工作性能都优越于镁砖。如荷重软化温度高，一般都在1620~1660℃；热稳定性好，在850℃水中热交换次数都大于20次；抗渣性强，特别是对于Fe_2O_3的抵抗能力等。

按照镁铝砖的工作特性，它可应用于工作温度高且波动频繁、机械负荷大的位置，如平炉、电炉炉顶，平炉上升道以及有色冶炼的强碱性渣的炉顶上。

5.3.4 白云石质耐火制品

凡是含CaO在40%（质量分数）以上、MgO在30%（质量分数）以上的耐火制品，称为白云石质耐火制品。按制品中CaO存在的形式的不同，可以分成两大类，即含有游离氧化钙的和不含有游离氧化钙的白云石质耐火材料。

天然白云石矿物是碳酸镁和碳酸钙的复合物，在加热过程中将CO_2分解出去，体积缩小，因此，未经过煅烧的白云石矿物不能直接作为耐火材料的原料。

5.3.4.1 原料及煅烧

天然白云石矿物的分子式为$CaCO_3 \cdot MgCO_3$，其理论成分为30.14%CaO、21.87%MgO、47.7%CO_2，CaO与MgO的质量比为1.39。当二者的比值小于1.39时，则白云石中MgO的含量小于理论含量，这种白云石称为镁化白云石；若白云石中混进过多的镁石，则称为白云石质镁石，这是白云石和镁石的混合物。反之，二者的比值大于1.39时，则说明矿石中含CaO高，这类矿石称为白云石质石灰石。根据白云石中含有杂质多少的不同，其颜色也不同，有乳白色、淡黄色、浅灰色和灰褐色。

经过煅烧后白云石的化学成分是CaO和MgO的混合物，它们的熔点很高，其中CaO为2575℃，MgO为2800℃。在自然界中这种矿石分布很广，蕴藏量很大，对于碱性耐火材料的发展提供了极为有利的条件。

在白云石中除含有主晶CaO和MgO之外，还含有少量的SiO_2、Al_2O_3、Fe_2O_3和MnO等杂质。

由白云石矿物的理论组成看出，CO_2质量分数为47.7%，在加热过程中逸出，从而使其矿物原料失去质量，体积产生收缩。因此，为了获得致密度高和体积稳定的耐火制品，在使用之前预先对原料进行煅烧。白云石在煅烧过程中发生如下化学反应：

$$nCaMg(CO_3)_2 \xrightarrow{735℃} (n-1)MgO + (n-1)CO_2\uparrow + MgCO_3 \cdot nCaCO_3$$

$$MgCO_3 \cdot nCaCO_3 \xrightarrow{750 \sim 905℃} MgO + nCaO + (n+1)CO_2\uparrow$$

上述反应得到的白云石称为轻烧（苛性）白云石。它的主要特点是：机械强度小，化学活性大，与水作用生成 $Ca(OH)_2$ 和 $Mg(OH)_2$，所以也不能作为耐火材料。

在 CO_2 排出后，温度继续升至1200℃时，CaO 与 SiO_2、Al_2O_3、Fe_2O_3 等杂质发生固相反应形成 C_3A、C_4AF，C_2S 和 C_3S 等化合物。在温度大于1400～1500℃时，有液相产生，白云石物料进行重结晶并且体积收缩，最后得到组织致密、体积稳定的白云石，称为烧结（或死烧）白云石。

5.3.4.2 焦油白云石砖

焦油白云石砖是以烧结白云石砂为主体原料，以焦油（或沥青）为结合剂制成的。焦油白云石砖的质量好坏，除与生产工艺有关外，在很大程度上取决于烧结白云石砂的质量（如化学组成、烧结程度等）。

烧结白云石砂的化学矿物组成与砖的性质密切有关。其中主体成分 CaO 和 MgO 以及杂质的含量对制品的耐火性和抗渣性有很大的影响。若烧结白云石中主体成分 CaO、MgO 和 C_3S、C_2S 含量越高，则制品的耐火性越好。因为这些矿物质都具有较高的熔点 CaO（2575℃）、MgO（2800℃），C_3S 在1900℃时分解为 CaO 和 C_2S，C_2S 的熔点为2130℃。烧结白云石中 C_4AF、C_2F、C_3A 等低熔点矿物含量越多，则白云石制品的耐火性越差，因为这些矿物的熔点低（C_4AF 为1415℃，C_2F 为1436℃、C_3A 为1535℃），由此可见，白云石原料中含 Al_2O_3 和 Fe_2O_3 杂质越少，对于耐火制品的耐火性越有益。制品中 C_3S 和 C_2S 虽然有较高的耐火性，但是它们在煅烧冷却时发生晶型转变，产生体积膨胀，使制品松散，所以原料中含 SiO_2 越高，制品的热稳定性越差，因此也希望它的含量越少越好。

从总体来看，原料中杂质越多，砖中生成的液相多，自熔性增加，高温强度降低。因此，减少杂质含量，可以提高制品的机械强度和抗渣能力。

原料的烧结程度直接影响砖的使用寿命。制品的致密程度主要取决于原料的烧结程度。经过充分煅烧的原料其本身的密度大，则炉渣不易侵入，因此抗渣能力增强。反之，烧结不良的原料，其制品的抗渣能力差。

由上所述，烧结白云石的化学矿物组成和烧结程度，直接关系到制品的性质和使用的耐久性。因此，原料的选择和基本要求是制造焦油白云石砖的一个关键。

在制砖过程中，为了保证泥料的塑性和黏结性以及在成型后的机械强度，需加入适当的结合剂（焦油或沥青）。由于烧结白云石中含有一定量的游离 CaO，不能采用含水的结合剂，故通常采用有机结合剂，如焦油、沥青等。

为了提高焦油白云石制品的工作性能，对焦油、沥青结合剂提出一定要求：结合能力强，含碳素高，软化温度低，含水量要少（质量分数小于0.5%）。采用焦油、沥青作结合剂各有优缺点，焦油的优点是结合能力强，含碳量低而且活性比较大，而沥青则含碳量高，黏度大因而要求制品成型压力高。根据生产经验认为以50%沥青、50%焦油或60%沥青、40%焦油混合作结合剂为合适。配制时，熬油温度为80～120℃。

为了提高焦油白云石砖在使用过程中的抗渣性和抗机械冲刷作用，颗粒组成的基本原则应是具有最大堆积密度和在使用过程中具有耐机械冲刷和化学侵蚀的能力。实验研究证明，采用粗颗粒配料有利于焦油白云石砖的体积密度、抗渣能力和抗化学侵蚀能力的提高。

关于焦油白云石砖颗粒配比没有统一的标准，目前生产中多数是采用15~20mm，也有采用8~10mm，还有其他大小的颗粒组成。中颗粒0.5~8mm，细颗粒为0.5mm以下。生产中三种颗粒比大致为5∶1∶4或6∶1∶3或4∶2∶4。

为了改善焦油白云石砖的质量和提高使用寿命可将白云石砖油浸渍处理。浸渍处理工艺是焦油白云石砖在低温或高温下焙烧，然后在焦油或沥青中浸渍一段时间，有的是在常压下蒸煮，或在真空下浸渍。我国目前采用在1000~1200℃温度下进行热处理，使砖体中焦油或沥青转化为半焦状态。这样可以解决在低温（350~400℃）热处理时焦油因仅除去低温挥发物并未结焦，而使砖的强度不高以及浸渍时砖会软化或溶解的缺点。采用这种方法处理结果使制品气孔率降低，强度提高，并且含碳量高，抗水化能力强等。

5.3.4.3 应用

由于白云石矿物具有分布广，蕴藏量大，耐火性和抗渣性好等特点，所以白云石质耐火制品是具广阔发展前途的一种耐火材料，特别是对于炼钢工业的发展更有现实意义。

冶金白云石砂耐火度高，抵抗碱性炉渣侵蚀的能力强，因此，它可以用来制作碱性转炉的内衬以及炼钢的补炉材料。同时也可代替镁砖砌筑平炉、电炉的前后墙及炉底，均热炉和加热炉的高温段，有色冶炼炉的碱性内衬。

5.3.5 含碳耐火制品

凡是含碳或碳化物的耐火制品都属于含碳的耐火材料。碳在耐火制品中质量分数为20%以上，其中包括碳质制品、石墨黏土制品、碳化硅制品等。

含碳的耐火材料采用的主要原料有石墨、无定型碳和无烟煤、碳化硅等，而作结合剂的材料有黏土、水玻璃、焦油、沥青和其他有机物的胶结物。

含碳耐火制品的主要特点是：

（1）耐火度高。因为碳实际上是不熔化的物质，只在3500℃升华。

（2）抗渣性极强。碳是中性的物质，它与酸性、碱性的炉渣及耐火材料均不起作用，并且不被金属或炉渣所润湿，因此抗渣性好。

（3）热稳定性好。因为碳的热膨胀系数小，导热系数大，故热稳定性好。

（4）因为碳素热稳定性好，耐火度高，故高温强度好。此外它还具有耐磨性和导电性能好的特点。

碳砖的最大缺点是在氧化气氛中会产生强烈氧化，所以在使用时应在还原气氛下或者在保护气氛里。尽管如此，碳砖在冶金工业中还是得到了广泛应用。

5.3.5.1 碳砖

碳砖是以含碳为85%~95%（质量分数）的焦炭或无烟煤作原料，以焦油、沥青作结合剂制成的。碳砖质量的好坏除与工艺因素有关外，在很大程度上取决于原料和结合剂的质量。因此对原料提出一定要求：焦炭机械强度不小于120kg/cm^2，气孔率为40%~50%，灰分不大于8%~10%（质量分数），含硫量在1.5%（质量分数）以下。无烟煤应在1100℃左右隔绝空气处理，目的是获得含水量低、挥发物少、灰分低、真密度大的产品。焦油、沥青应无水。所以在制砖前，先要熬油排出水分，同时，熬油也是为混料做好准备。

混合好的泥料在压力为200~300kg/cm^2时成型。

碳砖的烧成和黏土砖相似，但是不能在氧化气氛中烧成。另外，它可以在使用中直接烧成。

碳砖主要用来砌筑高炉炉缸和炉体，因为它实际上和矿渣及铁水不起反应。此外，碳砖也可用于冶炼铅、铝、锑及其他有色金属用的炉子。

5.3.5.2 碳化硅制品

碳化硅制品是以人造碳化硅为原料，加入黏土结合剂或不加黏土作结合剂的耐火制品。

人造碳化硅是用纯石英砂（SiO_2质量分数不低于97%）和含碳很高的焦炭或无烟煤在电阻炉中加热得到的。其化学反应如下：

$$SiO_2 + 3C \longrightarrow SiC + 2CO$$

石英和碳的相互作用在1000℃左右开始，在1600℃时可以见到无定型的碳化硅，温度继续升高，反应速度加快。当温度达到1900~2000℃时，转变为晶体碳化硅，且晶粒长大。温度在2000~2200℃或更高时碳化硅遭到破坏。

碳化硅耐火制品主要分为两大类，即有结合剂的碳化硅制品和无结合剂的再结晶碳化硅制品。

（1）以黏土为结合剂的碳化硅制品。这类碳化硅制品是以耐火黏土为结合剂制造出来的。根据制品的用途不同，加入黏土量也有所不同，通常加量为10%~35%。碳化硅制品的颗粒组成为1~2mm的占2%~3%，0.5~0.2mm的约占60%~70%，小于0.2mm的占25%~30%。

制品的高温性能随着结合黏土量的提高而降低，黏土量降低，它的耐火度、高温结构强度以及导热性增强。

（2）再结晶碳化硅制品。再结晶碳化硅制品的制造是基于无定形碳化硅，所以不需加入无机结合剂。而是利用无定形碳化硅在某种条件下转化为晶体的性能。这类制品所用的原料中含有较高的碳化硅（质量分数为95%~99%）和有机结合剂，在高温（2200℃左右）电炉中加热而得到。加热过程中要严格控制温度，因为当温度超2400℃时碳化硅分解。

再结晶碳化硅制品的特点是导热性高，热稳定性好（水中热交换次数大于50次），高温荷重软化温度高（1800℃以上），常温耐压强度为700kg/cm^2以上，并且耐磨性好。这种耐火制品造价昂贵，所以主要用于某些特殊的热设备上，如有色冶金的蒸罐、精馏塔，热处理的马弗罩，电阻炉的发热体等。

复习思考题

5-3-1 硅酸铝质耐火制品的主要成分是什么，典型制品包括哪几种？

5-3-2 简述黏土质耐火制品的性质。
5-3-3 什么是高铝质耐火制品，其工作性质如何？
5-3-4 什么是氧化硅质耐火制品，其主要化学组成是什么？并简述其工作性质。
5-3-5 何为氧化镁质耐火制品，镁砖的工作性质如何？
5-3-6 含碳质耐火制品包括哪几种，其主要特点是什么？

技能训练 1：耐火砖的外形鉴定

实训内容

耐火砖的外形鉴定。

实训目的

（1）设计和修建冶金炉时，炉子各部分砌砖的尺寸一般是标准砖的整数倍，通过本实训应对耐火砖的外形有一明确概念。

（2）通过这一实训后能根据耐火砖的色泽、密度等辨别出最常见的几种耐火砖（黏土砖、镁砖等）。

（3）耐火制品往往存在一些缺陷而不能满足使用要求，所以必须对它进行表面检查。本实训是测量耐火砖各种缺陷的程度，根据允许的尺寸公差进行分级，以便砌筑时根据工作条件的不同选用不同等级的耐火砖。

实训相关知识

耐火砖的种类、耐火砖的物理性能和化学性能、耐火砖的选用。

实训设备

卡尺、台秤、钢制楔形测量器、钢直尺、耐火砖、钢片、圆片。

实训步骤

（1）根据耐火砖的断面颗粒、表面特性辨别砖的种类。

（2）根据砖的外形尺寸公差及缺陷的大小确定砖的等级。

1）外形尺寸。利用卡尺测量砖的长、宽、高，精确到±0.5mm。将测量尺寸与标准尺寸（230mm×115mm×65mm）比较，其公差作为评定耐火砖等级指标之一。

2）体积密度。根据所测得的尺寸计算出耐火砖的体积（cm^3），在台秤上称量各种砖的质量（g），精确到±0.5g，其体积密度为

$$体积密度 = \frac{质量}{体积}$$

3）扭曲。测量扭曲是利用一钢制楔形测量器，其楔形斜面上的刻度以 0.5mm 为单位，此刻度表示底边和斜边间的垂直距离。

将钢直尺沿实砖凹面对角线方向放置，把楔形测量器插入扭曲最大处，计其读数，精

确至 0.5mm，并以同法沿另一对角线量其扭曲。将其最大值作为分级的指标。

4）缺角和缺边。把缺角和缺边测量器分别贴在测量部分，大拇指和中指按紧仪器，用食指按下中心弹簧杆，使它徐徐向下至杆的顶端和砖接触为止，读出圆管外部的刻度后将食指放松，使中心弹簧杆调回原来的位置，圆管外部的刻度即其缺边或缺角的深度。对于缺边，还应当同时测量其缺边的长度。

5）裂纹的长度。

①用厚度 0.25mm、0.5mm、1.0mm、2.0mm 的钢片来测定裂纹的宽度，如 0.25mm 的钢片插不进最宽处则此裂纹在 0.25mm 以下，如 0.25mm 的钢片可插入而 0.5mm 的钢片插不进去，则裂纹在 0.25~0.5mm 之间，以此类推。

②在裂纹的两端做出记号，用细线沿裂纹伸展，测量两记号间细线伸展的长度，即为裂纹的长度，准确至 0.5mm。

6）熔疤。根据规格中允许有的最大熔疤直径制成许多带柄的金属圆片，找出砖上的最大熔疤后用 5mm 的圆片盖于疤上，若能完全盖住则为一级品，若 5mm 的圆片不能盖住而 8mm 的圆片能盖住，则该砖属于二级品。

（3）实验记录。将实验数据填入表 5-6 中。

表 5-6　实验数据记录

耐火砖名称	色泽	尺寸（长×宽×高）/mm×mm×mm	密度 /g · cm^{-3}	尺寸公差 /%	扭曲 /mm	缺边/mm		熔疤直径 /mm	裂纹		等级
						深度	长度		宽度	长度	

技能训练 2：耐火砖抗热震性能的测定

实训内容

耐火砖抗热震性能的测定。

实训目的

本实训就是测定各种砖抗热震性能（热震稳定性）。抗热震性能是指当耐火砖砌体的工作温度有急剧变化时，耐火砖随温度变化而产生胀缩的温度应力使砖发生破损的情况，是测定耐火材料使用性能的主要指标之一。

实训相关知识

耐火砖抵抗温度的急剧变化而不破裂或剥落的能力称为抗热震性能。影响耐火砖抗热震性能的因素很多，化学性质、物理性质以及外形尺寸等都对其有影响，一般来说，硅砖由于 600℃以下结晶变化时发生体积膨胀，故其抗热震性能最差；镁砖的线膨胀系数大，其受热后体积膨胀较大，故其抗热震性能也较差；黏土砖的线膨胀系数不大，在 800℃以上具有可塑变形的性能，故其抗热震性能远较前两种好。表 5-7 是几种通用抗热震性能指标。

表 5-7 几种通用抗热震性能指标

耐火砖名称	在质量损失20%以前的抗热震性能次数/次
硅砖	1~2
细颗粒致密黏土砖	5~8
普通黏土砖	10~12
粗颗粒黏土砖	25~100
普通镁砖	2~3
普通铬镁砖	2~3
抗热震性铬镁砖	>30

实训设备

（1）温度能达到1000℃左右，带温度指示表的电炉一台。

（2）保持稳定流速的冷却水箱一个（实验时进水温度保持在10~20℃，出水温度为40~50℃）。

（3）荷重5kg、感量1mg的分析天平一台。

实训操作步骤

（1）按规定测定标准型耐火砖的抗热震性能时，应将整块砖的一端放入炉内加热，因限于实训时间有限和电炉炉膛较小，本实训是从耐火砖上切取长100~200mm、宽100~150mm、高50~100mm的长方形小块进行实验，首先把样品放在110℃的电烤箱内烘干2h，再放在玻璃干燥器内冷却至室温。

（2）称量干燥好的试砖，准确至1g，并记录。

（3）将所测样品竖放在（850±10）℃的炉内加热。

（4）加热15min后，将试样取出投入冷却水箱的铁丝网上冷却1min，然后在空气中放置5min，将水分蒸发掉。

（5）然后重新放入850℃的炉内加热15min，重复以上操作。

（6）实训过程中观察记录下列问题：

1）开始出现裂纹的次数；

2）发现砖重有损失的次数；

3）第几次以后损失原试砖质量的20%。

当发现试砖开始剧烈剥落时，就应在水分蒸发后将其放在天平上称量质量损失，当到某一次质量损失超过原质量的20%时，以此时的实验次数作为总的抗热震性次数。

（7）实训记录。将实验数据填入表5-8中。

试样名称：

试样尺寸：

表 5-8　实验数据记录

抗热震性次数/次	时　间		试样变化	
	试料入炉	出炉	裂纹情况（方向大小）	质量损失（占原质量的百分比）/%

试样破损的特点：

附　　录

附表 1　水的物理性质

温度 t/℃	密度 ρ /kg·m^{-3}	比热容 C_p /kJ·(kg·℃)$^{-1}$	导热系数 λ /W·(m·℃)$^{-1}$	导温系数 a /m^2·s^{-1}	动力黏度 μ /Pa·s	运动黏度 υ /m^2·s^{-1}	普朗特常数 Pr
0	999.9	4.212	0.558×10^{-3}	0.313×10^{-6}	1793.636×10^{-6}	1.789×10^{-6}	13.7
5	999.8	4.202	0.568×10^{-3}	0.135×10^{-6}	1534.741×10^{-6}	1.535×10^{-6}	11.4
10	999.7	4.191	0.577×10^{-3}	0.137×10^{-6}	1296.439×10^{-6}	1.300×10^{-6}	9.5
15	994.0	4.187	0.587×10^{-3}	0.141×10^{-6}	1135.610×10^{-6}	1.146×10^{-6}	7.1
20	988.2	4.183	0.597×10^{-3}	0.143×10^{-6}	993.414×10^{-6}	1.006×10^{-6}	7.00
25	992.0	4.179	0.606×10^{-3}	0.146×10^{-6}	880.637×10^{-6}	0.884×10^{-6}	6.1
30	995.7	4.174	0.615×10^{-3}	0.149×10^{-6}	792.377×10^{-6}	0.805×10^{-6}	5.4
35	994.0	4.174	0.624×10^{-3}	0.150×10^{-6}	719.808×10^{-6}	0.725×10^{-6}	4.8
40	992.0	4.174	0.633×10^{-3}	0.151×10^{-6}	685.026×10^{-6}	0.658×10^{-6}	4.3
45	990.8	4.174	0.640×10^{-3}	0.155×10^{-6}	605.070×10^{-6}	0.611×10^{-6}	3.9
50	988.1	4.174	0.647×10^{-3}	0.157×10^{-6}	555.056×10^{-6}	0.556×10^{-6}	3.55
55	985.7	4.176	0.652×10^{-3}	0.158×10^{-6}	509.946×10^{-6}	0.517×10^{-6}	3.27
60	983.2	4.178	0.658×10^{-3}	0.159×10^{-6}	471.670×10^{-6}	0.478×10^{-6}	3.00
65	980.5	4.173	0.663×10^{-3}	0.161×10^{-6}	435.415×10^{-6}	0.444×10^{-6}	2.76
70	977.8	4.167	0.668×10^{-3}	0.163×10^{-6}	404.034×10^{-6}	0.415×10^{-6}	2.55
75	974.8	4.181	0.671×10^{-3}	0.164×10^{-6}	376.575×10^{-6}	0.366×10^{-6}	2.23
80	971.8	4.195	0.673×10^{-3}	0.165×10^{-6}	352.059×10^{-6}	0.364×10^{-6}	2.25
85	968.8	4.202	0.676×10^{-3}	0.166×10^{-6}	328.523×10^{-6}	0.339×10^{-6}	2.04
90	965.3	4.208	0.678×10^{-3}	0.167×10^{-6}	308.909×10^{-6}	0.326×10^{-6}	1.95
95	961.9	4.214	0.680×10^{-3}	0.168×10^{-6}	292.238×10^{-6}	0.310×10^{-6}	1.84
100	958.4	4.220	0.682×10^{-3}	0.169×10^{-6}	277.528×10^{-6}	0.294×10^{-6}	1.75
110	951.0	4.233	0.684×10^{-3}	0.170×10^{-6}	254.973×10^{-6}	0.268×10^{-6}	1.57
120	943.1	4.250	0.685×10^{-3}	0.171×10^{-6}	235.360×10^{-6}	0.244×10^{-6}	1.43
130	934.8	4.266	0.686×10^{-3}	0.172×10^{-6}	211.824×10^{-6}	0.226×10^{-6}	1.32
140	926.1	4.287	0.684×10^{-3}	0.172×10^{-6}	201.036×10^{-6}	0.212×10^{-6}	1.23
150	917.0	4.312	0.684×10^{-3}	0.173×10^{-6}	185.346×10^{-6}	0.201×10^{-6}	1.17
160	907.4	4.346	0.680×10^{-3}	0.173×10^{-6}	171.616×10^{-6}	0.191×10^{-6}	1.10
170	897.3	4.379	0.679×10^{-3}	0.172×10^{-6}	162.290×10^{-6}	0.181×10^{-6}	1.05
180	886.9	4.417	0.673×10^{-3}	0.172×10^{-6}	152.003×10^{-6}	0.173×10^{-6}	1.01

续附表 1

温度 t/℃	密度 ρ /kg·m^{-3}	比热容 C_p /kJ·(kg·℃)$^{-1}$	导热系数 λ /W·(m·℃)$^{-1}$	导温系数 a /m^2·s^{-1}	动力黏度 μ /Pa·s	运动黏度 v /m^2·s^{-1}	普朗特常数 Pr
190	876.0	4.460	0.670×10^{-3}	0.171×10^{-6}	145.138×10^{-6}	0.166×10^{-6}	0.97
200	863.0	4.505	0.665×10^{-3}	0.170×10^{-6}	139.254×10^{-6}	0.160×10^{-6}	0.95
210	852.8	4.555	0.655×10^{-3}	0.168×10^{-6}	131.409×10^{-6}	0.154×10^{-6}	0.92
220	840.3	4.614	0.652×10^{-3}	0.167×10^{-6}	124.544×10^{-6}	0.149×10^{-6}	0.90
230	827.3	4.681	0.637×10^{-3}	0.164×10^{-6}	119.641×10^{-6}	0.145×10^{-6}	0.88
240	813.6	4.756	0.634×10^{-3}	0.162×10^{-6}	113.757×10^{-6}	0.141×10^{-6}	0.86
250	799.0	4.844	0.618×10^{-3}	0.160×10^{-6}	109.834×10^{-6}	0.137×10^{-6}	0.86
260	784.0	4.949	0.613×10^{-3}	0.156×10^{-6}	104.931×10^{-6}	0.135×10^{-6}	0.86
270	767.9	5.070	0.590×10^{-3}	0.152×10^{-6}	101.989×10^{-6}	0.133×10^{-6}	0.87
280	750.7	5.229	0.588×10^{-3}	0.147×10^{-6}	98.067×10^{-6}	0.131×10^{-6}	0.89
290	732.3	5.485	0.558×10^{-3}	0.140×10^{-6}	94.144×10^{-6}	0.129×10^{-6}	0.92
300	712.5	5.736	0.564×10^{-3}	0.132×10^{-6}	92.182×10^{-6}	0.128×10^{-6}	0.98
310	691.1	6.071	0.519×10^{-3}	0.122×10^{-6}	88.260×10^{-6}	0.128×10^{-6}	1.05
320	667.1	6.573	0.494×10^{-3}	0.112×10^{-6}	85.318×10^{-6}	0.128×10^{-6}	1.13
325	653.7	6.908	0.471×10^{-3}	0.108×10^{-6}	83.357×10^{-6}	0.127×10^{-6}	1.18
330	640.2	7.243	0.468×10^{-3}	0.101×10^{-6}	81.395×10^{-6}	0.127×10^{-6}	1.25
340	610.1	8.164	0.437×10^{-3}	0.088×10^{-6}	77.473×10^{-6}	0.127×10^{-6}	1.45
350	574.4	9.504	0.400×10^{-3}	0.076×10^{-6}	72.569×10^{-6}	0.127×10^{-6}	1.67
360	528.0	13.984	0.356×10^{-3}	0.067×10^{-6}	66.685×10^{-6}	0.127×10^{-6}	1.91
370	450.5	40.319	0.293×10^{-3}	0.058×10^{-6}	56.879×10^{-6}	0.127×10^{-6}	2.18

附表 2　干空气的物理性质

温度 t/℃	密度 ρ /kg·m^{-3}	比热容 C_p /kJ·(kg·℃)$^{-1}$	导热系数 λ /W·(m·℃)$^{-1}$	导温系数 a /m^2·s^{-1}	动力黏度 μ /Pa·s	运动黏度 v /m^2·s^{-1}	普朗特常数 Pr
0	1.252	1.011	0.0237×10^{-3}	19.2×10^{-6}	17.456×10^{-6}	13.90×10^{-6}	0.71
10	1.206	1.010	0.0244×10^{-3}	20.7×10^{-6}	17.848×10^{-6}	14.66×10^{-6}	0.71
20	1.164	1.012	0.0251×10^{-3}	22.0×10^{-6}	18.240×10^{-6}	15.70×10^{-6}	0.71
30	1.127	1.013	0.0258×10^{-3}	23.4×10^{-6}	18.682×10^{-6}	16.58×10^{-6}	0.71
40	1.092	1.014	0.0265×10^{-3}	24.8×10^{-6}	19.123×10^{-6}	17.60×10^{-6}	0.71
50	1.057	1.016	0.0272×10^{-3}	26.2×10^{-6}	19.515×10^{-6}	18.58×10^{-6}	0.71
60	1.026	1.017	0.0279×10^{-3}	27.6×10^{-6}	19.907×10^{-6}	19.40×10^{-6}	0.71
70	0.996	1.018	0.0286×10^{-3}	29.2×10^{-6}	20.398×10^{-6}	20.65×10^{-6}	0.71
80	0.968	1.019	0.0293×10^{-3}	30.6×10^{-6}	20.790×10^{-6}	21.50×10^{-6}	0.71
90	0.942	1.021	0.0300×10^{-3}	32.2×10^{-6}	21.231×10^{-6}	22.82×10^{-6}	0.71
100	0.916	1.022	0.0307×10^{-3}	33.6×10^{-6}	21.673×10^{-6}	23.60×10^{-6}	0.71

续附表 2

温度 t/℃	密度 ρ /kg·m^{-3}	比热容 C_p /kJ·(kg·℃)$^{-1}$	导热系数 λ /W·(m·℃)$^{-1}$	导温系数 a /m^2·s^{-1}	动力黏度 μ /Pa·s	运动黏度 υ /m^2·s^{-1}	普朗特常数 Pr
120	0.870	1.025	0.0320×10^{-3}	37.0×10^{-6}	22.555×10^{-6}	25.9×10^{-6}	0.71
140	0.8270	1.027	0.0333×10^{-3}	40.0×10^{-6}	23.340×10^{-6}	28.2×10^{-6}	0.71
150	0.810	1.028	0.0336×10^{-3}	41.2×10^{-6}	23.732×10^{-6}	29.4×10^{-6}	0.71
160	0.789	1.030	0.0344×10^{-3}	43.3×10^{-6}	24.124×10^{-6}	30.6×10^{-6}	0.71
180	0.755	1.032	0.0357×10^{-3}	47.0×10^{-6}	24.909×10^{-6}	33.0×10^{-6}	0.71
200	0.723	1.035	0.0370×10^{-3}	49.7×10^{-6}	25.693×10^{-6}	35.5×10^{-6}	0.71
250	0.653	1.043	0.0400×10^{-3}	60.0×10^{-6}	27.557×10^{-6}	42.2×10^{-6}	0.71
300	0.596	1.047	0.0429×10^{-3}	68.9×10^{-6}	29.322×10^{-6}	49.2×10^{-6}	0.71
350	0.549	1.055	0.0457×10^{-3}	80.0×10^{-6}	30.989×10^{-6}	56.5×10^{-6}	0.72
400	0.508	1.059	0.0485×10^{-3}	89.4×10^{-6}	32.754×10^{-6}	64.6×10^{-6}	0.72
500	0.442	1.076	0.0540×10^{-3}	113.2×10^{-6}	35.794×10^{-6}	81.0×10^{-6}	0.72
600	0.391	1.089	0.0581×10^{-3}	133.6×10^{-6}	38.638×10^{-6}	98.8×10^{-6}	0.73
700	0.351	1.101	0.0599×10^{-3}	162.0×10^{-6}	41.580×10^{-6}	118.95×10^{-6}	0.73
800	0.318	1.114	0.0699×10^{-3}	182.0×10^{-6}	43.640×10^{-6}	137×10^{-6}	0.73
900	0.291	1.126	0.0673×10^{-3}	216.0×10^{-6}	46.876×10^{-6}	160×10^{-6}	0.74
1000	0.268	1.139	0.0762×10^{-3}	240.0×10^{-6}	48.445×10^{-6}	181×10^{-6}	0.74
1100	0.248	1.156	0.0826×10^{-3}	277.0×10^{-6}	51.191×10^{-6}	206×10^{-6}	0.74
1200	0.232	1.164	0.0845×10^{-3}	301.0×10^{-6}	52.662×10^{-6}	227×10^{-6}	0.74
1400	0.204	1.186	0.0930×10^{-3}	370.0×10^{-6}	56.781×10^{-6}	278×10^{-6}	0.76
1600	0.182	1.218	0.1012×10^{-3}	477.0×10^{-6}	60.409×10^{-6}	332×10^{-6}	0.76
1800	0.165	1.243	0.1093×10^{-3}	—	63.841×10^{-6}	387×10^{-6}	—

附表 3　几种常见气体的物理性质

气体种类	密度 ρ/kg·m^{-3}	比定压热容 C_p/J·(kg·℃)$^{-1}$	比定容热容 C_v/J·(kg·℃)$^{-1}$	动力黏度 μ/Pa·s	气体常数 R/J·(kg·K)$^{-1}$	绝热指数 k ($k=C_p/C_v$)
空气	1.205	1003	716	1.80×10^{-5}	287	1.40
二氧化碳	1.84	858	670	1048×10^{-5}	188	1.28
一氧化碳	1.16	1040	743	1.82×10^{-5}	297	1.40
氦	0.166	5220	3143	1.97×10^{-5}	2077	1.66
氢	0.0839	14450	10330	0.90×10^{-5}	4120	1.40
甲烷	0.668	2250	1730	1.34×10^{-5}	520	1.30
氮	1.16	1040	743	1.76×10^{-5}	297	1.40
氧	1.33	909	649	2.00×10^{-5}	260	1.40
水蒸气	0.747	1862	1400	1.01×10^{-5}	462	1.33

附表 4　几种常见气体的 μ_0、C 及 M 值

气体种类	动力黏度 μ_0 /Pa · s	运动黏度 v_0 /$m^2 \cdot s^{-1}$	分子量 M	C 值
空气	17.09×10^6	13.20×10^6	28.96	111
氧	19.20×10^6	13.40×10^6	32.00	125
氮	16.60×10^6	13.30×10^6	28.00	104
氢	8.40×10^6	93.50×10^6	2.016	71
一氧化碳	16.80×10^6	13.50×10^6	28.00	100
二氧化碳	13.80×10^6	6.93×10^6	44.00	254
二氧化硫	11.60×10^6	3.97×10^6	64.00	306
水蒸气	8.93×10^6	11.12×10^6	18.00	961

附表 5　烟气的物理性质

温度 t/℃	密度 ρ /$kg \cdot m^{-3}$	比热容 C_p /$kJ \cdot (kg \cdot ℃)^{-1}$	导热系数 λ /$W \cdot (m \cdot ℃)^{-1}$	导温系数 a /$m^2 \cdot s^{-1}$	动力黏度 μ /Pa · s	运动黏度 v /$m^2 \cdot s^{-1}$	普朗特常数 Pr
0	1.295	1.042	2.28×10^{-3}	16.9×10^{-6}	15.8×10^{-6}	12.20×10^{-6}	0.72
100	0.950	1.068	3.13×10^{-3}	30.8×10^{-6}	20.4×10^{-6}	21.54×10^{-6}	0.69
200	0.748	1.097	4.01×10^{-3}	48.9×10^{-6}	24.5×10^{-6}	32.80×10^{-6}	0.67
300	0.617	1.112	4.84×10^{-3}	59.9×10^{-6}	28.2×10^{-6}	45.81×10^{-6}	0.65
400	0.525	1.151	5.70×10^{-3}	94.3×10^{-6}	31.7×10^{-6}	60.38×10^{-6}	0.64
500	0.457	1.185	6.55×10^{-3}	121.1×10^{-6}	34.8×10^{-6}	76.30×10^{-6}	0.63
600	0.405	1.214	7.42×10^{-3}	160.9×10^{-6}	37.9×10^{-6}	93.61×10^{-6}	0.62
700	0.363	1.293	8.27×10^{-3}	183.8×10^{-6}	40.7×10^{-6}	112.1×10^{-6}	0.61
800	0.330	1.264	9.15×10^{-3}	219.7×10^{-6}	43.4×10^{-6}	131.8×10^{-6}	0.60
900	0.301	1.29	10.00×10^{-3}	258.0×10^{-6}	45.9×10^{-6}	152.5×10^{-6}	0.59
1000	0.275	1.306	10.00×10^{-3}	303.4×10^{-6}	48.4×10^{-6}	174.3×10^{-6}	0.58
1100	0.257	1.323	11.75×10^{-3}	345.5×10^{-6}	50.7×10^{-6}	197.1×10^{-6}	0.57
1200	0.240	1.340	12.62×10^{-3}	392.4×10^{-6}	53.0×10^{-6}	221.0×10^{-6}	0.56

附表 6　常用耐火材料的物理参数

材料名称	密度 ρ /$kg \cdot m^{-3}$	最高使用温度 /℃	平均比热容 C_p /$kJ \cdot (kg \cdot ℃)^{-1}$	导热系数 λ /$W \cdot (m \cdot ℃)^{-1}$
黏土砖	2070	1300～1400	$0.84+0.26\times10^{-3}t$	$0.835+0.58\times10^{-3}t$
硅砖	1600～1900	1850～1950	$0.79+0.29\times10^{-3}t$	$0.92+0.7\times10^{-3}t$
高铝砖	2200～2500	1500～1600	$0.84+0.23\times10^{-3}t$	$1.52+0.18\times10^{-3}t$
镁砖	2800	200	$0.94+0.25\times10^{-3}t$	$4.3-0.51\times10^{-3}t$
滑石砖	2100～2200	—	1.25（300℃时）	$0.69+0.63\times10^{-3}t$
莫来石砖（烧结）	2200～2400	1600～1700	$0.84+0.25\times10^{-3}t$	$1.68+0.23\times10^{-3}t$
铁矾土砖	2000～2350	1550～1800	—	1.3（1200℃时）

续附表 6

材料名称	密度 ρ /kg·m^{-3}	最高使用温度 /℃	平均比热容 C_p /kJ·(kg·℃)$^{-1}$	导热系数 λ /W·(m·℃)$^{-1}$
刚玉砖（烧结）	2600~2900	1650~1800	$0.79+0.42\times10^{-3}t$	$2.1+1.85\times10^{-3}t$
莫来石砖（电熔）	2850	1600	—	$2.33+0.163\times10^{-3}t$
煅烧白云石砖	2600	1700	1.07（20~760℃时）	3.23（2000℃时）
镁橄榄石砖	2700	1600~1700	1.13	8.7（400℃时）
熔融镁砖	2700~2800	—	—	$4.63+5.75\times10^{-3}t$
铬砖	3000~3200	—	$1.05+0.29\times10^{-3}t$	$1.2+0.41\times10^{-3}t$
铬镁砖	2800	1750	$0.71+0.39\times10^{-3}t$	1.97
碳化硅砖甲	>2650	1700~1800	$0.96+0.146\times10^{-3}t$	9~10（1000℃时）
碳化硅砖乙	>2500	1700~1800	$0.96+0.146\times10^{-3}t$	7~8（1000℃时）
碳素砖	1350~1500	2000	0.837	$23+34.7\times10^{-3}t$
石墨砖	1600	2000	0.837	$162-40.5\times10^{-3}t$
锆英石砖	3300	1900	$0.54+0.125\times10^{-3}t$	$1.3+0.64\times10^{-3}t$

附表 7　各种材料的黑度

材料名称与表面状态	温度/℃	黑度 ε
表面光洁的铝	225~575	0.039~0.057
表面不光洁的铝	26	0.055
在 600℃氧化后的铝	200~600	0.11~0.19
表面磨光的铁	425~1020	0.144~0.377
用钢砂冷加工后的铁	20	0.242
氧化后的铁	100	0.736
氧化后表面光滑的铁	125~525	0.78~0.82
未经加工处理的铸铁	925~1115	0.87~0.95
表面磨光的钢铸件	770~1040	0.52~0.56
经过研磨后的钢板	940~1100	0.55~0.61
在 600℃氧化后的钢	200~600	0.80
表面有一层氧化物的光泽钢板	25	0.82
经过刮面加工的生铁	830~990	0.60~0.70
在 600℃氧化后的生铁	200~600	0.64~0.78
氧化铁	500~1200	0.85~0.95
精密磨光的金	225~635	0.018~0.035
轧制后表面未经加工的黄铜板	22	0.96
轧制后表面用粗金刚砂加工过的黄铜板	22	0.20
无光泽的黄铜板	50~350	0.22
在 600℃氧化后的黄铜	200~600	0.61~0.69
精密磨光的电解铜	80~115	0.018~0.023

续附表 7

材料名称与表面状态	温度/℃	黑度 ε
刮亮的但不如镜面的商品铜	22	0.072
在 600℃氧化后的铜	200~600	0.57~0.87
氧化铜	800~1100	0.66~0.54
熔解铜	1075~1275	0.16~0.13
钼线	725~2600	0.096~0.202
工程用经过磨光的纯镍	225~375	0.07~0.087
镀镍酸洗未经磨光的铁	20	0.11
镍丝	185~1000	0.096~0.186
在 600℃氧化后的镍	200~600	0.37~0.48
氧化镍	650~1255	0.59~0.86
铬镍	125~1034	0.64~0.76
锡、光亮镀锡锌皮	25	0.043~0.064
涂在不光滑板上的铝漆	20	0.39
加热到 325℃后的铝质涂料	150~215	0.35
表面磨光的灰色大理石	22	0.931
磨光的硬橡皮板	23	0.915
灰色、不光滑的软橡皮（经过精制）	24	0.859
平整的玻璃	22	0.937
烟灰、发光的煤灰	95~270	0.952
混有水玻璃的烟灰	100~185	0.959~0.947
纯铂、磨光的铂	225~625	0.054~0.104
铂带	925~1115	0.12~0.17
铂线	25~1230	0.036~0.192
铂丝	225~1375	0.073~0.182
纯汞	0~100	0.09~0.12
氧化后的灰色铅	23	0.281
在 200℃氧化后的铅	200	0.63
磨光的纯银	225~625	0.0198~0.0324
铬	100~1000	0.08~0.26
经过磨光的商品锌（99.1%）	225~325	0.045~0.053
在 100℃氧化后的锌	400	0.11
有光泽的镀锌铁皮	28	0.228
已经氧化的灰色镀锌铁皮	24	0.278
石棉纸板	24	0.96
石棉板	40~370	0.93~0.945
贴在金属板上的薄纸	19	0.924

续附表 7

材料名称与表面状态	温度/℃	黑度 ε
水	0~100	0.95~0.968
石膏	20	0.903
刨光的橡木	30	0.895
熔化后表面粗糙的石英	20	0.932
表面粗糙但尚平整的红砖	20	0.93
表面粗糙未上过釉的硅砖	100	0.80
表面粗糙上过釉的硅砖	1000	0.85
上过釉的黏土耐火砖	1100	0.75
耐火砖	—	0.8~0.9
涂在不光滑铁板上的白油漆	23	0.906
涂在铁板上有光泽的黑漆	25	0.875
无光泽的黑漆	40~95	0.96~0.98
白漆	40~95	0.80~0.95
涂在镀锡铁面上的黑色有光泽的漆	21	0.821
黑色无光泽的漆	75~145	0.91
各种不同颜色的油质漆料	100	0.92~0.96
各种不同年代含铝质不同的铝质漆料	100	0.27~0.67
粒径大于 0.075mm 的灯烟灰	40~370	0.945
油纸	21	0.91
经过筛选后的煤（0.9%灰）	125~625	0.81~0.79
炭丝	1040~1405	0.526
上过釉的瓷器	22	0.924
粗糙的石灰浆粉刷	10~88	0.91
熔覆在铁面上的白色珐琅	19	0.897

参考文献

[1] 朱光俊，曾红，阮开军. 冶金热工基础 [M]. 北京：冶金工业出版社，2007,
[2] 杨世铭. 传热学 [M]. 北京：高等教育出版社，1998.
[3] 华建社. 冶金传输原理 [M]. 西安：西安工业大学出版社，2005.
[4] 翟秀静. 新能源技术 [M]. 北京：化学工业出版社，2005.
[5] 赵沛. 钢铁节能技术分析 [M]. 北京：冶金工业出版社，1999.
[6] 沈巧珍. 冶金传输原理 [M]. 北京：冶金工业出版社，2006.
[7] 杜效侠. 冶金炉热工基础 [M]. 北京：冶金工业出版社，2012.
[8] 王庆义. 冶金技术概论 [M]. 北京：冶金工业出版社，2005.
[9] 蒋光曦. 冶金炉热工基础 [M]. 重庆：重庆大学出版社，1993.
[10] 刘人达. 冶金炉热工基础 [M]. 北京：冶金工业出版社，2004.
[11] 贺成林. 冶金炉热工基础 [M]. 2版. 北京：冶金工业出版社，2011.
[12] 杨绍利. 冶金概论 [M]. 北京：冶金工业出版社，2010.
[13] 王鸿雁. 冶金炉热工基础 [M]. 北京：化学工业出版社，2012.
[14] 傅秦生，何雅玲，赵晓明. 热工基础与应用 [M]. 北京：机械工业出版社，2003.
[15] 朱苗勇. 现代冶金学（钢铁冶金卷）[M]. 北京：冶金工业出版社，2005.
[16] 姚玉英. 化工原理 [M]. 天津：天津大学出版社，1996.
[17] 宋长超. 流体力学基础、风机及泵 [M]. 武汉：武汉工业大学出版社，1990.
[18] 周俐. 冶金传输原理 [M]. 北京：化学工业出版社，2009.
[19] 戚翠芬，张树海. 加热炉基础知识与操作 [M]. 北京：冶金工业出版社，2007.
[20] 刘敏丽. 流体流动与传热 [M]. 北京：冶金工业出版社，2011.
[21] 杨祖荣. 化工原理 [M]. 北京：高等教育出版社，2006.
[22] 伍成波. 冶金工程实验 [M]. 重庆：重庆大学出版社，2005.
[23] 涂颉. 热工实验基础 [M]. 北京：高等教育出版社，1986.
[24] 张圣弼. 冶金物理化学实验 [M]. 北京：冶金工业出版社，1994.
[25] 徐南平. 钢铁冶金实验技术及研究方法 [M]. 北京：冶金工业出版社，1995.
[26] 陈鸿复. 冶金炉热工与构造 [M]. 北京：冶金工业出版社，1990.
[27] 陈伟庆. 冶金工程实验技术 [M]. 北京：冶金工业出版社，2004.